戦前日本資本主義と電力

梅本哲世

八朔社

装幀・高須賀優

はじめに

「東京電灯の問題については私は命が縮まる程心配した」（池田成彬『財界回顧』一九四七年七月）

本書は、戦前日本における電力業の発展過程をたどるなかで、日本資本主義の発展のなかで電力が果たした役割を分析しようとするものである。対象とする時期は、主として一九一〇年代から一九三〇年代である。

本書の課題と分析視角は以下のとおりである。

第一に、電力と地域社会の関係の分析である。電気は貯蔵不可能で、消費のために特別な伝送路を必要とする特殊な性質をもった商品である。その特質は、発電・送電・配電の一貫した技術的統一性を要求し、そのため電力資本は巨大な固定資本投資を行なわざるを得ない。その結果、電気事業における独占の形成および生産の社会化は、他の産業部門に比べてより急速であり、かつ以下のような独自な特徴を備えている。すなわち、一方では、電力独占の形成・発展は、資源独占（とくに水力）および供給区域独占の拡大を梃子として行なわれる。電力資本はこれらの独占を維持・強化することに最大の力を注ぎ、この過程で資本の集積・集中が進行する。他方では、電気固有の技術的統一性は、発電・送電・配電の有機的結合、すなわち電力連系の発展を要求する。電力連系は、電気事業における私的独占の下でも、競争と協調を通じて複雑な過程の中で発展せざるを得ない。

このように、電力業が資源および供給区域独占を基礎にして発展する以上、電力業の発展過程の分析においては各電力資本が展開する地域的基盤の相違に注目して研究することが重要であると考えられる。本書では、大阪および九州を対象としてこの課題を果たそうとした。その際、次の点に注目した。

まず、工業の発展と電力の関係である。工場電化によって企業内の生産工程が再編成され、生産性が上昇する。また、電力は社会的分業を媒介し結びつける役割を果たす。遠距離大送電網の形成は、電化を一層急速に促進することによって、工場内分業および社会的分業を再編成するとともに、巨大工業地帯の形成・確立を促進した。本書の第I部では、以上のような過程の一端を、阪神工業地帯の中心地・大阪を対象として明らかにするとともに、九州については地域的基盤の独自性を踏まえて、電力業の展開と再編成を考察した。

次に、電力と地域社会の関係である。電力は、電灯および工業用電力として用いられ、国民生活と密接な関係をもっている。電力業は地域的独占を基礎にして展開し、その料金は原則として独占価格であった。そのため、住民の電力資本に対する不満は、容易に反独占運動に転化する可能性をもっていた。一九二〇年代後半以降、全国的な電気料金引き下げ運動や公営化運動が活発化する。本書の第I部ではその前史として、「大阪電灯買収問題」および宮崎県の「県外送電反対運動」と宮崎県営電気の創設を検討することによって、電力と地域社会の相互関係、公営化運動や公営企業の意義、およびそれらが電力業の再編成に与えた影響について検討を加えた。

第二に、エネルギー政策と電力との関係である。電気は比較的新しいエネルギーであるが、日露戦争以後に大規模な水力発電所が建設され始めると急速に普及が進んだ。第一次大戦を契機にわが国の工業は飛躍的な発展を遂げ、工場電化が急速に進行した。電力は石炭と並ぶ主要なエネルギー源の一つとなった。大戦を境に、わが国の電力政策は大きく変化する。この時期に、逓信省は第二次水力調査（一九一八―二二年）を実施するとともに、臨時調査局を設けて（一九一七年）、電力に関する種々の調査を行なった。これらを基礎にして卸売電気事業者の認可、補給用火力併置指導などの電力政策が行なわれ、一九二〇年代には水火併用方式の理論的根拠が形成される。本書では、第六章において、戦前日本の電力政策の基調となった水主火従主義の成立過程を、エネルギー政策の一環としての電力政策の形成過程との関わりにおいて分析した。また、この過程で国家による電力業に対する一元的統制が進むことについても検討した。

第三に、財閥資本と電力業の関係である。従来からの通説的見解では、財閥系銀行（特に三井銀行）が融資と社債引受をつうじて電力会社（特に東京電灯）に大きな影響力を行使したと論じられていた。これに対しては、電力資本の自立性を強調して「財閥による電力資本の支配」を否定する見解が存在する。本書は基本的には前者の立場に立ちつつも、財閥系銀行、とくに三井銀行の池田成彬らによる電力業への介入を、「東電問題」を焦点とした、金融恐慌後の日本の金融システムの危機を打開するための行動と位置づけている。「東電問題」はいわば第二の「鈴木商店」問題であり、「不良債権」の規模の巨大さと財閥系銀行が深く関与していた点で、「鈴木商店」問題とは比較にならないほど深刻な問題であり、処理如何によっては日本の金融システム全体が崩壊しかねない程の問題であった。池田成彬が第二次大戦後に回顧して「東京電灯の問題については私は命が縮まる程心配した」と述懐した意味は、このような文脈で初めて理解できるであろう。「東電問題」と電力統制の進展は密接に関連しており、電気事業法の改正（一九三一年）と電力連盟の成立（一九三二年）は財閥系銀行の電力業への介入を制度化し、電力業界の安定化を図って債権を回収することをねらったものであった（「改正電気事業法体制」の成立）。本書では、以上のような見解を第II部において（とくに第八章と第九章）、『池田成彬日記』、『ラモント文書』および『電気委員会議事録』を利用して実証しようとした。

第四に、電力国家管理の位置づけである。「改正電気事業法体制」は、財閥系銀行のイニシアチブの下で、財閥資本・逓信省・電力資本が「現状維持」の一点で協調した「妥協の産物」であった。この体制は、一九三二年以降の景気回復、重化学工業化の進行に伴い、電力需給の逼迫・高い電気料金という形で矛盾を露呈する。電力の需要者の間で「改正電気事業法体制」に対する批判が広がり、このような状況は、ソ連の「五ケ年計画」に危機感を抱いた軍部・革新官僚の「電力問題」に対する関心を呼び起こした。「電力国営」は軍部・革新官僚の「革新政策」の目玉となり、「生産力拡充政策」の重要な一環に位置づけられた。当初、「電力国営」はイデオロギー的性格を濃厚に持っていたが、日中戦争の勃発により「現実の要請」となり、戦時統制の重要な一環として「電力国家管理」が成立したのであった。本書では、第九章・第一〇章・補論においてこの過程を分析した。

本書のもととなった論文は以下のとおりである。

第一章 「大阪電灯の展開過程と公営化」『大阪市大論集』第四一号、一九八二年四月。
第二章 「電気事業報償契約についての一考察」『経営研究』第三四巻第一号、一九八三年五月。
第三章 「日本資本主義と電力」『日本史研究』第二五九号、一九八四年四月。
第四章 「戦前九州地方における電気事業」『経営研究』第三二巻第一号、一九八一年五月。
第五章 「戦前宮崎県における電気事業の展開」『経営研究』第三一巻第一号、一九八〇年五月。
第六章 「戦前日本における電力政策と水主火従主義」『経営研究』第三三巻第三号、一九八二年九月。
第七章 「改正電気事業法と電力連盟」『大阪市大論集』第三七号、一九八一年五月。
第八章
第一節 「電力国家管理と財閥資本」『大阪市大論集』第三九号、一九八一年一二月。
「電力国家管理に関する覚書」『宮古短期大学研究紀要』第五巻第二号、一九九五年三月。

以上の二論文を再構成し、新資料を追加して執筆した。

第二節　書き下ろし

第九章　「一九三〇年代前半におけるわが国電力業の展開」『経営研究』第三〇巻第二号、一九七九年七月。

第一〇章　書き下ろし

補　論　「臨時電力調査会と電力国家管理」『大阪市大論集』第四三号、一九八三年九月。

目次

第II部　電力業と電力統制

第Ⅰ部　電力業と地域的再編成

第一章　大阪電灯の展開過程と公営化

はじめに

戦前日本における電気事業の展開を注意してみると、公営電気事業のもつ比重がかなりの大きさであることがわかる。公営電気事業は、一八九二年の京都市のものが最初であるが、その後、各地で次々と開業し、そのなかには東京・神戸・大阪などのような大都市もあった。一九三六年において、電気事業者総数七六七のうち、公営が一二一を数え、その供給状況は、全国の電灯需要家戸数の一四・一%、電灯数の一八・五%、電力契約量の一〇・二%、電熱等契約量の二三・二%をしめていた。(1) この公営電気の役割に注目した研究は若干存在するが、(2) 電気事業の発展全体の中でどのように位置づけるかについては、まだまとまった考察はないと言ってよい。

本章は、戦前において、東京電灯とならぶ大電灯会社であった大阪電灯の発展過程とそれが公営化された事情を分析して、このような研究上の欠落を埋めようとする試みの一つである。

第一節　大阪電灯の成立と展開

わが国電気事業の最初は一八八六年の東京電灯の開業である。つづいて翌一八八七年、名古屋電灯と神戸電灯が設立された。大阪においても鴻池善右衛門他一九名が発起人となって一八八七年一一月に大阪電灯の事業設立願書を提出し、同年一二月に設立許可を得て一八八八年二月に創立総会を開いた（資本金四〇万円）。そして一八八九年五月に発電所が竣工し営業を開始したのであった。

表1-1は、電気事業の初期における主要会社とその電灯取付灯数を示したものである。一八九〇年頃には、東京、大阪、京都、横浜、名古屋、神戸の六大都市に電灯会社が設立されていた。一八九五年において、全国電灯取付灯数は八万八八五四灯、このうち六大都市の電灯会社が七九・三%を占めていた。大阪は東京につぐ電灯取付数であった。大阪電灯は、わが国有数の大都市であった大阪に誕生し、その巨大な需要を基礎に発展していった。(3) 大阪電灯は、一八九五年に浪花電灯、一九〇四年に堺電灯を買収してその地位を強化し、一九〇六年には大阪市と報償契約を結んで電灯供給における独占権を確保しようとしたのである。(4)

表1-2は、一八九〇年から一九一三年までの大阪電灯の電気需要の変遷を概観したものである。電灯需要についてみれば、いずれの時期にも順調な伸びを示しているが、とくに日露戦後にその傾向が顕著である。ところが、電灯需要にくらべて、電力需要の伸びはきわめてテンポの遅いことがわかる。これには以下のような理由が考えられる。

宇治川電気は宇治川流域の水力を利用する目的で一九〇六年に創立され、一九〇八年に宇治発電所の工事に着手した。

表1－1　創業時代の主要各社と全国電灯取付灯数

	東京電灯	神戸電灯	大阪電灯	京都電灯	横浜電灯	名古屋電灯	以上6社計	その他	全国計	全国計の伸率	内自家用
1887年	—	—	—	—	—	—	—	—	1,447	—	
1888	138	642	—	—	—	—	—	—	4,011	177.2	3,231
1889	2,851		設立当初 150	740	—	400	—	—	8,951	123.1	
1890	5,565		3,000		1,100		—	—	20,544	129.5	
1891	10,036	2,300	5,111	1,350	1,700	1,573	22,070	4,167	26,237	27.7	
1892	14,100						—	—	35,647	35.8	
1893		3,027					—	—	47,732	33.9	
1894						3,740	—	—	70,161	46.9	
1895	28,365	4,246	16,523	8,900	6,544	5,744	70,422	18,432	88,854	26.6	3,315
95年構成比(%)	31.9	4.8	18.7	10.0	7.4	6.5	79.3	20.7	100.0		

（注）『電気事業発達史』(『新電気事業講座』第3巻）電力新報社，1980年，28ページ。

表1－2　大阪電灯の電気需要

	電　灯	電 動 機	電力装置
1890年	3,038個	—馬力	—kW
1895	16,623	—	—
1900	35,859	347	—
1905	88,247	1,104	—
1910	364,189	2,046	—
1915	889,793	4,322	1,884
1920	1,391,672	8,214	2,220
1923	1,885,503	18,351	9,652

（注）『大阪電灯株式会社沿革史』1925年，202-204，212-214ページより作成。

表1－3　大阪電灯・宇治川電気の比較

年度	社　名	取付電気力		収　　入		計
		電　灯	電　力	電　灯	電　力	
		kW	kW	千円	千円	千円
1914	大　電	23,998	4,605	4,172	349	4,521
	宇治電	—	40,784	—	1,793	1,794
1915	大　電	22,556	5,109	4,399	487	4,886
	宇治電	—	47,475	—	2,057	2,058
1916	大　電	21,189	5,933	5,253	1,161	6,414
	宇治電	—	55,218	—	2,411	2,411
1917	大　電	23,557	22,200	5,996	1,807	7,803
	宇治電	—	62,641	—	4,051	4,051
1918	大　電	26,674	32,505	6,749	3,310	10,060
	宇治電	—	75,894	—	5,923	5,923
1919	大　電	27,768	65,528	7,400	6,954	14,355
	宇治電	—	80,339	—	7,683	7,683
1920	大　電	34,183	65,847	10,449	5,661	16,111
	宇治電	—	102,595	—	9,881	10,366

（注）1.『電気事業要覧』第8回—第14回により作成。
2. 大阪電灯の数字では舞鶴支店の分は除いてある。
3. 電力には，他の電気事業者への供給も含まれている。

最初の方針は京阪地方へ電力の一般供給を行なうことであったが、当時はまだ工業用電力の消費量は限られていたので電灯供給への進出を計画した。ところが、京都・大阪においては架空線の敷設は許可されなかったので、同社は地中線により電灯供給を行なおうとし、一九一〇年に大阪市に許可申請をした。大阪電灯はこれに脅威を感じ、一九一一年に電力供給契約を結んだ。この契約により大阪電灯は宇治川電気の電灯供給への進出を阻止し、宇治川電気はもっぱら動力供給にあたることになったが、大阪電灯も家庭用小動力を除く動力用電力への進出が制限されたのであった[5]。大阪電灯の電力需要の伸びはこの契約により抑制されていたのである。[6]

表1-3は、大阪電灯と宇治川電気の電灯・電力需要を比較したものである。これによれば、取付電気力において、電灯は大阪電灯が独占しているが、電力の分野においては宇治川電気の圧倒的な優位性は明らかであろう。収入においても、電灯収入は大阪電灯のドル箱であったが、第一次世界大戦を契機にして電力需要が激増するとともに、宇治川電気の電力収入がそれに匹敵する額になっている。これに対し、大阪電灯は一九一〇年代後半から電力需要を増大する努力を強めて一定の成果を収めており、また、炭価の高騰に伴う電力料金の値上げにより電力収入の額も増大している。しかし、同社の電源が火力中心であることが、そのような努力にもかかわらず経営上の困難を強める作用を果たしたのである。

表1-4　大阪電灯の発電力

年	発電力	増加量
	kW	kW
1890	195	—
1895	830	635
1900	1,960	1,130
1905	5,435	3,475
1910	19,040	13,605
1915	28,450	9,410
1920	75,000	46,550
1923	125,000	50,000

（注）1.『大阪電灯株式会社沿革史』25-29ページより作成。
2. どの年も下半期の数字をあらわしている。
3. 電源はすべて火力である。

表1-4は、大阪電灯の発電力の推移を示している。日露戦争、第一次世界大戦を境に発電力が急増していることがわかる。ここで注意せねばならないのは、電源がすべて石炭火力であるということである。石炭は輸送費が高くつく（とくに鉄道輸送において）上に、戦時において価格が著しく高騰する。日清戦争の開始とともに、「物価は急激に騰貴し、炭価も亦空前の暴騰を来し殆んど底止《ママ》するところを知らなかつたので、京浜地方の電気事業者は已むなく相計つて電灯料金の値上を行ふに至つた[7]」という状況が生

まれた。また、日露戦争の勃発とともに、「炭価の昻騰益々著るしく、加ふるに火力発電に対する行政監督も年々厳密となつたので、水力開発に対する内外の趨勢を察知した当社（東京電灯――引用者）は、茲に専ら火力に依つた従来の発電方針を変更して、改めて水力開発に着手するに至つたのである」[8]というように、火力発電を見直して水力開発に本格的に取り組む動きがあらわれてきた。右の引用にもあるように、東京電灯は日露戦争を境にして桂川の水力開発計画を具体化させ、一九〇七年には駒橋発電所を完成させ東京への送電を開始している。これに対し、大阪電灯にも水力開発の動きがなかったわけではない。宇治川電気の創立に際して、大阪電灯の社長土居通夫が創立委員長であったし、宇治川電気に対抗して出願された淀川電力の発起人に大阪電灯の関係者が加わっていたという事実もある。[9]しかし、大阪電灯は東京電灯のように自ら水力の開発を行なわず、前述のように宇治川電気と電力供給契約を締結して（一九一一年）、二万キロワットの電力を購入したのである。[10]また両者は、宇治川電気の火力発電所増設許可の申請を契機にして対立を深めていった。[11]この紛争は西部逓信局長の調停により、一九一六年に汽力電力供給契約を締結して一応おさまった。この契約により、大阪電灯は安治川東発電所に二万五〇〇〇キロワットの発電機を増設して、宇治川電気に一万キロワットを限度として電力を供給することになった。[12]

大阪電灯が電源を火力発電と買電に頼っていたことは、同社の最大のアキレス腱となった。表1-5は、一九一四―二〇年の発電用炭の価格変動を示している。トン当たり価格で一九一四年には五・六七円であったものが、一九二〇年には二二・八一円と四倍になっている。また買電は自家発電よりもどうしても割高となる。炭価の高騰につれて、大阪電灯の経営は悪化した。

表1-6は、大阪電灯の事業成績を示している。支出と収入の比率は一八九九年、一九〇五年、一九二〇年に急激に高まり、利益率もそれらの年に低落していることがわかる。これらは発電用石炭の高騰の深刻な影響を示している。

表1－5　発電用炭の価格変動

年次	消費量	価格	トン当り価格	指数
	千t	千円	円銭	
1914	381.4	2,164.2	5.67	100
1915	323.2	1,686.6	5.28	93
1916	542.5	2,761.4	5.09	89
1917	824.4	7,346.1	8.91	157
1918	997.4	15,157.7	15.19	267
1919	1,287.1	27,261.3	21.18	373
1920	1,151.8	26,280.3	22.81	402

（注）　田村謙治郎『戦時経済と電力国策』産業経済学会，1941年，123ページ。

表1－6　大阪電灯の事業成績

（単位：千円，％）

年	払込資本	収入	支出	支出/収入	利益	利益率	配当率
1890	300	49	30	60.1	20	7.9	6.7
1893	360	106	34	32.2	72	21.2	12.0
1896	760	216	78	36.0	138	20.9	15.0
1899	1,040	440	256	58.3	213	20.8	16.0
1902	1,440	631	254	40.2	354	26.1	20.0
1905	2,120	1,083	628	58.0	408	20.4	20.0
1908	4,800	2,029	1,085	53.5	943	27.0	16.0
1911	12,600	4,246	2,276	53.6	1,793	16.6	12.0
1914	16,200	5,323	3,261	61.3	2,062	13.4	12.0
1917	21,600	8,845	5,532	62.5	3,313	16.7	10.0
1920	21,600	20,544	19,490	94.9	1,054	4.9	10.0
1923	43,200	16,680	10,421	62.5	6,259	14.5	14.0

（注）1．「創業以来毎期事業成績表」（『大阪電灯株式会社沿革史』所収）より作成。
2．払込資本，配当率は各年下半期のもの。
利益率＝利益×2÷（前期末払込資本＋当期末払込資本）。

以上のような状況は、大阪電灯に水力の開発を決意させるに至ったのである。[13] 一九一九年に大阪電灯は、京都電灯・北陸電化と提携して福井県および北陸地方の水力を開発しこれを京阪地方へ送電する目的の下に、資本金四四〇〇万円の日本水力を設立した（社長山本条太郎）。日本水力と大阪電灯の間に電力供給契約が一九一九年に結ばれた。[14] 日本水力は、一九二一年に木曽電気興業および大阪送電と合併して大同電力となったが、上述の電力供給契約は大同電力に継承された。

以上のように、大阪電灯が態勢を立て直しつつある時に、報償契約を根拠とした大阪市による電灯市営計画が問題化するのである。

第二節　報償契約と大阪電灯の買収

一八八六年に東京電灯が開業したときには、電気事業の取り締まりに関する規定はなく、道府県庁および警視庁がそれぞれの立場から監督したにすぎず、またその監督も主として保安や風致の見地よりなされた。その後電気事業の発達とともに、一八九一年に所管が逓信省に定まり、逓信省訓令により各地方庁において取り締まり規制が設けられた（たとえば一八九一年の警視庁によって制定された電気営業取締規則）。一八九六年には統一法規として電気事業取締規則が制定された。しかし、これらは電気の危険予防を目的とした保安的な性格のものであり、電気事業の発展とともにもはや実状に合わなくなり、一九一一年に全文二二条からなる電気事業法が制定された。

以上のような法令による監督のほかに、電気事業は事業者と都市の間の報償契約による監督を受けていた。この報償契約のわが国における最初は、大阪市が大阪巡航合資会社および大阪瓦斯株式会社との間に締結したものである。[15]電気事業としては、一九〇五年大阪電灯佐世保支店が佐世保市と、一九〇六年大阪電灯が大阪市との間に締結したものがはじめてである。[16]ここでは、大阪市と大阪電灯の間の報償契約締結の経過について述べる。

1　報償契約の成立事情

大阪電灯は一八八八年に創立されたが、大阪市は一八九四年に道路使用料として電柱一本につき一ヶ年金五〇銭を徴収するようになった。[17]その後、一九〇三年大阪市会は大阪電灯に対し報償契約を締結すべき旨の決議をなし、同年一一月大阪市長鶴原定吉は大阪電灯社長土居通夫を市役所に招いて報償契約の締結を提案したのであった。

市当局のこのような動きの背景となっていたのは、当時大阪市が直面していた財政難であった。一八九七年の接続町村の合併による市域拡張とそれに伴う市内への人口集中が市財政を膨張させ、公共事業の推進とあいまって財政危機を激化させたのであった。[18]鶴原市長は一九〇二年六月一三日の市会において市内水上交通機関市営計画を表明して、財政難を市営事業の経営により打開しようとする方向を示していた。[19]しかしこの計画は実現せず、結局市営に代わるものとして設立された大阪巡航合資会社との間の報償契約という形で結着がついた。大阪電灯との報償契約もこのような動きの中から提起されたのであった。

大阪市が大阪電灯に提案した報償契約の内容に対し、大阪電灯側は翌一九〇四年六月二一日修正案を出した。[20]これは市の賛意を得られず、市長は同年八月九日に市の修正案を提出した。これ以降、高崎府知事の斡旋があり、紛糾を重ねたものの一九〇五年七月八日にようやく仮契約を締結した。しかしこれが市会に提案されて、同年一一月に一部修正可決となったため会社の同意を得ることができず、一時手詰まり状態となった。このあいだに市の関係者のなかから、市営の電気鉄道事業との関連から電灯電力供給事業をも併せ経営すべきとの声があがり、一九〇六年一月の市会において松村議員外五名より市営電気事業に関し「本市ニ於テ電気鉄道ヲ延長スルニ就テハ、其発電所ノ規模ヲ拡張シ、電灯事業其他電力供給ノ事業ヲ行フノ利益ヲ認メ、之ニ関スル必要ナル一切ノ調査ヲ遂ゲ、其施行ニ関スル議案ヲ本会ニ提出セラレンコトヲ望ム(21)」という建議案が提出され、満場一致でこれが可決された。市側はこれをうけて、電線路一八〇哩(内地中線九〇哩、架空線九〇哩)、白熱電灯一〇燭六万個、電力三〇〇〇馬力供給の具体案をつくり、電灯電力供給事業市営の件を市会に提案し、同年五月にこれが可決されて市はこの決議に基づき事業経営の許可を出願したのであった(22)。

ここで大阪市営電気鉄道事業の進捗状況をみておこう。一九〇二年一二月に市当局は「九条町花園橋ヨリ築港埠頭ニ達スル街路ニ本市ノ事業トシテ電気鉄道ヲ敷設スル」案件を市会に提出し、同月二六日に可決された。一九〇三年二月九日付で内務大臣により電気鉄道施設・一般営業の特許が、また同月一六日付をもって逓信大臣により電気鉄道事業経営の許可が与えられた。このいわゆる大阪市電第一期線(築港線)は同年九月一二日から営業を開始した。さらに第二期線として、東西線および南北線の敷設計画案が一九〇四年三月に市会に提案され、翌一九〇五年七月に内務大臣の特許を受けた。さらに市は第三期線を計画し、一九〇五年一一月市会に提案した。これは翌一九〇六年六月市会において可決され、同年一二月四日内務大臣の認可を得た。このようにして市当局によって矢継ぎ早に市電建設計画が出されるのであるが(23)、この要因は宇田正氏によれば「創業当初の漸進的建設方針を一擲せしめ、大阪市当局に、第二期線に踵を接して急遽第三期線計画の策定をうながしたものは、戦後の経済復興と商工業の発達を背景とした大阪の都市化現象の急速な進展を市場機会とする民間私鉄資本の陽動にほかならなかった(24)」と指摘されている。すなわち、市営電気事業の提案がなされた一九〇六年初めの時期は、まさに市電の大拡張計画が提起されていた時期と一致し、市電事業と市営電気事業の計画がかなり具体的な連携をもちつつ提出されていたのであった。

このような市の動きに対し、大阪電灯側が大きな脅威を感じたことは想像に難くない。会社の立場としては「会社は好みて市の提議を峻拒するものにあらす、要は報償率其他に就き過当ならさる限り、可及的円満なる解決を見ん事を希ふもの」(25)であったと伝えられており、市営案を眼前にしてその態度は妥協的となっていた。その結果、大阪市と大阪電灯は合意に達し、一九〇六年七月報償契約が締結されたのであった。

2　報償契約の内容

ここでは大阪市と大阪電灯の間に締結された報償契約の内容を検討しよう。この報償契約はその内容からみて以下のように分類することができる。(1)報償金規定、(2)市の監督権の規定、(3)会社の独占的地位の保証規定、(4)市による事業買収規定。

(1)　報償金規定

「報償契約」と呼ばれるように、この規定が契約の中心をなしている。契約の第二条は以下のようにこれを規定している。(26)

第二条　会社ハ毎年大阪市内ニ於ケル電灯料金ノ前五箇年平均年額ニ対シ左記ノ率ニ相当スル金額ヨリ電柱及埋線管ノ敷地ニ関スル府納金（三千円ヲ最高限トス）ヲ控除シタル残額ヲ市ニ納付スルコト但シ前条ノ電灯料金ハ本条ノ電灯料ニ加算セス

一、年額一百万円迄ニ対シテハ　一百分ノ六
一、年額一百万円以上二百万円迄ハ一百万円ヲ超過スル額ニ対シテハ　一百分ノ四
一、年額二百万円以上ハ二百万円ヲ超過スル額ニ対シテハ　一百分ノ二

さきの一九〇五年七月の不調に終わった仮契約においては、「会社ハ毎年大阪市内ニ於ケル電灯料金ノ前五ケ年平均年額ノ百分ノ六ニ相当スル金額ヨリ電柱及埋線管ノ敷地ニ関スル府納金ヲ控除シタル残額ヲ市ニ納付スルコト」（第二条）となっており、しかも市納金の最高限を規定して「市納金ハ七万五千円ニ止ムルコト」（第三条）としていた。[27]これを正式締結された契約と比較すると、後者の方が最高限を規定していないという点で市側に有利であった。

(2)　市の監督権の規定

報償契約では市の会社に対する次のような権利を規定している。[28]

第四条　会社ハ毎年一月限前五箇年間ニ於ケル電灯ノ種類箇数及電灯料月別表及其年別表ヲ市ニ届出ツルコト
第五条　市ハ前条ノ届出事項ノ当否ヲ調査スル必要アル場合ニ於テハ之ニ関スル会社ノ帳簿財産及事業ヲ検査スルコトヲ得
会社ニ於テ前項ノ検査ヲ拒ミタル時ハ市ハ其意見ヲ以テ届出事項ヲ査定スル事ヲ得
第六条　会社ニ於テ将来電灯料ヲ引上ケントスル場合又ハ電灯申込ニ関スル規定ヲ制定及変更スル場合ニハ予メ市ノ承認ヲ得ヘキコト

会社ニ於テ水力ヲ原動力ニ使用シタル場合ハ其料金ニ関シ更ニ市ノ承認ヲ得ヘキコト

第七条　市ハ必要ト認メタル時ハ会社ニ対シ電灯線路ノ延長ヲ要求スルコトヲ得此場合ニ於テ会社ハ電灯拾箇ニ対シ線路百間ノ割合ヲ以テ其要求ニ応スルコト

以上のように、第四条においては会社は市に報償金計算の基礎数字の提出を求められ、第五条はそれとの関係において市の会社に対する検査を規定している。第六条は料金引き上げの際に市の承認が必要なこと、および会社が水力を使用する場合にその料金につき市の承認を得ることを規定している。この条項により会社はその活動領域を狭められ、逆に市の方は会社に対する統制の有力な法的根拠を手に入れたのであった。第七条は電灯線路の延長に対する市の要求権を規定している。このように、第四～第七条における市の会社に対する権利はかなり強力なものであり、これらの条項が大阪電灯買収の際に市の大きな武器となったのであった。

(3)　会社の独占的地位の保証規定

次の条項において市は会社にその独占的地位を保証していた。[29]

第八条　市ハ一般ノ市税ヲ除クノ外電灯事業ニ関スル特別税及市ノ所有又ハ管理ニ属スル市内ノ道路橋梁堤塘公園其他ノ土地又ハ工作物ニ建設スル電柱若クハ敷設スル埋線管ノ敷地及工作物ノ使用料ヲ賦課徴収セサルコト

前項ノ電柱及埋線管ハ之ヲ他ノ目的ノ為メニスル送電ノ用ニ供スルモ之レカ為メ特別税及使用料ヲ賦課セサルコト

第九条　市ハ会社ノ電柱又ハ埋線管ノ為ニ必要ナル前条ノ土地又ハ工作物ノ使用ニ関シテハ会社ニ対シ無償ニテ相

当ノ便宜ヲ供スル為メ特ニ要スル費用ヲ負担シ又ハ受クヘキ損害ヲ賠償スルコト
第拾条　市ハ公衆ノ需用ニ応スルノ目的ヲ以テ電灯事業ヲ経営セス又他ノ公共団体又ハ私法人若クハ個人ノ経営ニ係ル電灯事業ニ対シ第八条ノ物件ノ使用ヲ承認セサルコト

第八条は市が会社に対し一般の市税以外の特別税や市の施設の使用料を徴収しないということを規定し、さらに第九条で市の施設の無償使用が認められている。第拾条においては会社の電灯事業における独占的地位が規定されている。この独占的地位を電灯だけでなく電力をも含めた「電気事業」において確保することが会社のねらいであったが、市の抵抗にあい電灯事業だけに認められたのであった。このことが後に電力供給の分野において宇治川電気の参入を許し、大阪電灯の経営を悪化させる重大な要因となったことは前に述べたとおりである。

(4) 市による事業買収規定

以下の条項は報償契約の有効期間と市による事業買収を規定している。[30]

第拾一条　此契約ノ有効期間ハ明治四拾年一月一日ヨリ卅箇年トス
会社ハ明治四拾年一月一日ヨリ拾五箇年ノ後ニ至リ市ノ希望アル時ハ買収ニ応スヘキコト
前項ノ売買価格ハ大阪市内ノ株式取引所ニ於ケル会社株券ノ最近三箇年平均相場ニ拠ル
但シ其平均相場カ右三箇年間ノ利益配当平均年額廿倍ナルトキハ其廿倍額ヲ以テ買収価格ト定ムヘシ

すなわち、この報償契約の有効期間は三〇年であり、一五年経過以降（すなわち一九二二年以降）市は事業を買収することができるという内容であり、その売買金額も具体的に規定されていた。この買収規定は以前の市の報償契約案には存在しなかったものであり、電気事業の市営案に対し大阪電灯側がいかに脅威を感じ、それを回避するために妥協と譲歩を行なったかを示している。この条項が後に市による大阪電灯買収の最大の法的根拠となったことは言うまでもない。

以上見てきたように、報償契約の内容は市にとりきわめて有利なものであった。これに対して、会社側の評価はどのようなものであったであろうか。会社はこの問題についての調査委員会を設置していたが、契約締結後の同委員会において調査委員入江鷹之助は意見書を発表し、その中で次のように述べている。

「以上新旧両契約ヲ比較対照シ来テ之ヲ通観スルニ余ハ両者ノ間ニ会社ノ不利ヲ招クヘキ著シキ差異アルヲ認メス殊ニ第九条第十条ノ二項ノ如キハ会社カ市ニ対スル報償ヲ支払フ結果トシテ会社ノ受クル一種ノ特権トモ称スル事ヲ得ヘク若今些少ノ譲歩ヲ肯ンセスシテ市ノ要求ヲ拒絶スルニ至ラハ一方ニ於テ会社ハ之レ等ノ特権ヲ失フト同時ニ他方ニ於テ会社ノナサントスル施設ハ勢ヒ市ノ反抗ヲ免レス此ノ如クニシテ遷延日ヲ送ルカ如キハ会社ノ営業上真ニ多大ノ支障ヲ招クモノト言ハサルヘカラス故ニ余ハ報償問題ノ委員トシテ今日ノ場合会社カ市ノ要求ニ応スルハ寧ロ処置其当ヲ得タルモノナリト思考ス」(31)（傍点は引用者）。

すなわち、会社が営業を続け一定の特権を確保するためには譲歩も止むを得ない、というのが会社側の率直な本音であった。そして事実、報償契約締結以降、市と会社の関係は緊張を増しつつ市による電気事業買収に向かって進んでいくのである。

3 報償契約と市による大阪電灯の買収

一九〇六年に結ばれた大阪市と大阪電灯の報償契約においては、一九二二年以降市は会社を買収する権利を有するという項目が含まれていた。結局、買収は一九二三年に実現するのであるが、この問題は大阪市政上のみならず電気事業界にとっても大問題であった。

市による会社買収の動きは、すでに一九一三年に存在した。同年七月、当時の肝付市長は会社と交渉を行なって買収契約を締結して市会に付議した。しかし、市会はこれを否決したため買収は実現しなかった。その後、一九二〇年に至って、会社は営業成績が悪化したため市に対して増資申請をするとともに、電灯料金の値上げについて承認を求めてきた。しかし、市の態度が強硬なため、会社側から事業の買収を申し出てきた。けれど、両者の買収価格が折り合わず、交渉は不調に終わった。結局、市は一九二〇年一二月に会社の事業中、大阪市、東成郡、西成郡の地域内における電灯電力事業とこれに属する財産を分割買収をすることができるという内容の契約の締結を条件として、増資を承認したのであった。かくして、一九〇六年の旧報償契約および一九二〇年の新契約を根拠に、一九二二年から買収交渉が開始され、紆余曲折の末に一九二三年にようやく交渉がまとまったのである。(32)

長年の懸案であった大阪電灯の買収が実現したのは、市当局と市民の運動の大きな成果であった。これを前提にしたうえで、ここでは違った側面からこの問題を考えてみたい。それは、当時の電気事業界において、大阪電灯の買収問題がどのような意味をもっていたかということである。

第一次世界大戦を契機に水力開発が本格化し、多数の卸売電力会社が設立された。日本水力、大阪送電、木曾電気興業、日本電力などの会社はいずれも一九一九年に事業を許可されている。前の三社は合併して大同電力となったことはすでに述べたが、この大同電力と日本電力が当時電力不足が著しかった関西地方に争って進出しようとしていたのであった。この当時のことについて、東邦電力（一九二二年設立）の松永安左エ門は、次のように述べている。

「其の時分、関東では、東京電灯会社が一番良い販売供給の区域をもつていたが、是は手が着けられない時分だ。関西に大阪市及その付近がある。若し大同が大阪電灯を掌握することが出来れば、鬼に金棒である。既に九州の重鎮であり、名古屋から岐阜、三重の両県の供給をして居る東邦電力は、大同の大阪電灯合併と共に天下の三分の二に当る供給区域を獲得するのである(33)」

大同電力の社長である福澤桃介は、東邦電力の前身である関西電気の社長であったことがあり、個人的にも松永と親しかった。松永は大同を通じて大阪市場を掌握し、彼自身の電気事業経営の理想を実現しようとしたのである。松永の電気事業経営の基本理念は、発電・送電・配電の一貫的経営であった(34)。しかし、福澤の経営方針は松永と違って、「発電、送電だけを徐々に売込契約に応じて作つて行き(35)」というもので、大同電力の卸売会社としての発展を目ざしていたのであった。福澤は、大阪市の大阪電灯買収に反対せずに、大同電力からの電力の売り込みに全力をあげた。すなわち、まず大阪電灯との間に九万五〇〇〇キロワットの電力供給契約を締結しておいて、市営後にこれを継承させたのであった(36)。福澤のこのような決断は、東邦と大同の関係を疎遠にし、ひいては市場獲得のための東邦の東京進出を導いたという点で、重大な意味をもっていたと言えよう。松永はこの点について次のように述べている。

「以上に述べた大阪市営への大阪電灯売渡しを一契機として、私は、私の理想と信念を追うて、名古屋に於て大同よりの受電を思い止まり、火力の新設、飛驒川水利の開発、天竜川の開発に由り自ら電源を造る事に専念し、市場獲得の為めに東京電力を新たに作つて関東区域に進出し、大阪市場を失つた埋め合わせを、東京に試みることになつた[37]」

すなわち、大阪電灯の買収は、一九二〇年代において激化する五大電力（東京電灯、東邦電力、宇治川電気、大同電力、日本電力）の市場再分割闘争の重大な一契機をなしたという点で大きな意味をもっていたのである。

（1）『公営電気復元運動史』一九六九年、一五ページ。

（2）主なものは以下の通りである。朽木清「京都市営電気事業の創設目的とその現実的成果について」『経営研究』第五七号、一九六一年一一月。同「京都市営電気事業の初期経営事情と経営目的の転換」『経営研究』第五八号、一九六二年一月。小桜義明「高知県における工場誘致政策の形成と県営電気事業」『経済論叢』第一一二巻第二号、一九七三年八月。

（3）その営業区域は大阪およびその周辺であったが、一八九九年に門司、一九〇六年に佐世保、一九〇八年に舞鶴で営業を開始した（いずれも後に他に譲渡）。

（4）この報償契約においては「市ハ公衆ノ需用ニ応スルノ目的ヲ以テ電灯事業ヲ経営セス又他ノ公共団体又ハ私法人若クハ個人ノ経営ニ係ル電灯事業ニ対シ第八条ノ物件（市が所有または管理する道路・橋梁・堤塘・公園その他の土地または工作物――引用者）ノ使用ヲ承認セサルコト」（第拾条）との規定がなされて電灯事業における大阪電灯の独占が保証されている（引用は、『大阪電灯株式会社沿革史』一九二五年、四七三―四七四ページ）。

（5）契約においてこのことは以下のように規定されている。「甲（大阪電灯――引用者）ノ動力販売ハ一日三万『キロワツト』時ニ其月ノ日数ヲ乗シタル『キロワツト』時ヲ一ケ月ノ限度トシテ営業スルモノトス」（『大阪電灯株式会社沿革史』二六四ページ)。一九二一年の電気供給契約の改定において、新規需要に対する電力供給が自由になり、大阪電灯は需要増加に力を注ぐようになった。

(6) たとえば、一九一四年において大阪電灯の電動機用電力需要は四三〇六馬力、宇治川電気一万二二二九馬力であるが、一九二〇年においては大阪電灯一万〇三四二馬力、宇治川電気八万四三五九馬力となって圧倒的に宇治川電気が優勢である(『電気事業要覧』第八回、第一四回より)。

(7) 『東京電灯株式会社開業五十年史』一九三六年、五九ページ。

(8) 同右、九一ページ。

(9) 林安繁『宇治電之回顧』一九四二年、七七―七九、九五―九六ページ。

(10) 大阪電灯は宇治川電気からの受電と同時に、自社の安治川発電所の運転を休止した(『大阪電灯株式会社沿革史』二七〇ページ)。

(11) 「火力増設の計画は他に因るところありとするも、会社との契約締結の根本精神に反するのみならず、会社の火力設備を休止し、且第二工事を中止せるに鑑み、情義上先つ会社の火力を利用し、尚足らさる場合、火力設備を為すを至当とするものなるか故に会社は之に対して抗議を為すに至りしか……」(同右、二七一ページ)。

(12) 同右、二七二ページ。

(13) 「大電(大阪電灯――引用者)は炭価の暴騰で苦い経験を嘗めてゐる。水火の優劣は今や問題ではなく、火力は到底永く恃む事は出来ない。且つは水力の供給を宇治電(宇治川電気――引用者)の専有に任かせて置くのは如何にも心細い。自分の系統で水力を準備し、一は宇治電を牽制しやうとする意味もあつた」(『ダイヤモンド』一九二三年七月二一日、二九ページ)。

(14) 『大阪電灯株式会社沿革史』三一〇―三一一ページ参照。

(15) 『報償契約質疑録(Ⅰ)』電気経済研究所、一九三二年、八一―八二ページ。

(16) 同右、八二ページ。

(17) 『大阪電灯株式会社沿革史』四六六ページ。

(18) 宇田正「近代大阪の都市化と市営電気軌道事業の一寄与」(大阪歴史学会編『近代大阪の歴史的展開』吉川弘文館、

一九七五年）二九九ページ。
(19) 同右、二九九—三〇〇ページ。
(20) 主たる対立は報償金額である。市の初めの案では、会社は純益金の五％を市に納付するとなっていた。これに対し会社側は、大阪市内で供給する電灯電力料金の二％から大阪府に納入する電柱敷地料を控除した金額を納付すること、と主張した。市の修正案は上の二％を一〇％にせよというものであった。
(21) 大阪市電気局編『電灯市営の十年』一九三五年、一ページ。
(22) 同右、一ページ。
(23) 以上は、宇田、前掲論文、二九〇—三一四ページを参照。
(24) 同右、三一〇ページ。
(25)『大阪電灯株式会社沿革史』四六九ページ。
(26) 同右、四七二ページ。
(27) 同右、四六九—四七〇ページ。
(28) 同右、四七三ページ。
(29) 同右、四七三—四七四ページ。
(30) 同右、四七四ページ。
(31)『報償契約質疑録（Ⅰ）』一一七—一一八ページ。
(32) 詳しい経過については以下を参照されたい。中川倫『大電買収裏面史』大阪朝報社、一九二三年。神戸大学経済経営研究所編『新聞記事資料集成・企業経営編第八巻』大原新生社、一九七三年、四〇—一八七ページ。
(33) 松永安左ェ門「福沢桃介さんと私」（宮寺敏雄『財界の鬼才』四季社、一九五三年、所収）三六七—三六八ページ。
(34) 渡哲郎「電力業再編成の課題と『電力戦』」『経済論叢』第一二八巻第一・二号、一九八一年七・八月、を参照。松永は福澤に大阪電灯の合併を次のように迫ったという。
「電灯事業と云うものは、供給区域を持たねば成り立たない。それを元として水火の発電をする、発送配の一貫的経営が本筋であると、私は堅い信念を以つて終始して居た。其の為めにも、大阪電灯は今の内に合併しなさいと、いくら勧めても、桃介さんは話の筋は判ってはいるが、肯かない。私は遂に『貴方の電気王国実現を期する為に渾身の努力をするから、茲一番、私に任せてくれませんか』と迄迫つたが、桃介さんの決心は遂につかない」(宮寺、前掲書、三六三ページ)。

(35)　宮寺、前掲書、三六七ページ。

(36)　大阪市当局は、この契約を回避しようとした。これに対し、大同側は市に抗議し、買収問題は一時暗礁に乗り上げた。

(37)　宮寺、前掲書、三六九ページ。

第二章　電気事業報償契約についての一考察

――戦前の大阪市を素材として――

はじめに

電気事業報償契約は、一九〇五年大阪電灯株式会社佐世保支店が佐世保市と、一九〇六年大阪電灯株式会社が大阪市との間に締結したものが最初である。とくに、大阪市と大阪電灯の間の報償契約締結は他の都市にも影響を与え、これ以後電気・ガス・電気軌道などの公益企業との報償契約が続出した。東京市政調査会によれば、主要都市における報償契約（電気事業関係）は表2-1の通りである。

電気事業においては、一八九六年に電気事業取締規則が制定されるまでは全国的な統一法規がなく、またこの取締規則も主として保安上の見地からのもので、整備されたものとしては一九一一年の電気事業法をまたねばならなかった。この他に、電気事業は事業者と都市の間の報償契約による監督を受けていたのである。

報償契約に関する従来の研究は主として法律的立場からのものが中心であり、公益企業政策史の立場からの研究はほとんどないと言ってもよい。本章は主として、報償契約が電気事業の展開の過程でどのような意義をもっていたかを、その制定経過を中心として分析しようとするものである。対象としては大阪市をとりあげ、対大阪電灯・宇治川電気の報償契約を中心として若干の考察を試みたい。

表2－1　主要都市における電気事業報償契約

市　名	事　業　者　名	契約年月
東　京	東京電灯株式会社	1912年10月
	日本電灯株式会社	1913年10月
大　阪	宇治川電気株式会社	1912年2月
名古屋	名古屋電灯株式会社	1908年4月
横　浜	東京電灯株式会社	1921年10月
長　崎	東邦電力株式会社	1915年4月
広　島	広島電気軌道株式会社	（不明）
函　館	函館水電株式会社	1914年1月
金　沢	金沢電気瓦斯株式会社	1918年7月
熊　本	熊本電気株式会社	1915年4月
福　岡	福博電気軌道株式会社	1909年8月
岡　山	岡山電気軌道株式会社	1910年5月
小　樽	小樽電気株式会社	1912年11月
八　幡	八幡電灯株式会社	1910年1月

（注）『我国主要都市に於ける電気事業報償契約』東京市政調査会，1928年，15ページ。

第一節　報償契約の起源

ここでは、大阪市と大阪巡航合資会社及び大阪瓦斯株式会社の間に締結された報償契約について若干の分析を行ないたい。なぜなら、これらの先行する契約が市の対大阪電灯及び宇治川電気との報償契約締結に一定の影響を与えるからである。

1　大阪巡航合資会社との報償契約

一九〇二年二月一九日に市参事会により「市内水上交通機関設備ノ件」が市会に提案された。その内容は「本市内水上ノ交通機関ハ之ヲ本市ノ事業トシ経営スルノ利益ナルヲ認ムルヲ以テ施設方予メ其筋へ出願スルモノトス」(1)というもので、理事者側の菅沼助役は提案の理由として「昨今東京方面ノ者ヲ始メトシテ本案事業経営ノ出願ヲ為ス者多シ蓋シ我大阪ハ水利ノ便大ニシテ将来或ハ陸運ヨリモ盛大ヲ致スヤ測ルヘカラス現ニ東京辺ノ所謂一銭蒸気ノ如キモ意外ノ収益アリトノ事実ヲ得タレハ今茲ニ這般ノ事業ニ対スル優先権ヲ獲得セント欲ス」(2)と述べている。この提案は可決され、同年五月二四日提出の「市内水上交通機関実施計画」として具体化された。この計画案(3)について六月一三日の大阪市会で鶴原定吉大阪市長が述べた発言は、市当局の市営事業に対する考えを端的に表していて極めて興味深い。

「熟々大阪市ノ将来ヲ案スルニ戸数人口ノ膨脹甚シキニ伴ヒ市費モ亦逐年増加スヘシ而モ増加スル住民ハ多ク他国ヨリ流寓スル下層労働者ニシテ市費負担ニ堪フルモノ頗ル稀ナリ即チ市費増加ニ伴フ負担者ノ増加ナク従テ従来ノ負担者ノ負担額ハ益々其額ヲ増スノミナレハ市税以外ニ収入ノ途ヲ計ラスンハ遂ニ其疲弊ヲ免レサルヘシ欧米ノ大都市ニ於テハ多ク水道、電鉄、其他ノ独占事業ヲ経営シ以テ市費ノ一部ヲ補フノ政策ヲ採レルモノ少カラス我国ニ於テモ京都市ノ電鉄電灯事業ヲ買収セントシ東京市ノ市街鉄道ノ布設ヲ企ツル亦以テ大勢ヲトスルニ足ルヘシサレハ本職モ亦有利ナル独占事業ヲ市営トシ以テ市費ノ幾分ヲ補ハンコトヲ希望シ先ツ水上交通機関ノ実施ニ着手セントス夫レ本市ハ道路狭隘水陸交通機関絶ヘテ無ク市内交通ノ不便甚シト謂フヘシ若本計画ニシテ幸ニ成功セハ一面交通ヲ便ニシ他面ニ於テ河川ノ浚疏、護岸ノ修繕ノ如キ経費ヲ支弁スルヲ得ヘケレハ交通及経済ノ二途ヨリ大阪市ノ前途ヲ計リテ熟考セラレンコトヲ望ム」(4)

都市への人口集中に伴う財政危機が市営事業計画の推進動機となっていることがわかる。当時の大阪市の財政膨張の主因は、上下水道・築港事業などの特別経費の増加であり、さらに普通経費も一八九七年の市域拡張と人口の大都市集中により増大しつつあった。(5) ところが都市の主要財源は府県税戸数割家屋税付加税という非近代的税金が主体で、それ以外は細民課税であり、(6) 歳出の増加に追いつかず財政事情が悪化していたのである。しかしこの提案は九月一日の市会において「本案ハ事業小ニシテ収支相償フヘクモアラス且ツ市営トシテハ好果ヲ収メ難シ」(7) という調査委員会の報告に従って廃案となった。これと同時に、「水上交通機関実施者ト報償契約締結ニ関スル建議案」が可決された。これは水上交通機関の出願者に対して許可する場合には、資本力があり信用確実な者を選んで報償契約を結ぶべしと参事会に要求するものであった。そして一二月二二日の市会において、大阪巡航合資会社と大阪市との報償契約が可決されたのである。この契約の内容の特徴的な点を述べれば以下の通りである。第一に、収入の一〇〇分の一〇に相当する報償金支払いの規定（ただし開業から一九〇六年三月までは一〇〇分の六）、第二に、市の会社に対する監督規定、(8) 第三に、市及び第三者が会社の営業区域内に於て類似の事業を営まないことの保証規定。ここにはすでに後の大阪瓦斯・大阪電灯との間の報償契約の原型があると言うことができる。(9)

2　大阪瓦斯株式会社との報償契約

市内水上交通機関実施問題が市会で検討されている最中に、大阪瓦斯問題が発生した。(10) 大阪瓦斯株式会社は一八九六年一〇月一〇日会社設立の免許を得たが、日清戦争後の反動恐慌により資金難に苦しみ、外資導入を企てた。一九〇二年にアメリカ資本の導入により資本金を四〇〇万円としたのである。当時の大阪市長鶴原定吉は瓦斯会社に対抗するために、大阪朝日新聞と結んで公益企業独占批判の世論を動かしたといわれる。(11) この問題は一九〇二年八月一五日に初めて市会で議論になった。一議員の質問に対し鶴原市長は次のように述べた。

「昨年築港公債利息の事に付いて議案を市会に出しました時に明治三八年度以降は築港公債の利息の為めに大阪市の財政は余程困難に成ると云ふ事を申述べて置きました之れを数字で申しますれば三八年度よりは凡そ五〇余万円を今日より余計に市から支出せねばならぬことゝなります又今日より一〇年の後即ち明治四四年に至りますれば今日より凡そ一〇〇万円程余計に公債利息の為めに支出せねばならぬ事になります左様の事情であるからして其の事を述べました際にも一方に於て今後充分市の財政を整理し又一方に於ては今後増加する処の市の財政に対し財源を作る為に将来市が自ら経営して収入の見込ある事業を調査したいと云ふ意見でありまして当時其の趣旨を以て市財政調査会と云ふものも出来たのであります其際市が経営すべき事業の一例として私は瓦斯電気並に一部の交通機関等の事を申述べたと思ひます其の中でも瓦斯の事業は私が最初から考へて居る処の事業でありますから財政調査会でも種々調査しつゝあるのです[12]」

大阪市の築港事業は当初から赤字経営であり、それが市当局によって政策的に是認されていた[13]。瓦斯の市営事業はその赤字補塡のための重要な財源として考えられたことがわかるが、すでに会社が成立している以上、市が直接事業に乗り出すことは事実上不可能であった。鶴原市長は「市が直接に行るのを見合せ其の事業を譲るのでありますから之れに対して相当の報償を出させたいと云ふのであります[14]」と述べて、大阪瓦斯に報償契約の締結を要求している。これを受けて、一九〇二年一二月一日には「瓦斯事業ニ関スル建議案」が可決されている。それは「本市ノ要求スル報償条件ニ応セサルトキハ本市ハ同会社ニ対シ道路橋梁等ノ使用ヲ拒絶シ且ツ本市自ラ瓦斯事業ヲ経営スルノ計画ヲ為スヘシ[15]」という内容で、高まる世論を反映していた。市民の運動と新聞の支持により会社側も市との交渉に応ぜざるを得なくなり、調停者の斡旋により一九〇三年六月二五日市長と会社取締役との間に契約が締結され、この契約は市会に提出されて八月五日若干の修正の上覚書を付加して可決された。

この報償契約の内容を簡単に述べれば以下のようなものである。第一に、会社は市に対し純益金の一〇〇分の五に相当する金額を市に納付すべしという報償金規定。第二に、開業より五年後における瓦斯料金の値上げ、会社の資本増加、会社株金払込額の半額以上の社債募集、会社の合併の場合に市と協議すべしとする監督規定。第三に、市は自ら瓦斯事業を経営せず又他に向かって瓦斯会社の設立を承認せざることという独占保証規定。第四に会社は開業の日より満五〇年後に至り市の希望により買収に応ずべきことという買収規定。

これを大阪巡航との報償契約と比較すれば、資本増加及び社債募集に関する市との協議条項及び買収条項が追加されているのが特徴的である。

この報償契約については鶴原市長自らが「私の理想として居つた処の条件と比較すれば不充分ではありますが[16]」と述べていることでもわかるように、市会の議論においても反対論があった。たとえばある議員は「全ク権利ノナイモノガ恩恵的ニデモ貰フヤウナ薄弱ナル条件ニ依ツテ充分ナル独占権ヲ与フルノハ、本市ノ為メニ取ラザル処デアリマス[17]」と述べて反対している。これに対し、後に関一は以下のような積極的な評価を与えている。


「即単に収入の点より論ずれば道路占用料を徴する方寧ろ多額の収入を挙げ得べし然れども報償契約の職能及効用は単に納付金の収入の点のみ存するに非ずして事業の監督権を市の手中に把握すること、一定の期間満了後事業を市に買収する権利を認めたること（増資及資本の半額以上の社債募集の場合に市の同意を要する規定は市買収権を確保する為の条項なり）等にも存するものとす、鶴原氏は是等の点を決して閑却せず之を報償契約中に規定することに成功せり、市が有する事業の監督権中の最顕著なるは実に会社が瓦斯料金を値上せむとする場合に市の同意を要することゝせる点なり此の規定あるが為に市民が享けたる利益は蓋し計算し難き程莫大なるものあり[18]」

このような評価は、後述のように、報償契約の果たしている客観的役割及びそれらの監督規定を運用する当事者の階級的性格を抜きにしている以上、一面的なものとならざるを得ないように思われる。

第二節　電気事業と報償契約

大阪市と大阪瓦斯の間の報償契約問題は、必然的に、同じ公益事業である電気事業に波及せざるを得なかった。ここでは、大阪市と大阪電灯株式会社及び宇治川電気株式会社との間に結ばれた報償契約について述べる。

1　大阪電灯株式会社との報償契約[19]

大阪瓦斯との報償問題が喧しくなるなかで、それに関連して大阪電灯もその名が挙げられるようになった。すなわち、一九〇二年八月一九日の市会において、天川議員は「電灯会社ニ対シテ如何ナル処置ヲ採ラントスルカ[20]」と質問し、それに対して鶴原市長は「電灯会社ニ関シテモ目下考慮中ナレトモ本会社ハ既ニ営業ヲ開始セルモノナレハ其既得権ヲ侵害スルコト能ハス[21]」とやや消極的な答弁をしている。この問題が本格化したのは、大阪瓦斯との報償問題が解決した直後からである。一九〇三年一一月一二日、市参事会は大阪電灯と報償契約を締結すべき旨の決議をなした[22]。これをうけて同年一一月一四日に鶴原大阪市長は大阪電灯社長土居通夫を市役所に招いて報償契約の締結を提案した[23]。

これに対し会社は同月一七日及び二〇日に重役会を開催し、次いで二四日一〇〇株以上の大株主会並重役会を開いて協議の結果、市の申し込みに対してはある限度まで要求に応じる方針を決めた。市の申し込み事項の主な内容は以下の通りである。第一に、会社は純益金の一〇〇分の五に相当する金額を市に納付することという報償金規定、第二に、電灯料の増額、会社の資本増加、社債募集及び合併の場合には予め市と協議することという監督規定、第三に、市の所有・管理する道路その他の、会社による無償使用権と電灯事業における会社の独占の保証、第四に、会社の営業年限（一八八九―一九一九年）満了後における市の電灯事業の買収権の規定。これを大阪瓦斯との報償契約と比較すると、ほぼ同一の内容であることがわかる。これに対し会社側は本山彦一・戸田猶七・下郷伝平・三谷軌秀・入江鷹之助の五名からなる調査委員会を設置し、一九〇四年六月二一日に修正案を市に提出した。市案との大きな違いは以下の通りである。第一に、報償金の算定基準を純益金ではなく、電灯電力料金の一〇〇〇分の二〇から大阪府に上納する電柱敷地料を控除した額としたこと、第二に、市が会社の帳簿を検査する権利を認めたこと、第三に、市の電気事業買収権の条項を削除したこと、第四に、契約の有効期限を締結の日から五〇年と延長したこと。第二の点を除けば、会社側の有利な方向での提案であった。しかもここでは、電灯事業のみならず電力事業においても独占を図ろうとする会社の意図がうかがえる。しかし当然のことながら大阪市はこの案を認めず、八月九日に市長から更に修正を申し入れた。その主要な点は、第一に、独占を電灯事業だけに認め、報償金を収入の一〇〇〇分の二〇から一〇〇分の一〇に変更したこと、第二に、市の会社に対する検査権を一層強化したこと、第三に、契約の期限を三〇年に短縮したこと、であった。以上の通り両者の間にはかなり大きな意見の対立があったが、高崎府知事の助言もあって会社側は一〇月二五日にまた修正案を提案した。その内容は、報償金を収入の一〇〇分の三に変更して譲歩したものの、電灯電力事業の独占と契約期間の五〇年への延長をあくまで主張したものであった。ここに至り、両者の交渉は一時停滞したのである。

ところがその後、鶴原市長は突然辞任を申し出たので、高崎知事は「這は鶴原市長退任前に於て之を協定し置く方両者の為得策なるべしと思料し総収入金と純益金とに拠る四種の案を調製したるを以て之を参照し最後の答案を提出せられたし」(24)と述べて土居大電社長に報償契約の早期締結を要望した(一九〇五年六月二五日)。会社はこれに応じて以下を骨子とした修正案を作成して知事の諒解を得、七月八日に仮契約を締結して会社は株主総会、市は市会の承認を求めることになった。

一、会社ハ大阪市内ニ於テ供給スル電灯料総収入金毎年前五ケ年ノ平均額ヲ標準トシテ報償金ヲ納付スルモノトス

二、報償率ハ前項収入平均額ニ対シ百分ノ六トス　但初年ハ百分ノ二トシ毎年五厘ヲ累加シ百分ノ六ニ至テ止ム

三、報償金ハ壱ケ年金七万五千円迄ヲ極度トシ仮令収入金増加シ此額ヲ超過スルトキト雖モ其レ以上ヲ納付スル義務ナキモノトス

四、報償契約年限ハ明治三十八年ヨリ向フ三十ケ年間トス

五、電力ノ二字削除ス(25)

会社は七月二八日に臨時株主総会を開いて報償契約締結の件を討議し、満場一致で原案を可決した。では市会においてはいかなる議論が行なわれたのであろうか。市と電灯会社の交渉が始まる直前の一九〇三年一一月九日の市会に「電灯会社ニ関スル建議案」が提出されている。これはその数日前に電灯線に関する事故が起こったのをきっかけとして、市長及び参事会に会社への監視を強めることを要求したものであった。これは議事延期になったが、一二月二二日に大阪府知事に対し会社の監督を強化するようにとの意見書が採択された。当時、電灯会社に対する不信感が強まっていたことがわかる。さて、一九〇五年八月一日・二日、一一月二日の市会において、報償契約

締結の件についての討論が行なわれた。議員の中からは、この案は市に不利なりとして反対を表明する者が多かった。なかでも、日野議員は次のように述べて廃案を主張した。

「曩ニ瓦斯会社ト締結セル契約ト本案トヲ比較スルニ先ツ左ノ四点ニ於テ異ナレリ（一）前者ハ五十ケ年後市ニ於テ買収シ得ルノ条件ヲ付セルモ後者ハ是ナキコト（二）報償額ノ極度ヲ七万五千円ト制限セルコト……市ハ将来例ヘハ一本拾円ノ電柱税ヲ課スルト仮定センカ優ニ本案所定ノ報償額ヲ徴収シ得ルコトヽナラン然ルニ本契約ヲ締結シタルカ為メ将来ニ於ケル電気事業市営ノ途ヲ杜絶スルカ如キハ決シテ得策ニアラサルナリ（三）瓦斯会社ノ契約ニハ惟リ瓦斯事業ノミナラス尚ホ営業ノ総収入ヨリ得タル純益金ノ幾分ヲ報償額ト為セルニモ拘ラス電灯会社トノ契約ニ在リテハ電灯料以外ノ収入ヲ見積ラサルコト（四）瓦斯会社トノ契約ニハ五年ノ後料金ヲ引上ントスルトキハ其都度市ト協議スヘシトアルモ電灯会社ニ対シテハ此条件ヲ設ケサルコト（這ハ市民ノ利害関係上注意スヘキ条件ニアラスヤ）是ナリ其他第二条府納金引去ノ件亦不満足ナラストセス蓋シ府カ其欲スル所ニ従ヒ予メ之ヲ徴収センニハ市ノ収入自ラ減少スルヲ以テナリ要之本案ハ此際寧ロ廃案トシ更ニ一層有利ナル契約ノ締結アランコトヲ望マサルヲ得ス[26]」

すなわち日野議員は、大阪瓦斯との報償契約と比較するとこの案は著しく後退しているということを鋭く指摘している。ことに、買収規定の欠落を強調している点は注目に値する。

これに対し、理事者側の池原助役は次のように答弁している。

「瓦斯会社トノ契約ハ恰モ会社増資ノ場合ニシテ本市ハ十分有利ナル契約ヲ為シ得タレトモ電灯会社ハ創立以来漸次電柱税ノ増額ヲ為シタルヲ以テ特ニ新ナル報償契約ヲ結フノ動機ニ乏シカリシモノナリ要之究竟市営ノ覚悟ナレハ格別然ラサル以上ハ本案ヲ破棄シタリトテ再ヒ一層有利ナル契約ヲ締結シ得ヘキカ否ハ固ヨリ知ルヘカラス」(27)

一一月二日の市会において修正案が提出され可決された。その修正の内容は、第一に、報償金より府納金額を控除しないこと、第二に、報償金の七万五千円という上限を取り除くことの二点であった(28)。この修正もかなり妥協的であるにもかかわらず会社側は拒否し、ここに両者の交渉は中絶するに至った。この間に新市長に山下重蔵が就任した(一二月一四日)。

このような状況の中で、翌一九〇六年一月一七日の市会で「市営電気事業ニ関スル建議案」が可決されたのである。提案理由は以下のようなものであった。

「独占事業ノ直営トスルハ本市ノ方針トスル所ナリ、今ヤ電気鉄道ヲ経営スルニ当リ其余力ヲ以テ電灯事業ノ如キ独占事業ヲ併セ行フハ最モ時機ヲ得タルモノナリト信ス、仍テ市参事会ハ此際必要ナル事項ヲ調査シ其ノ施行ニ関スル議案ノ提出ヲ望ムニアリ(29)」

提案説明に立った松村議員は「大阪電灯会社ガ、会社ノ私利ヲ図ルニノミ汲々トシテ、本市ノ利益ト認タル処ノ修正ニ反対スルト見タ以上ハ、大阪市ハ自ラ電気事業ヲ経営スルノ決心ガナクテハナラヌ(30)」とその意図を述べている。実はこの同じ市会で市営電気鉄道に電力を供給するための発電所建設計画が具体化しており、市の杉山技師は「コレダケノ用地ガアレバ第一期並ニ第二期ノ延長線ニ対シテ電力ヲ供給スルダケノ計画ヲ立テルニ不足ハアリマセンカラ、電灯事業ヲ行リマシテモ少シモ差支ハアリマセン、ソレダケノ余地ハ十分ニアリマス」[31]と述べていた。これをうけて上のような建議がなされたものと思われる。

これに追い討ちをかけるかのように、三月一四日の市会において大阪電灯の電柱使用料脱税問題についての質問があり、三月一九日にはこの問題について委員を選んで調査すべしとの建議案が可決された。そして五月二二日にはその調査結果が報告され、多くの電柱が市に無届けで立てられていることが明らかになった。同じ日に市参事会より「電灯電力供給事業市営ノ件」が提出された。この電灯電力供給計画書によれば、交流送電方式で一〇燭白熱灯六万個、電力三〇〇〇馬力を供給するものとなっていた。[32]同年（一九〇六年）の大阪電灯の白熱灯一一万一三六七個、電力一一三八馬力という数字[33]からみれば、この計画の実現が大阪電灯にとっていかに打撃であるかがわかる。ところで、山下新市長の就任以来、会社は菊池侃二に条件付きで市との調整を依頼していた。この間に市会で前述の案件が可決されたのであった。数次の折衝の後、六月二七日に山下市長及び松村、市村両助役と土居社長、渡辺支配人の五名は菊池宅に会し契約案を作成した。[34]市はこの案を七月二日に市会に付議し、七月一〇日に修正案が可決された。また七月二四日に会社の臨時株主総会が開かれた。若干の反対はあったが大多数をもってこれを承認した。[35]そして七月二八日報償契約は締結された。

この契約を一九〇五年七月に締結された仮契約と比較すれば以下の通りである。[36]

第一に、市による買収規定が入っていること、第二に、報償金の上限規定を取り除いたこと、第三に、会社が電灯料を引き上げる場合及び水力を原動力に使用しようとする場合に前もって市の承認を得ること、以上の三点は本契約が仮契約よりも前進していると思われる点である。しかし、市が大阪電灯という独占企業を十全に統制しうるかという点からみれば、必ずしも十分ではないという評価が可能であろう。一九一三年に市による大阪電灯買収が失敗に終わった後に報償契約の改定問題が起こった。この動きの中心になった谷口房蔵市会議員は、以下の三条件を報償契約に追加して統制力を強化するよう要求した。

一、会社ニ於テ事業拡張ノ為メ将来増資、社債発行及会社合併ノ場合ハ予シメ市ノ承認ヲ受クルコト
二、会社ハ将来電灯需用数二十五万個増加スル毎ニ料金低減ニ付キ市ノ承認ヲ受クルコト
三、会社ハ将来原動力発生費及ヒ其ノ他営業上必要ナル経費ニ著シキ低減ヲ生シタルトキハ電灯料金低減ニ付市ノ承認ヲ受クルコト(37)

この提案もその一部分が極めて不十分な形でとりあげられただけであった。これは、市の報償契約締結に対する目的が主として収益主義的なものである以上、避けられないことであった。ただ、市民の世論が高揚した時にのみ、独占規制の側面がある程度強化されたのであった。このような市当局の態度は極めて一貫しており、次に述べる宇治川電気との報償契約締結の際に一層明確に表れる。

2　宇治川電気株式会社との報償契約

宇治川電気株式会社は一九〇六年一〇月二五日に創立された(38)。琵琶湖の水を利用して水力電気を起こすことは既に京都市が市営事業として実行していたが、一八九四年八月に京都の高本文平ら三名が宇治川水電株式会社（資本金一〇〇〇万円）の名で京都府知事に発電用水路を開削せんことを出願した（いわゆる京阪派）。次いで一八九六年四月に東京の岩谷松平他三名が宇治川電力株式会社（資本金六五〇万円）を組織して同様の願いを京都府知事に提出した（いわゆる東京派）。また、一八九八年一月、滋賀県の河村彦三郎他一三四名が琵琶湖運河株式会社（資本金八〇〇万

円）を組織し、発電用水路を開削することを京都、滋賀両府県知事に出願した（いわゆる滋賀派）。このように琵琶湖の水源開発は以上三者の競願となったが、内務省はこれらを合同させる方針で指導したので一九〇一年妥協が成立し、資本金一二五〇万円の宇治川電気株式会社として翌一九〇二年二月六日高本文平他二一名（後六名追加）の発起人名義で起工許可を京都、滋賀両府県知事に出願した。そして、一九〇六年三月一六日内務大臣の決裁を経て、四月四日京都、滋賀両府県知事の名をもって正式に許可の指令が発せられたのである。そして、土居通夫（大阪電灯社長）を創立委員長にして、社長を中橋徳五郎（当時大阪商船社長）に決定して創立された。

京阪派の中に大阪電灯関係者が入っており、かつ創立委員長が土居通夫であったことからもわかるように、宇治川電気の創立に大阪電灯は密接に関係していた。水力電気会社の設立を不可避とみて、大阪電灯はそのイニシアチブをとろうと試みたようであるが、重役陣の構成をみるとそのねらいは失敗に終わったと考えられる。中橋社長は首脳部を自らの傘下の人材で固め、土居通夫は単なる取締役にすぎなかった。ここにおいて大阪電灯の攻勢が始まる。これが淀川電力問題である。

淀川電力は淀川の水力開発のため浅野総一郎、大倉喜八郎らが計画したもので、一九〇八年三月に水路開削の願書を提出した。ところがこの計画に大阪電灯関係者が加わっていたのである。宇治川電気社長であった林安繁はこのことについて以下のように回想している。

「最初当社の計画が許可となるや、大阪電灯では既設電気会社の営業を脅かすものとして、これを牽制するの策に出で、京都電灯とも牒し合せて、折柄当社に対抗して出願された淀川電力の創立を援助したのであった。淀川電力の発起人中に寺田甚與茂、秋月清十郎、渡辺修、木村駒吉氏等大電系の人々が顔を並べてゐるのを見ても、此間の消息が窺はれるのである[39]」

すでに淀川電力と大阪電灯の間には電力供給契約が結ばれていたという[40]。宇治川電気の中橋社長は、宇治川電気及び淀川電力の双方に関係を持っていた大倉喜八郎を説得して淀川電力との関係を絶たしめた。ここにおいて両社の合併談が起こり、淀川電力・宇治川電気・大阪電灯の代表者の間で協議会が開かれ、以下の条件の下で宇治川電気は淀川電力を合併することになった（一九一一年）。

一、淀電発起人の従来放下したる資金は、全部宇治川電気より弁償すること。
一、淀電発起人は淀川水電の水利権を確定して、宇治川電気に委付すること。
一、淀電発起人は、今後再び水電事業に関しては、出願を為さざること[41]。

このようにして、大阪電灯の企みはまたもや失敗に終わったのである。ここにおいて両者は競争を避けるために急速に接近し、一九一一年一〇月二三日に宇治川電気と大阪電灯の間に電力供給契約並別約が成立した。その主要な内容は以下の通りである。

(1) 大阪電灯は宇治川電気より二万キロワットの電力を受電すること。
(2) 宇治川電気はもっぱら電力の供給にあたり電灯供給を行なわないこと。
　また大阪電灯の動力用電力供給を制限すること。
(3) 大阪電灯は宇治川電気の要求に応じてその電柱の共用を承認すること。
　ただしその条件は大阪市との共用契約に準拠すること[42]。

ここに、電灯は大阪電灯、電力は宇治川電気という相互の独占保証協定が成立したのである。注意すべきことは、この契約は大阪市と大阪電灯の間の報償契約を前提としていることである。この契約締結を契機として、宇治川電気は市と報償契約を結ぶこととなった。それは、「当時大阪市ハ既ニ軌道事業ノ副業トシテ明治四十四年一月二十日以来電力供給ヲ営ンデ居タノデ、宇治電ト大阪市ハ対立関係ニ立ツテ居タ為宇治電ハ電力供給ニ関シ本市ト協定スル必要ガアツタ外、大電トノ電柱共用ニ付テモ道路管理者タル本市ノ承認ヲ受ケネバナラ[43]」なかったという理由からである。

市と宇治川電気の報償契約は一九一二年二月二三日、電柱共用契約は同年四月一三日に締結された。報償契約の主な内容は以下の通りである[44]。

(1)　市の義務

一、電力供給区域の制限（第一条）……市は現在敷設し及将来敷設すべき電気軌道の沿道（道路に建設せる電柱の位置より三〇〇尺以内の距離にして電柱三本以内を建設して電力の供給をなし得べき区域）以外には現在供給し及供給を予約したるものの外電力の供給をなさざること。

二、特別税及使用料の免税（第七条・第八条）……電力事業に対し特に賦課する特別税及道路・橋梁・其他工作物の使用料を免除し且電力供給に要する設備の為には市の管理する道路其他土地・工作物を使用するも無償にて相当の便宜を与ふること。

(2)　市の権利

一、電力設備充実の要求権（第二条）……大阪市内に電力需要者あるに拘らず之が供給の設備をなさざるか或は電力の不足なるときは随時設備の充実を要求し得ること。要求に応ぜざれば市自ら供給し得ること。

二、電力料金の制扼権（第三条）……電力需要者たる市民の負担を増加せしむる場合は市の承認を受くるを要すること。

三、報償金の徴収権（第四条）……毎年収入金に対する一定割合の報償金を納付せしむること。

大阪電灯との報償契約と比較すれば、買収規定のないことが目につく。このことについて理事者側の植村市長は以下のように述べている。

「瓦斯会社ノゴトク電灯会社ノゴトク、大阪市内ニ於テ営業シテ居ルモノトハ違ヒマシテ、京都府・滋賀県等ニ跨ツテ営業ヲシテ居ルヤウナモノヲ大阪市ガ買収スルト云フコトハ、私ハ余リ望マシクナイト云フ考ヲ以テ其事ハ除イタノデゴザリマス、兎ニ角他日双方ノ間ニ合意ガ成立テバ無論出来ル訳デアリマスガ、予メ其事ヲ此ノ報償契約ノ中ニ取リ決メテ置クト云フコトハ必要デナイト云フ考ヲ以テ、茲ニ之レヲ締結シタノデゴザリマス[45]」

当時、宇治川電気の中橋社長は一九一〇年六月の市会半数改選時に市民会から立候補し、南区から市会議員に選出され、市会議長をつとめていた。市民の独占反対の世論も弱く、買収規定の欠落は市会においてもさして問題とはならなかった。あまつさえ、修正案を提案した乾議員は審査委員会での討論の基調を「及ブベクンバ相手方ノ同意ヲ得タ範囲ニ於テ市モ忍ンデ此ノ締結ヲスルト云フコトニシタラ宜カラウト云フ意見ニナリ[46]」と紹介している。このような姿勢が第一条の市の電力供給区域の制限に端的に表れていると言えよう。市はこの条項によって、市電線路付近にしか電力を供給しえないこととなった。その代わりと言うわけか、報償金は大阪電灯の場合よりも高めに設定された。すなわち、大阪電灯では収入金額が増加するにつれて報償金率が逓減していたのが、宇治川電気の場合逓増するようになっている（表2-2参照）。独占を統制するという志向はここでは全く失われ、収益主義的発想が完全な勝利を占

めていると言ってよいであろう。このことは第一条に関する協議会の議論が次のように紹介されていることでもわかる。(47)

「夫レ（第一条――引用者）ハ権利ノ制限ト思ツタガ、権利ノ制限デハナイ、報償デハナクシテ市内ニ於テ相手方ガ営業ヲスル報償デアル、即チ報償ニ対スル報償デアル」

「（市の現在の電力供給能力では――引用者）直チニ競争ト云フコトニハナラナイ、ソコデ一条《ママ》云フモノハ余リ大シタ利害ト云フモノガ無イト認メマシテ、第一条ハ別ニ原案ト云フモノヲ修正セズニ置キマシタコトニナリマス」

表2－2　報償金率比較

総収入金額	大阪電灯	宇治川電気
1,000,000円未満	6％	3.6％
1,000,000円以上 2,000,000円	4％	
2,000,000円以上	2％	
1,000,000円以上 1,500,000円未満		4.2％
1,500,000円以上		5.4％

（注）　大阪市『報償契約ニ関スル調査一件』1938年1月20日。

大阪市と大阪電灯、宇治川電気の報償契約は、大阪電灯と宇治川電気の間の協定と一体化することによって、大阪電灯の電灯供給独占、宇治川電気の電力供給独占をその法的強制力によって強固にする役割を果たしていたと言うことができる。市政が一部特権層の代表によって握られていたこの時期においては、これはある程度まで不可避なことであった。しかしこの独占体制のはらむ矛盾は早晩爆発せざるを得なかった。その端的な表現が大阪電灯買収問題であったと言えよう。

むすびにかえて

青田龍世・竹中龍雄両氏は報償契約成立の背景について次のように述べておられる。

「即ち我国の報償契約は私営公益企業の公共統制の手段として現はれたのではなく、種々の理由から市営企業の創設が困難であつたから、これに代るものとして工夫されたのである。従つて初期の報償契約に於ては市営企業創設の動機と同じく、財政政策的考慮が重要な地位を占め、報償契約に於て公益企業政策的要素が重ぜられるに至つたのは、略々明治三九年以後である(48)」

ここで言われている報償契約の「財政政策的考慮」は単に初期だけでない一貫した特徴と言わざるを得ない。また、「公益企業政策的要素」は市民の運動即ち世論の圧力により強まったり弱まったりするものであって、必ずしもある時期以後常に重視されていたわけでは決してない。このことは大阪市と宇治川電気との報償契約の内容を見れば明らかであろう。むしろ重要なことは、報償契約は独占打破の手段ともなりうるとともに、独占強化の梃子ともなりうるというその二面性を正しく把握することであろう。戦前の大阪市において結ばれた電気事業報償契約は、その当時において、電気事業の独占体制を補完し強化する役割を果たしていたのである。この独占体制の矛盾は、第一次大戦中において高い電力料金と電力不足という形で顕在化した。この中から「動力の値下を期せんと欲せば、先づ此三者

（宇治川電気・大阪電灯、・大阪市――引用者）間の協定を打破するの外策あることなし[49]」との声が上がってくるのである。この時期から再び電力問題が大阪市政の大問題となり、大阪電灯の買収問題をも含めた電気事業の再編成が不可避となるのである。

（1）大阪市役所編『大阪市会史』第五巻、一九一二年、二六ページ。
（2）同右、二六ページ。以下、『大阪市会史』を引用する場合、市会での質疑応答は速記全文ではなく要領筆記である。
（3）計画の詳細は、同右、一五七ページを参照。
（4）同右、一八八―一八九ページ。
（5）竹中龍雄『日本公企業成立史』大同書院、一九三九年、一七八―一七九ページ。
（6）宮本憲一『財政改革』岩波書店、一九七七年、二二六ページ。
（7）『大阪市会史』第五巻、二二六ページ。
（8）第二条において、会社の組織変更、合併、任意解散及営業区域停船場の増減変更並に賃銭増加の場合に予め市の承認を得ることを定め、第三条において、会社は営業の方法船舶の構造及速力その他営業上必要なる事項に関し公衆の安全又は利益を保持するのに必要な市の告示及申込に従うべきことを規定し、第四条では、会社は市に対し毎期事業及財産に関する報告をなすべきこととしている。
（9）青田龍世・竹中龍雄「我公益事業分野に於ける報償契約の起源と其背景」『都市公論』第二一巻第六号、一九三八年六月、八九ページ参照。
（10）関一「大阪市に於ける瓦斯事業報償契約に就て」『都市問題』第一七巻第一号、一九三八年七月、および青田・竹中、前掲論文がその経過に詳しい。以下はもっぱらこの二論文を参考にした。
（11）青田・竹中論文によれば、鶴原市長は"Municipal Monopolies"(Edited by Edward W. Bewis) を通読して、アメリカにおける公益企業に関する議論を知っていたという（同論文、七八ページ）。
（12）関一、前掲論文、八二―八三ページより再引用。

(13) 関野満夫「関一と大阪市営事業」『経済論叢』第一二九巻第三号、一九八二年三月、九四ページ。
(14) 関一、前掲論文、八六ページ。
(15) 『大阪市会史』第五巻、二六六ページ。
(16) 関一、前掲論文、八八ページ。
(17) 『大阪市会議事録』一九〇三年八月三日。
(18) 関一、前掲論文、八九ページ。
(19) このテーマについては本書第一章において若干の分析を行なった。ここでは重複を避けて、市会での議論を中心に紹介したい。
(20) 『大阪市会史』第五巻、二二三ページ。
(21) 同右。
(22) 日本電気協会はこの問題で調査協議を行ない、既設会社で無条件にてその設立の認可を受けているものに対しては公共団体からこれに報償を求める権利なく、既設会社はこれに応じる義務なしと決議した(『我国主要都市に於ける電気事業報償契約』東京市政調査会、一九二八年、一一―一二ページ)。
(23) 以下は『報償契約質疑録(I)』電気経済研究所、一九三二年、八三―一〇〇ページを参照した。
(24) 同右、九六―九七ページ。
(25) 同右、九七ページ。
(26) 『大阪市会史』第六巻、一九一二年、二〇三ページ。
(27) 同上、二〇四ページ。
(28) 同右、二二五ページ。
(29) 『大阪市会議事録』一九〇六年一月一七日。
(30) 同右。
(31) 同右。
(32) 同右、一九〇六年五月二三日。

(33) 『大阪電灯株式会社沿革史』一九二五年、二〇三、二一三ページ。
(34) 以上の叙述は前掲『報償契約質疑録（Ⅰ）』一〇一ページによる。
(35) 当日の株主総会は次のような雰囲気であったという。「……引続き臨時総会を開き大阪市と締結せし左記報償契約案を付議し土居社長問題の経過を報告し調査員たる三谷軌秀氏は重役及び他の調査委員と意見を異にしたりとて左案十一条第一項に主たる契約の目的物を表示せざる事第二項の売買価格の算出基準は前途会社の不利益に帰する事其の他両項共法律上の欠点多く株主の不幸を来たすべき漠然たる条文なれば之を否決し更に市に妥協せん事を主張して株主の注意を促し鶴海角二氏は本問題は去る三六年一二月胚胎し其の間幾多の交渉を重ね既に一旦締結せし仮契約も蹂躙せられ当時絶対に反対せし自分に不幸其の筋より極端の取締を受くるに至り遺憾なれども本案は交渉毎に益不幸を重ねつゝあるものなれば此の際忍んで賛同し従来の悪感情を一掃したるを機とし会社は事業の発展を謀るに如かずと不満の裡に賛成を表したるが同意あり過般市会に於て修正の儘大多数を以て可決したり」（『大阪朝日新聞』一九〇六年七月二五日、傍点は引用者）。
(36) 詳細は、第一章第二節を参照。
(37) 『大阪市会史』第九巻、八一二―八一三ページ。
(38) 以下は、林安繁『宇治電之回顧』一九四二年、三四―三八、四五―五〇、七四―七九ページによる。
(39) 同右、九五―九六ページ。
(40) 同右、七七ページ。
(41) 同右、七八ページ。
(42) 『大阪電灯株式会社沿革史』二五七―二六八ページ。
(43) 大阪市「対宇治川電気株式会社報償契約改定ニ関スル資料」一九三六年四月一八日、二ページ。
(44) 以下の要約は、同右、三―四ページによる。
(45) 『大阪市会議事録』一九一二年三月二日。
(46) 同右、一九一二年三月二七日。
(47) 同右。

（48）青田・竹中、前掲論文、八八ページ。
（49）『大阪毎日新聞』一九一六年三月一六日。

第三章　日本資本主義と電力
——戦前期の大阪を中心に——

はじめに

本章では、日露戦後から一九二〇年代中頃に至る時期の大阪における電化の進展と電力業の展開を対象として、日本資本主義の発展の過程で電力が有していた意義を検討したい。日本資本主義発達史における電力の位置については、すでに野呂栄太郎や山田盛太郎などによってその重要性が指摘されている(1)。しかし、このテーマでの実証的研究はようやく近年になって本格化したばかりである。現在、電力をも含むエネルギー問題が重大な問題となっている状況の下で、この分野の研究の深化が一層必要とされているといえよう。しかし、従来の研究は、電力独占の形成や財閥資本と電力資本との関係という側面が中心であり、このことがもつ研究史的意義は決して少なくはないものの、これらの視点からだけでは電力のもつ多面的な性格は必ずしも明確になってこなかったように思われる。このような点をふまえて、以下に本章の分析視角とねらいについて簡単に記しておきたい。

第一に、工業の発展において電力が果たす役割に注目し、その意義を明確にすることである。工場動力の電化によって、企業内の生産工程が再編成され、生産性は急上昇する。また、鉄道と同様に、電力は社会的分業を媒介し結びつける役割を果たす。遠距離大送電網の形成は、電化を一層急速に促進することによって、工場内分業及び社会的分業を再編成するとともに、巨大工業地帯の形成・確立を促進した。本章のねらいの一つは、以上のような過程の一端を、阪神工業地帯の中心地・大阪を対象として明らかにすることである。

第二に、電化の進展と電力業の再編成との関係に注目したい。大阪電灯は、一八八八年の設立以来、その独占的地位を保持していたが、一九〇六年に宇治川電気が創立され、両者の並立状態となった。両者は分割協定を結んで協調体制を維持するが、この体制は、第一次世界大戦を契機とした工場電化の急速な進展により、電力不足・高料金という形で矛盾を露呈する。ここにおいて、電力業の再編成が不可避となった。この時期に、大同電力・日本電力が、関西方面への送電を主目的として設立され、電力再編成は、これらの電力会社をも巻き込みつつ、大阪市による大阪電灯買収問題を焦点として急速な展開をとげるのである。この過程は、同時に、いわゆる五大電力体制の成立過程の一環でもあった。本章では、一九二〇年代中頃までの時期を中心に、以上の問題をとりあげる。

第三に、電力と地域社会の関係に注目したい。電力は、電灯及び工業用電力として用いられ、国民生活と密接な関係をもっている。電力業は、地域的独占を基礎に展開し、その料金は独占価格であった。そのため、住民の電力資本に対する不満は、容易に反独占運動に転化する可能性をもっていた。全国的な電気料金値下げ運動は、富山の電気争議を契機に一九二〇年代後半に頻発するが、本章では、その前史として、「大阪電灯買収問題」に端的にみられる電力資本と地域住民の対立を検討することによって、電力と地域社会の相互関係に迫ってみたい。その際、公営化運動や公営企業の意義についても、若干の検討を加えたい。

第一節　工業地帯形成と電化

ここでは工場電化の進展を、全国と大阪に分けて考察する。

1　工場電化の進展

(1)　全国的動向

表3-1は、製造業における原動機の普及率を示している。これによれば、一九〇九年の時点において、大企業では原動機はほぼ普及しているが、中小企業では第一次大戦中に原動機の急速な導入が行なわれたことがわかる。

表3-2は、製造業における電動機の普及率、すなわち工場電化率を示したものである。一九一九年では、工場電化率は五八・五%に達している。すべての規模の工場において、大戦中に電動機の普及がすすんだことがわかる。

さらに、表3-3は、規模別の原動機使用、および不使用工場の数を示している。これによれば、中小企業における大戦以降の原動機使用工場の激増（とくに五—三〇人規模で顕著）と、原動機不使用工場の減少傾向が明らかである。

以上のことから、大戦以降、工場電化が急速に進行し、とくに中小企業では、原動機の普及が電動機の導入により行なわれたことがわかる。(2) このことは小規模の企業ほど著しかった。

表 3－1　製造業における原動機の普及率

——原動機をもつ工場の割合——

(%)

規模(人)＼年	1909	1914	1919	1930	1935
合　計	28.2	45.6	61.1	82.5	84.1
5～　9	14.4	28.5	46.0	76.6	78.5
10～ 29	30.1	48.8	65.0	87.2	88.4
30～ 49	63.7	75.9	85.7	93.8	95.8
50～ 99	78.0	87.7	92.8	97.3	98.2
100～499	87.1	92.8	97.2	99.1	99.6
500～999	95.1	96.8	100.0	100.0	100.0
1,000以上	100.0	97.6	99.4	100.0	100.0

（注）『鉄道と電力』（長期経済統計12）1965年，77ページ。

表 3－2　製造業における電動機の普及率

——総馬力数における電動機馬力数の割合——

(%)

規模(人)＼年	1909	1914	1919	1930	1935
合　計	13.0	30.1	58.5	86.7	81.5
5～　9	10.6	27.4	56.9	84.4	85.5
10～ 29	9.8	26.1	58.7	86.3	87.8
30～ 49	7.0	20.5	55.1	82.9	87.8
50～ 99	9.8	23.7	59.8	88.0	90.8
100～499	13.2	26.1	59.3	87.2	80.4
500～999	9.7	33.7	69.1	95.8	90.3
1,000以上	18.3	36.7	55.7	80.4	78.6

（注）表３－１と同じ。

表3－3　原動機使用不使用別職工数別工場数

	5～30人			30～100人			100人以上
	使　用	不使用	計	使　用	不使用	計	計
1909	5,720	21,894	27,614	2,445	1,049	3,494	1,120
1914	9,925	16,283	26,208	3,366	779	4,145	1,364
1920	22,638	15,398	38,036	5,159	507	5,666	2,105
⋮	この間規模別統計なし						
1929	37,792	10,786	50,578	6,372	576	6,948	2,361
1931	44,661	10,714	55,375	6,236	267	6,503	2,558
1936	65,176	11,650	76,826	10,000	367	10,367	3,406
同　上　指　数　(1914＝100)							
1909	57.6	134.5	105.4	72.6	134.6	83.8	82.1
1914	100.0	100.0	100.0	100.0	100.0	100.0	100.0
1920	229.1	94.9	145.1	153.2	65.1	136.7	154.3
1929	400.9	66.2	192.0	189.3	73.9	167.6	173.1
1931	450.0	65.9	211.3	185.3	34.3	156.9	187.5
1936	656.6	71.5	293.1	297.1	47.1	241.3	250.0

（注）1．小宮山琢二『日本中小企業研究』中央公論社，1941年，13ページ。
2．農商務省及び商工省工場統計表より作成。

(2)　大阪の動向

表3-4は、大阪市における工業原動機構成をあらわしている。これによれば、一九一六年に馬力数で電動機が蒸気機関を超えており、しかも、同じ時期から、電動機のうちの受電が自家発電を上回っている。また、工業戸数の有動力・無動力の項をみると、有動力は大戦を境に着実に増加し、無動力は大戦中に一時増大するが、その絶対数は停滞的である。自家発電が大企業中心であることを考えれば、以上のことは、電化した中小企業が着実に増大していることを示している。

表3-5・6・7は、大阪市における染織・機械器具・化学工業の原動機構成を示したものである。まず染織工業についてみれば、蒸気機関の優勢が目につく。しかし、その馬力数は停滞的であり、電

表 3－4　大阪市における工業原動機構成

年	工業戸数		原動機					
	有動力	無動力	蒸気機関		電動機			
			機関	実馬力	自家発電		他より受電	
					機関	実馬力	機関	実馬力
1913	1,008	8,768	199	31,222	211	3,353	835	6,341
1914	1,382	11,069	214	31,481	236	4,488	1,321	10,427
1915	1,461	10,321	271	27,086	172	9,205	1,595	12,339
1916	1,654	12,579	210	28,108	276	10,469	2,163	20,430
1917	1,846	16,257	228	33,517	373	27,989	2,472	25,355
1918	1,943	15,674	183	26,130	276	8,691	3,610	49,632
1919	2,645	17,213	229	26,983	368	36,616*	3,907	88,591
1920	3,279	1,362*	267	35,474	602	21,449	4,548	59,437
1921	3,779	13,393	219	29,025	426	19,376	5,682	62,813

（注）『大阪市統計書』より作成。

＊　疑問のある数字であるが正確な数字が見出せないので一応このままにしておく。

表 3－5　大阪市における染織工業原動機構成

年	工業戸数		原動機					
	有動力	無動力	蒸気機関		電動機			
			機関	実馬力	自家発電		他より受電	
					機関	実馬力	機関	実馬力
1913	120	1,358	43	17,311	55	1,300	72	1,674
1914	165	1,716	43	18,078	46	1,905	132	1,175
1915	187	1,750	37	12,079	35	1,882	169	2,483
1916	192	1,951	42	14,352	74	2,565	190	1,531
1917	215	2,166	42	13,349	26	574	252	2,088
1918	239	2,183	42	11,332	35	1,795	313	2,758
1919	251	2,217	42	8,460	49	18,776*	341	2,991
1920	293	212*	62	15,814	77	3,172	367	3,082
1921	306	1,437	49	15,153	40	2,266	357	2,845

（注）表 3－4 に同じ。　　＊前表に同じ。

表3－6　大阪市における機械器具工業原動機構成

年	工業戸数		原動機					
	有動力	無動力	蒸気機関		電動機			
			機関	実馬力	自家発電		他より受電	
					機関	実馬力	機関	実馬力
1913	399	1,607	55	5,921	86	1,546	381	2,527
1914	480	1,782	56	2,652	107	1,410	579	5,022
1915	525	1,487	70	5,959	106	5,250	600	4,351
1916	575	1,868	50	4,793	118	3,564	974	13,077
1917	730	2,826	61	9,420	191	3,674	1,085	14,005
1918	424	2,666	35	5,520	66	3,916	1,538	31,431
1919	961	3,012	65	7,767	211	6,363	1,724	62,364*
1920	1,220	305*	54	8,478	417	6,825	1,910	32,180
1921	1,271	2,696	41	6,302	270	4,270	2,547	35,506

（注）　表3－4に同じ。　　＊前表に同じ。

表3－7　大阪市における化学工業原動機構成

年	工業戸数		原動機					
	有動力	無動力	蒸気機関		電動機			
			機関	実馬力	自家発電		他より受電	
					機関	実馬力	機関	実馬力
1913	124	687	44	3,296	2	4	98	1,264
1914	165	867	55	3,801	8	132	142	2,385
1915	147	853	82	3,539	14	313	178	2,817
1916	180	917	43	3,456	9	176	205	2,981
1917	210	1,045	57	5,228	34	20,751*	258	3,151
1918	232	982	51	2,778	13	206	355	7,227
1919	238	836	61	3,101	8	210	404	6,501
1920	250	166*	72	3,165	9	214	498	8,624
1921	247	701	40	1,242	11	139	461	7,913

（注）　表3－4に同じ。　　＊前表に同じ。

動機馬力数が徐々に増加していることがわかる。これに比べると、重化学工業での電化のスピードはより急速である。(3)機械器具工業では、一九一四年に馬力数で電動機が蒸気機関を凌駕し、一九一六年以降、受電の電動機馬力数が激増している。化学工業においては、蒸気機関は一九一四年頃から馬力数で減少傾向を示し、一方、電動機は一九一八年頃から激増している。また、表として掲げなかったが、飲食品工業・雑種工業においても、第一次大戦を契機に電動機馬力数（とくに受電）が増加している。(4)

以上のように、大阪市においては、第一次大戦中に機械器具・化学工業を先頭に電化が進展した。とりわけ、中小企業はこのことにより存続・発展の基礎が与えられたのであった。(5)

2　工業地帯形成と電化

(1)　電化の意義

電化の進展が社会に及ぼす影響は多様なものであるが、(6)工業地帯形成の面から電化の意義を考えてみると、以下のことが指摘できよう。第一に、電化の工場立地への作用である。動力が蒸気力に依存していた時代においては、工場は石炭を求めて炭坑地方や臨海地帯に移動した。電力は工業をこのような立地の制約から解放し、その分散可能性を高めた。(7)これは一般的可能性であるが、では、既存の工業立地と電力の関係はどのようなものであろうか。栗原東洋氏は、この点について、次のように述べている。

「しかし、わが国の場合では、エネルギー市場における電力の進出は、石炭を中心とした工業地帯をむしろ補強しさらに強化とより以上のその集中を促進する方にくみしている。端的にいうならば、四大工業地帯の確立はこの電化を契機とするものであるといってもいいのである」[8]

すなわち、電化は、既存の工業立地を強化することによって、工業地帯の確立を促進する役割をもっているのである。

第二に、中小企業電化と工業地帯形成の関係である。この点について、山崎俊雄氏は、以下のような興味深い指摘を行なっている。

「遠距離大送電網の形成によるエネルギーの確保、重工業をとりまく中小企業への電力普及は、巨大工業地帯を出現させた。……これらの電化された工業地帯では、それぞれ中小企業への電動力の普及がその確立の前提となっている」[9]

すなわち、中小企業の電化によって、大企業の外業部として中小企業を再編成することが可能となり、このことが工業地帯確立の前提条件となったというのである。

以上のことを念頭に置いて、次に、大阪における工業地帯形成の過程を具体的に考察してみたい。

(2) 大阪における工業地帯形成

ここでは、主として、大阪市及びその周辺における工業地帯形成の過程を取り扱う。

大阪における工業は、まず紡績業を中心として発達した。その後、日清・日露戦争を契機に、金属・機械の近代的

表3－8　規模別工場数推移

	旧市域				郡部			
	5～9	10～49	50人以上	計	5～9	10～49	50人以上	計
1914	1,753	822	159	2,273	39	124	75	238
1916	2,131	982	200	3,313	72	203	92	367
1924	1,338	935	224	2,497	511	679	237	1,427
1926	1,574	1,016	243	2,833	802	737	231	1,770

（注）　小田康徳「大正期大阪の公害問題と工業地域の形成」（『近代大阪の歴史的展開』吉川弘文館，1976年）388ページ。

工場が設立された。これらのうち、大工場は大阪西部の臨海地区に立地した。第一次大戦中に大阪においても重化学工業の比率が高まり、工場立地も西部だけでなく、北部・東部へも広がった。西部には、汽車製造、住友伸銅場、大阪瓦斯、住友電線、日本染料、大阪鉄工所のいわゆる西六社が立地し、木津川筋には造船業が集中した。北部は、淀川改修工事や長柄運河の竣工により、染色、晒、紡績、化学などの工場が淀川工業地区を形成した。さらに東部には、零細工場を主とする城東工業地区が形成されたが、これは、砲兵工廠周辺の機械下請工場と、労働者街の家内労働力に依存した玩具、帽子、ブラシなどの雑工業から成っていた。また、これと軌を一にして、大阪市の中心部には近代的な高層建築が建ち始め、管理中枢機能の集中の端緒が見られたのである。[10]

表3-8は、大阪市の周辺における規模別工場数の推移を示したものである。[11]これによれば、大戦中に大阪市の周辺地域へ、大工場をとりまく形で中小工場が立地したことがわかる。[12]このような、中小企業の郡部への進出をもたらした最大の要因の一つが電化であった。[13]電化は、中小企業に、製品の品質向上、生産性向上、動力面での自由な立地を可能とした。このことにより、中小企業は、大企業の外業部として再編成されて存続発展することが可能となった。[14]同時に、この過程が、工業地帯の拡大・発展とその確立の基礎条件をなした。

工業地帯の形成・確立は、種々の都市問題・社会問題を惹起した。その契機

表3－9　大阪市接続町村における人口増加

種別＼年	1912	1924	増加数	増加率
第一圏（都市化された地域）	161,722	484,948	323,226	199.9%
第二圏（都市化の過程にあった地域）	69,849	156,917	87,068	124.7%
第三圏（都市化の予想された地域）	38,284	58,273	19,989	52.2%
計	269,855	700,138	430,283	159.4%
大　阪　市	1,330,709	1,433,862	103,153	7.8%

（注）1．『大阪市域拡張史』1935年，51ページ。
2．第一圏〜第三圏とも西成・東成郡。各圏内の町村名は同上書，46ページを参照。

となるのが、都市およびその周辺における人口増加である。表3-9は、大阪市の接続町村における人口増加をあらわしている。大阪市から近い順に、第一圏〜第三圏と分類して、それぞれの人口増加を示したものである（いずれも西成・東成郡）。これによれば、大阪市の一九一二年から二四年までの人口増加率が七・八％であるのに対して、第一圏は一九九・九％、第二圏は一二四・七％、第三圏は五二・二％、平均して一五九・四％と急増しており、ことに、市内に近いほど増加率が大きい。この原因としては、以下の点が考えられる[15]。第一に、工場の接続町村への立地、第二に、市内での住宅・都市問題の激化、第三に、交通手段（とくに電鉄事業）の発達。この交通手段の発達も電力と密接な関係をもっている。たとえば、関一は次のように述べている。

「……（鉄道への――引用者）電気力の応用と共に分散の大勢は著しく促進せられた。此住居分散の結果は、都市の構成上に一大変化を齎らし、周囲に著しく膨張すると共に、中央部の改造が起つた[16]」

工場電化とあいまって、電鉄事業の発展は、都市の周辺への膨張と、都市への中枢管理機能の集中をもたらしたのである。この時期にいわゆるドーナツ化現象がはじまった[17]。大阪市の場合、市電が工場労働者の通勤手段としての役割を果たした。とくに、一九一六年に計画が策定され、二一年以降逐次開通した第四期線は、大戦中の工場人口の周辺部への移動に対応したものであった[18]。また、日露戦以後、大阪周辺において私鉄が次々と開業し、第一次大戦以降、私鉄沿線における電鉄会社・土地会社による住宅建設（主としてサラリーマン向け）が進んだ[19]。これらの電気鉄道や自動車交通の発達に伴い、「先に新市域へ進出した工場の周辺に無計画に労働者やサラリーマンの住宅が密集し[20]」、都市問題を激化させたのであった。

第二節　大阪における電力供給体制と電力問題

1　地域的電力独占体制の形成[21]

大阪電灯は、一八八八年に創立され、八九年に営業を開始した。電源としては石炭火力が中心で、一八九五年に浪花電灯、一九〇四年に堺電灯を買収して、大阪における独占的地位を確立した。しかし、一九〇六年に宇治川電気が創立され、一九一〇年に大阪市に電灯供給の許可申請をしたので、大阪電灯はこれに脅威を感じて両者の間に妥協が成立し、一九一一年に大阪電灯と宇治川電気の間に電力供給契約が結ばれた。この契約は、宇治川電気が大阪電灯に二万キロワットの電力供給を行なうという内容であるが、同時に、大阪電灯―電灯供給、宇治川電気―動力供給という独占的分割協定も含まれていた。表3-10は、大阪電灯と宇治川電気の電灯・電力需要を比較したものである。こ

表3-10　大阪電灯・宇治川電気の比較

年度	社名	取付電気力		収入		計
		電灯	電力	電灯	電力	
年		kW	kW	千円	千円	千円
1914	大電	23,998	4,605	4,172	349	4,521
	宇治電	—	40,784	—	1,793	1,794
1915	大電	22,556	5,109	4,399	487	4,886
	宇治電	—	47,475	—	2,057	2,058
1916	大電	21,189	5,933	5,253	1,161	6,414
	宇治電	—	55,218	—	2,411	2,411
1917	大電	23,557	22,200	5,996	1,807	7,803
	宇治電	—	62,641	—	4,051	4,051
1918	大電	26,674	32,505	6,749	3,310	10,060
	宇治電	—	75,894	—	5,923	5,923
1919	大電	27,768	65,528	7,400	6,954	14,355
	宇治電	—	80,339	—	7,683	7,683
1920	大電	34,183	65,847	10,449	5,661	16,111
	宇治電	—	102,595	—	9,881	10,366

（注）1.『電気事業要覧』第8回～第14回により作成。
2. 大阪電灯の数字では舞鶴支店の分は除いてある。
3. 電力には，動力用だけでなく他の電気事業者への供給も含まれている。

れによれば、取付電気力において、電灯は大阪電灯が独占しているが、電力の分野における宇治川電気の圧倒的な優位は明らかであろう。収入においても、電灯収入は大阪電灯のドル箱であったが、第一次大戦を契機にして電力需要が激増するとともに、宇治川電気の電力収入がそれに匹敵する額になっている。これに対し、大阪電灯は、宇治川電気との協定による新規の動力供給の禁止と大戦中の石炭価格高騰により経営危機に陥り、一九一九年には無配当へと転落した。このような経過の中で、大阪電灯と宇治川電気の関係は、当初の協調から対立へと変化した。一九二一年に両者の電力供給契約が改定された結果、大阪電灯の新規需要に対する動力供給が自由になり、[22]両者の対立は一層激化したのであった。なお、大阪市も市電事業との関連で一九一一年に電力供給事業を開始して、市電の軌道周辺に動力供給を行なっていた。[23]

2 報償契約の締結とその役割[24]

報償契約とは、地方自治体と公益企業の間に結ばれる契約で、自治体が企業に対し道路・橋梁などの使用を許可してその営業権（時には独占的営業権）を保証し、これに対し、企業の側は、自治体に一定額の報償金を支払ったり、何らかの規制を受け入れたりするというものである。

大阪市と大阪電灯の間の報償契約は、一九〇六年七月に締結された。この契約で注目すべき点は、第一に、会社の電灯事業における独占的地位が保証されていること、第二に、市による事業買収規定が存在すること、であった。また、大阪市と宇治川電気の間の報償契約は、一九一二年二月に締結された。契約内容で目につくのは、第一に、市の電力供給区域を制限（市電軌道の沿道）することによって、会社の事実上の電力供給独占を認めたこと、第二に、買収規定が欠落していること、であった。

報償契約の役割を考えると、それは以下のような二面的性格を持っていたことがわかる。一つの面は、大阪市と大阪電灯、宇治川電気の報償契約は、大阪電灯と宇治川電気の間の独占的分割協定と一体化することによって、大阪電灯の電灯供給独占、宇治川電気の電力供給独占をその法的強制力によって補完していたことである。他の面は、市による料金規制や買収権の留保など、独占規制の条項が存在し、またある局面においては実際にそれが行使されたことである。

表3-11　電気料金の比較（1917年）

	電灯			電力			
	10燭光	16燭光	従量1kW時料金	定額1馬力料金		従量1kW時料金	
				昼間	夜間	昼間	夜間
	銭	銭	銭	円	円	銭	銭
大阪電灯	48	52	10-6	11.8	14.0	5.9-4.4	—
宇治川電気	—	—	—	11.8	14.0	5.9-4.4	—
大阪市	—	—	—	9.0	9.0	3.3-4.4	—
東京電灯	50	55	18-10	6.5	—	5-3.5	—
横浜電気	44-45	64	18-12	8.0	—	—	—
名古屋電灯	50	65	14-6	7.5	—	4.0	—
九州水力電気	55	75	13	6.0	—	5.5	9.0

（注）『電気事業要覧』第11回より作成。

3　電力問題の顕在化

第一次大戦を契機とした急速な産業電化の進行とそれに伴う電力需要の激増は、大阪における電力供給体制に内在する矛盾を顕在化させた。

第一に、電力の高料金と電力不足である。表3-11は、主要な電力会社の電気料金を比較したものである。これによれば、大阪の場合、電灯の料金は他に比べれば低く抑えられているものの――これは報償契約に基づいて市が料金決定に介入したことが大きな原因である――、電力料金は非常な高さであり、定額料金（昼間）で東京・九州の二倍近くになっている。このような高料金のため、市内の工場で他に移転するものも現れた[25]。また、電力不足をみれば、一九二〇年において、大阪の六電力会社（宇治川電気・大阪電灯・京阪電鉄・阪神電鉄・大阪軌道・高野電鉄）の申込動力未供給高は実に八万四二八〇馬力に達していた[26]。大阪では、一時、電力使用権が一馬力百円のプレミアムで売買されたという[27]。

第二に、動力停電問題と電灯光力減退問題である。これらは、とくに、一九一八年以降深刻化した。このため、大阪商業会議所は、一九一九年八月に「動力停電問題に関する意見開申書」を、農商務大臣・逓信大臣・大阪逓信局長・大阪府知事あてに提出した(28)。

第三は、一九一七―一八年にかけての、大阪電灯の安治川発電所の煤煙問題である(29)。

このような諸問題が続発するなかで、電力消費者・地域住民の間で、現在の電力供給体制を再編成せよとの世論が形成されていった。たとえば、大阪工業会は、一九一八年二月の工場立地の問題に関する知事への答申において、工場創設経営上の障害要因としてまず第一に「低廉なる動力を得られないこと(30)」をあげている。また、市内における三〇馬力以上の電力使用者六〇名からなる大阪電力使用者懇話会は、一九二〇年一二月に電力料金値下げに関する陳情書を宇治川電気・大阪電灯ならびに監督官庁に提出した(31)。これらの動きのなかから、電力の独占体制そのものに対する批判も生まれてきた。『大阪毎日新聞』は、次のように述べている。

「……現時に於ては前記三者間（宇治川電気・大阪電灯・大阪市――引用者）に一種の協定契約存するが為に運転すべき発電機は休止せられ、供給せらるべき電力は供給せられず、需要家は高価の苦痛を忍びても猶工業上必要なる動力の供給を受くること得ざるの状態に在り、故に動力の値下を期せんと欲せば、先づ此三者間の協定を打破するの外策あることなし」(32)（傍点は引用者）

このような声に押されて大阪市当局が打った手――それが大阪電灯の買収であった。

第三節　大阪電灯買収問題の意義

電化と重化学工業化に伴う工業地帯形成・確立の過程は、同時に、都市問題・社会問題の発生・激化の過程であった。第一次大戦を契機とした日本資本主義の発展は、階級構成を大きく変化させた[33]。農業人口が減少し、資本家・労働者の数が増加した。都市化が進むとともに、都市およびその周辺の人口が急増し、都市内部の支配秩序が動揺し始め、様々な社会問題が発生した[34]。大阪においても、一九一八年に米騒動が起こり、都市貧民層を中心とする民衆が立ち上がった。一九二一年には大阪電灯で争議が起こり、これに引き続いて、藤永田造船所、住友電線、住友製鋼所、砲兵工廠などで労働争議が発生した。さらに、営業税反対運動も一九一八年に大阪で再燃し、小資本家・小ブルジョア層を中心として、一九二二年にはその頂点に達した[35]。これらの階級闘争の激化は、「都市問題」として概括しうる問題をその背後に有していた。とりわけ、住宅問題は深刻であった[36]。大阪市内の空家率は、一九一四年には八・三六%であったものが、一九一九年には〇・一五%とほとんどゼロ近くにまで低下した。このことが、労働者の隣接町村への流入の一因となり、市外工場地帯における住宅密集地域の環境は極度に悪化した。また、大戦後の不況期においては、地価の低落と建築材料安により借家供給は増加したものの、家賃は逆に上昇傾向をみせ、その結果借家争議が激増した。その他、煤煙・水質汚濁などの公害の激化、都市排泄物の処理問題など、種々の都市問題がこの時期に顕在化したのであった。このような事態に対応して、市民の間から、これらの諸問題の解決と市政の改革を求めて、様々な住民運動が生まれた[37]。このような情勢のなかで、大阪電灯買収問題が市政上の大問題としてクローズアップされたのである。

1 大阪電灯買収問題の経過

(1) 一九一三年の買収交渉

大阪市と大阪電灯は、一九〇六年に報償契約を結んだが、それによれば、会社は市が希望するときは一五年後(すなわち一九二二年以降)に買収に応ずべきことが規定されていた。ところで、報償契約中には、会社が水力を原動力に使用する場合、市の承認が必要であるとの条項が存在していた。一九一二年に会社が宇治川電気の水力を使用する際、この条項に基づき、市に対し料金値下げの承認を求めてきた。これに対し、市は、それ以上の値下げを要求すると同時に、報償契約に三条項(一、増資・社債・借入金に市の承認、二、二五万灯増加毎に料金を低減、三、必要経費低減ごとに料金低減)を加えることを求めた。このような動きの中心は、谷口房蔵と杉村正太郎であった。この交渉の過程で、会社は市の強硬な態度に押され、一九一三年五月に三二七〇万円で買収に応じる仮契約に調印した。谷口らは、電灯市営の理由として、次の四点をあげていた。一、収益が市の所得となること、二、料金の改定(低減)等は市が随意に決定し得ること、三、一般財政の補助となること、四、市電と共同経営する利便があること。[38] すなわち、買収の理由は、主として、市の財政的問題であった。澤田助役は、市会の答弁で、「今ヤ大阪市ノ財政窮乏ト云フモノハ、何等カ収入ヲ生ズベキ事業ヲ営マナケレバ之レヲ救済スルコトガ出来ヌヤウニナツテ居リマス、……、其ノ問題ニ向ツテ狙ハレタノガ電灯事業デアル[39]」と率直に述べている。しかし、この買収案は、参事会と市会で否決された。買収が失敗に終わった要因としては、次のことが考えられよう。第一に、大阪電灯のみならず宇治川電気までもが盛んな反対運動を裏面で行なったこと[40]、第二に、予選派系議員のみならず、谷口の所属する市民会系議員も反対したこと[41]、第三に、産業電化が未だ十分進展しておらず、電力問題が緊迫化していなかったこと、すなわち、当時においては電灯料金問題としての側面が中心であったこと、である。谷口は、「電気『トラスト』の弊害」を叫び、これが「我ガ大阪市ノ商工業ノ発達、別ケテ小サイ工業ノ発達ヲ大イニ阻害シテ居ル」と主張しているが[42]、この主張が広範に受け入れられる基盤は未だなかった。そのためには、第一次大戦を契機とする急速な工業の発展と電化の進行をまたねばならなかった。

(2)　一九二〇年の買収交渉

一九一三年の買収交渉は、以上のように失敗したが、電灯料金は紆余曲折の末ではあるが、かなり引き下げられた[43]。大戦後の不況により、一九一九―二〇年に大阪電灯の経営危機は頂点に達したが、会社はこの窮状を打開するために、増資と料金値上げを計画し市に承認を求めてきた。ところが、市は容易に増資を認めず、値上げも大幅に減額した。ここに至って会社は進退窮まり、市に買収を申し入れてきた[44]（一九二〇年四月二五日）。ところが、会社側の態度は徐々に消極的になり、九月二日には売却拒否の回答をしたのである。その直接的理由は買収価格の不一致であるが、それはあくまでも口実であった。拒否の真の理由は、第一に、石炭価格の下落と電灯料金の値上げにより、経営改善の見込みがたったこと[45]、第二に、資金難のため行き詰まっていた子会社の日本水力が、福澤桃介系の木曾電気興業および大阪送電との合併の見込みがついたこと、であった[46]。その後、一九二〇年一二月に市と会社の間に倍額増資（二一六〇万円）の話し合いが成立し、同時に、市による分別買収を規定した新契約が締結された。一九二二年一月、旧報償契約による買収期が到来すると、市は新契約により買収交渉を開始したのである。

(3) 買収問題の解決

買収交渉の経過の概略は以下の通りである。(47) 交渉は当初、新契約に基づいて分別買収を前提にして行なわれたが、発電所分別の可否と資産評価の差異により暗礁に乗り上げた。そのため、市当局は、一二月の臨時市会で旧報償契約による全部買収を決定し、会社に通告した。これは、買収価格の算定方法が、旧報償契約の方が新契約より有利だったからである。しかし、会社側はこれに拒否回答をし、両者の対立は抜き差しならぬものとなった。ところが、一九一三年の買収交渉の時と違う点は、このとき大阪電灯買収促進の市民運動が起こったことである。これは、前述したように、大戦中からの電力問題の激化と支配秩序の動揺という事態を背景としていたが、特徴的なことは、この運動がいい上から組織化されたことである。すなわち、池上市政の与党である新澪会は、一九二二年一二月一三日に大阪電灯買収期成同盟会の結成を発表したのであった。新澪会と行動を共にすることを嫌った刷新・公友・中正・新生の野党四派も、一月一一日に大電糾弾会を組織した。さらに、注目すべきことは、大阪市内各町内の戸主会及び親睦会の連合体である協和連合会もこの運動に積極的に関与したことである。この市民運動は、事実上与党の新澪会によって先取り的に組織されたものであり、産業ブルジョアジーの支持の下で、(48) 動揺する中間層を上から組織することにより支配秩序を再編成しようというねらいをもったものであった。市と会社の対立は訴訟にまで発展しかかったが、床次竹二郎内相の介入により井上大阪府知事が仲介役となり、両者の秘密交渉が進められた。知事の第一回裁定は一九二三年二月二一日に出されたが、新澪会はその妥協的な内容に反発し、結局、同年三月二八日の第二回裁定（買収価格六四六五万円）で市、新澪会、会社の間の話し合いがついたのである。(49)

ところがここで新たな難問が生じた。大同電力との電力受給問題である。大同電力は、日本水力、大阪送電、木曽電気興業の三者が合併して一九二一年に設立された会社である。大同電力は、一九二二年一一月に大阪電灯と九万四五〇〇キロワットの電力供給契約を結んだ。ところが、市はこの契約を引き継ぐことを拒否した。大同電力・大阪電灯はこれに反発して買収問題は一時行き詰まったが、知事の調停により市が一九二三—二八年度において計六万キロワットの電力を購入することで合意が成立した。その後、大阪電灯の残余財産の処分に関してもちあがった大同電力・大阪電灯間の紛争も解決し、ここに一九二三年六月一一日に買収問題は決着をみた。

2　大阪電灯買収問題の意義——むすびにかえて

買収問題の意義は以下のように考えることができる。

第一に、大阪市における地域支配の再編成と関わって。

われわれは、第一次大戦を契機とした電化と工業地帯形成が産業と地域の再編成、ひいては都市問題・社会問題の激化をもたらしたことを見てきた。これとともに、諸階級・諸階層の政治的活性化がみられたが、これは既存の支配秩序の動揺をもたらし、地域支配の再編成を不可避なものとした。この時期に大阪における電力問題が顕在化したのであり、この問題は産業電化の進行を背景として、全住民の利害に関わる問題となっていた。とりわけ、電動力を利用する中小資本家・小ブルジョアジー(50)の利害は切実であった。このような状況が、大阪電灯の買収＝公営化を大衆的基礎をもつ運動として発展させる可能性をつくり出した。大阪電灯買収問題は、共同体的秩序の弛緩という事態の中で、公営化の幻想を利用して中小資本家・小ブルジョアジーを上から再組織する梃子となった。そして、公営化による市営事業の発展は、都市官僚制の形成を一層促進し、そのことにより支配秩序の新たな再編成が行なわれたのであった(51)。

第二に、「五大電力」体制への移行との関連で。

第一次大戦を契機に電力需要が増大し、とくに関西では「電力飢饉」と呼ばれるような事態が発生した。この時期に多数の卸売電力会社が設立された。日本水力、大阪送電、木曽電気興業、日本電力などの会社はいずれも一九一九年に事業を許可されている。前の三社は合併して大同電力となったが、この大同電力と日本電力はその開発電力を主として関西へ送る目的で設立されたのである。これらの卸売電力の設立とその展開過程は、既存の電力生産体系(「個別分散」的独占体制[52])の打破・再編成の過程であったし、大阪電灯の公営化もその一環であった。これは、資本主義の独占段階に適合した電力生産体系の創出の過程であった。いわゆる「五大電力」体制は、「五大電力」「地方大電力」「公営電力」「中小電力」が「五大電力」を中心として有機的に統合されている体制であった[53]。この体制の大きな特徴は、「卸売電力」と「小売電力」の並存と対立、および「公営電力」の存在である。このような特徴は、この体制の形成過程のどのような特質から生まれたのであろうか。

日本における電力生産体系のあり方について独自の明確な構想を持っていたのは、東邦電力の松永安左ェ門であった[54]。松永の電気事業経営の基本理念は、発電・送電・配電の一貫的経営であった。彼は、この理念に基づいて、大同電力の福澤桃介に大阪電灯の合併を勧めた。この構想は、福澤が賛成しなかったため実現しなかった[55]。しかし、大阪市における公営化運動の圧力の大きさを考えれば、大阪電灯を合併することは事実上不可能であった。この結果、関西においては発・送・配電一貫の電力独占体は形成されず、「卸売電力」と「小売電力」の並存の体制が生まれた。大阪市営電気の成立により、「公営電力」とくに「四大市営」は末端市場でかなりの比重を占め、「五大電力」の大口需要者であると同時にその市場支配を制約する存在となった[56]。すなわち、大阪市における公営化運動は、「五大電力」体制の内部矛盾——発送電と配電の分離・「公営電力」の存在——を生み出す契機となったのである。これらは、後の電力国家管理の基礎要因となった。

(1) 野呂栄太郎「わが国産業の動力としての電力のしむる位置はきわめて重要である。電動力の普及は一面において小経営の存続発展を可能にしたが、しかも電力の金融資本主義的統制はそれによってかえって小生産者までを金融資本主義的、国家資本主義的統制のもとに直接従属せしめうるの可能性を増大したものと言いうる。いまや、電力を支配する者はいっさいの産業を支配する」(「『プチ・帝国主義』論批判」『野呂栄太郎全集』新日本出版社、一九六五年、一五六ページ)。

山田盛太郎「一般に動力の電力化の傾向は、工場動力の電力化、電気軌道の躍進および鉄道電力化などに現われている。さらにまたそのことは、線をもって繋げば距離を問わずその量を問わず簡便に動力がえられるがための、零細職場の動力化なる普遍的傾向の内にも示されている。かくしてここに、近代的生産および運輸の枢要を扼する電力の本源(発電所、変電所、送電線)の規定的重要性が明瞭となる。かくの如き動力の結集点としての、電力事業の、現在の破局的窮境[外貨債の重圧下にある電力会社救済を重要目標とする『外貨債強制買上』の大蔵省議決定(『東京朝日新聞』昭和七年一二月一日)を想起すれば足りる]は、一般的危機の時期における生産および運輸基調の諸矛盾の集約的反映にほかならぬ」(『日本資本主義分析』岩波文庫版、一九七七年、二〇七ページ)。

(2) 南亮進氏は「中小企業の機械化——原動機の普及は、主として電動機の導入によって行なわれた」と述べておられる(『鉄道と電力』(長期経済統計12) 東洋経済新報社、一九六五年、七七ページ)。

(3) 「紡織工業などの軽工業は蒸気の時代に発達したため、設備投資もその時代に集中して行なわれた。設備はいったんでき上がると、それを更新することはかなり長い年月を必要とするから、電動機への切り替えもおくれることになる。逆に新興の重化学工業では、設備投資は主として電化の時期を中心として行なわれたため、電化の進行が速かったのである」(南亮進『動力革命と技術進歩』東洋経済新報社、一九七六年、一〇六—一〇七ページ)。

(4) 『大阪市統計書』各年版より。

(5) 『明治大正大阪市史』はこの点について金属品製造業を例にあげて以下のように述べている。「金属材料及金属製品製造業の生産規模を見るに、材料製造業・鋳鋼業等は当初より工場制工業として起されたものであるが、其他の製品に至つては寧ろ手工業より漸次発達せるもの多く、大正末年に於ても尚中小規模の工場若くは家内手工業組織によるものが多い。これその製品が大量生産に適せざるもの多きに基くところであるが、電動力其他簡易なる動力が普及して必ずしも大規模を必要とせざるにもよる」（『明治大正大阪市史』第二巻、一九三五年、四七七ページ、傍点は引用者）。

（6） エンゲルスはすでに一八八三年に次のような示唆に富む指摘をしている。「蒸気機関はわれわれに熱を機械的運動に変えることを教えました。ところが、電気の利用では、われわれにとって、エネルギーのあらゆる形態を、すなわち熱や機械的運動や電気や磁気や光を、一方から他方に変え、またもとにもどし、こうしてそれらを産業的に利用する、という道が開かれるのです。円周は完結されています。そして、デプレの最新の発見、すなわち、非常な高圧の電流を比較的わずかな力の損失をもって簡単な電線によって従来は夢想もしなかった遠方に伝導して終点で使用することができるという発見は、——事態はまだ萌芽状態ですが——、産業をほとんどいっさいの局地的制限から解放し、きわめて遠隔の地にある水力をも利用可能にするのであって、それは、たとえ最初は都市に有利になるであろうとも、結局は、都市と田舎との対立を廃止するための最も強力な槓杆になるにちがいないのです。しかし、それとともに生産力も、ますます高くなる速度でブルジョアジーの管理ではどうにもしようがなくなるほどの規模に増大する、ということは明らかです。」（「ベルンシュタインへの手紙」『マルクス＝エンゲルス資本論書簡』(3)、大月書店、一九七一年、二二五—二二六ページ）。

（7） 「国あるいは地域全体でのより均等で、規則的で、保証された電気の供給は、立地選択において工業によりいっそうの自由をあてがう」（エストール／ブキャナン『工業立地論』ミネルヴァ書房、一九七五年、六三ページ）。

（8） 栗原東洋編『現代日本産業発達史3 電力』交詢社出版局、一九六四年、八〇ページ。その原因について、栗原氏は以下の三点を指摘されている。①水力発電（地点）が従来のロードセンターから、せいぜい一〇〇キロメートルあるいは二〇〇キロメートル足らずの近距離である。②水力の開発が流込式で、①との関連で従来の火力（発電）を補強する形での開発方式がとられた。③わが国の経済構造が加工貿易型であるため、工場の臨海地帯への指向が不可避である。また、エストール／ブキャナンは「電気の利用は既存の立地パターンを強化する働きをすることにもなる」（前掲『工業立地論』六五ページ）と述べている。以上の指摘は、既存の工業立地との関連で述べられたものであるが、電化の進展は電力を主要な原料とする電気化学、電気精錬などの産業を新たに生み出し、電力を安価に入手しうる電源地帯に新たな工場群をつくり出した点にも注意せねばならない（中村隆英『戦前期日本経済成長の分析』岩波書店、一九七一年、一六二―一六四ページ)。

(9) 山崎俊雄・木本忠昭『電気の技術史』オーム社、一九七六年、二一八ページ。

(10) 以上の叙述は、位野木寿一「大阪市の都市発達と機能の変貌」(『地理』第一一巻第六号、一九六六年六月)による。『明治大正大阪市史』も「大正末年に於て工場の最も密集せる地帯は、新淀川と淀川及安治川との中間地域を第一とし、安治川と木津川との中間地域、木津川の東即ち難波・今宮を中心とする地域、大阪城の東方地域の三者之に次ぐことゝなった」と述べている(第二巻、八五七ページ)。

(11) 統計方法の違いにより、一九一四・一六年と一九二四・二六年は単純に比較はできない。詳しくは、表に注記した小田論文、三八六―三八七ページを参照されたい。

(12) 「すなわち、大正初期における大阪市接続町村は、大阪市から飛び出す形で大工場が孤立的に立地する形態だったのだが、大正末年に至って、その周辺に中小の各工場がつぎつぎと立地し、一個の工業集積地域と化しつつあったわけである。これは、まぎれもなく大工場先導の工場地域形成であった」(前掲小田論文、三八九ページ)。

(13) 小林英夫氏も「この時期(第一次世界大戦以降――引用者)、郡部への工場群の拡大を促した理由はいくつかあろう。最大の条件としては、折から進んだ送電網の整備と電動機の普及がある」と同様の指摘をされている(小林英夫「階級構成と労働運動」『一九二〇年代の日本資本主義』第七章、東京大学出版会、一九八三年、二七〇ページ)。

(14) この時期の中小企業については、さしあたり、『講座中小企業』第一巻・II・第三章(有斐閣、一九六〇年)および尾城太郎丸『日本中小工業史論』第三章第一節(日本評論社、一九七〇年)を参照されたい。

(15) 「全国各地より本市に聚落せる人口は、市域内に居住する代りに家賃又は地代の低廉な郊外に居を定め、又大規模の企業の勃興に伴ふ大会社等も経費の関係上、其の工場を郊外に設くるものが多く、従つて其の通勤者も亦付近に居住することゝなり、市内に於ける人口密度の高まるに従つて郊外の空地は潮の如き勢を以て、人家と工場を以て塡充せらるゝことゝなつた」(『大阪市域拡張史』一九三五年、三四ページ)。

(16) 関一『住宅問題と都市計画』弘文堂書房、一九二三年、九三ページ。

(17) 宮本憲一『都市経済論』筑摩書房、一九八〇年、一七三―一七五ページ。

(18) 「市の中央部に於ける街路の電車が略々出来上り、引続き密集した部分でなく新たに発達して来る部分に対して第四期線を敷設することに致したのである」（関一『都市政策の理論と実際』一九三六年、三九八ページ）。また、関一は、次のようにも述べている。「当時（大正初め——引用者）の大阪市の電車は住居地と商業地との間の交通に用ひらるゝことが甚少く、市内交通の短い距離を往来する為にのみ使はれたものである。……然るに中央部には御覧の通り漸次高層建築が出来て専ら営業の場所となると同時に中央部は煤煙が多いから郊外に住まひたいと云ふ人が殖えて、船場辺の住民の数が減ずると云ふ現象が最近益々顕著になつて来た。此分散の傾向を促進するものは電車の発達であつて、電車の発達の当初に短距離輸送が主たるものであつたのが長距離輸送となるのは当然である。加ふるに昨年広い地域を市に編入した結果として住居の分散の傾向が今後益々著しくなつて来ることも亦当然と思ふ」（関一、前掲書、四〇〇—四〇一ページ、傍点は引用者）。

(19) 玉置豊次郎『大阪建設史夜話』大阪都市協会、一九八〇年、二〇三—二一二ページ。

(20) 宮本、前掲書、一七三ページ。なお、戦前日本における都市化の特徴については、同書、IV「第二次大戦前の日本資本主義と都市」を参照されたい。

(21) この項についての詳細は、本書の第一章を参照されたい。

(22) 大阪電灯の電力需要は、電動機では、一九二〇年の八二一四馬力から二三年の一万八三五一馬力へ、電力装置では、一九二〇年の二二二〇キロワットから二三年の九六五二キロワットへと激増している（『大阪電灯株式会社沿革史』一九二五年、二一三—二一四ページ）。

(23) 一九一八年の時点で大阪市の電動機取付数は五六七五馬力、宇治川電気は五万五八〇二馬力、大阪電灯は八〇一五馬力であった（『電気事業要覧』第一一回）。

(24) 詳細は、本書の第一章および第二章を参照されたい。

(25) たとえば『大阪毎日新聞』は「大阪市内に供給せらるゝ電力の高価なる結果大に市内工業の発達を阻碍し殊に化学工業の如きは続々他に移転する傾向を生じ来り……」（一九一六年三月七日）と、『ダイヤモンド』は「大阪に於ける動力の販売値段は非常に高い。為めに電力を要する各種の工業は、之を名古屋付近又は九州三界に奪はれて行く傾向がある」（第四巻第四号、一九一六年四月、七六ページ）と述べている。

(26) 『東洋経済新報』一九二〇年五月一日、一〇ページ。

(27)　三宅晴輝『電力コンツェルン読本』春秋社、一九三七年、七八、三七四ページ。
(28)　この全文は、三宅、前掲書、三七五ページを参照。大阪電灯の光力減退問題も大問題となり、市会に「大阪電灯光力問題委員会」がつくられ論議された。
(29)　詳細は、加藤邦興『日本公害論』青木書店、一九七七年、一二五―一二九ページ参照。
(30)　『大阪工業会五十年史』一九六四年、一一九ページ。
(31)　同右、一七九ページ。
(32)　『大阪毎日新聞』一九一六年三月一六日。
(33)　この時期の階級構成については、後藤靖「近代日本の階級構成」(大橋隆憲編著『日本の階級構成』岩波新書、一九七一年)、同「近代天皇制論」(『講座日本史』第九巻、東京大学出版会、一九七一年)、原朗「階級構成の新推計」(安藤良雄編『両大戦間の日本資本主義』東京大学出版会、一九七九年)、小林英夫「階級構成と労農運動」(『一九二〇年代の日本資本主義』東京大学出版会、一九八三年)、などを参照されたい。小林論文は、工業地帯と非工業地帯を区別して階級構成を論じており、注目に値する。
(34)　大阪に関しては、芝村篤樹「大都市における権力と民衆の動向」(小山仁示編『大正期の権力と民衆』法律文化社、一九八〇年)を参照。
(35)　江口圭一「一九二二年の営業税反対運動」(『都市小ブルジョア運動史の研究』未来社、一九七六年)。
(36)　以下の叙述は、『都市と都市問題』大阪市会事務局調査課、一九七〇年、二九―三七ページによる。
(37)　たとえば、一九二一年には、刷新派市会議員を中心として、新市制実施要求運動が起った(芝村篤樹「一九二〇年代初頭の大阪市政」『ヒストリア』第一〇〇号、一九八三年九月、七六―八〇ページ参照)。この時期の住民運動の動向を明らかにすることは、重要な課題であろう。
(38)　谷口房蔵・杉村正太郎「電灯市営問題に関する告白」(一九一三年七月)(『市会議員時代の谷口房蔵翁』一九三一年三月)二〇六―二一二ページ。
(39)　『大阪市会会議録』一九一三年七月一九日、六四ページ。
(40)　前掲『市会議員時代の谷口房蔵翁』一〇七ページ。また、次の指摘も参照。「当初会社は市の買収論に対し逸早く中央政府の有力者に事情を愬へ自家の存続に力を尽し尚政界の気運に着目して政党方面にも同様の努力を払った」（中川倫『大電買収裏面史』大阪朝報出版部、一九二三年、三八ページ）。

(41) 原田敬一「都市支配の再編成」『ヒストリア』第一〇一号、一九八三年一二月、八四ページ。原田氏の主張に即して言えば、予選派＝旧中間層、市民会＝産業資本・市政改革派（弁護士・ジャーナリスト）の双方とも、谷口らのグループを除いて、買収に反対したことになる。これは、次にあげる第三点ともかかわって、産業資本および中間層が電力供給体制の変革――その手段の一つが公営化であるが――をまだ切実なものとしていなかったことを意味しよう。すなわち、後のように、産業資本と電力資本の利害が、電力需給や電力料金をめぐって対立するという事態は、この時期においてはまだ十分に顕在化していなかった。

(42) 『大阪市会会議録』一九一三年九月五日、六三ページ。

(43) 電灯料金は、一六燭光で従来の一三〇銭から、一九一三年一一月には一〇五銭へ、一四年四月には九七銭へ、一六年一〇月には五二銭へと低下した。この時期以降、大阪電灯の電灯料金は、全国的にみても安価な部類に入った。

(44) 「買収ヲ希望スルニ至リタルハ増資ノ望絶ヘタルニ依ルモノナランカ」（『関一日記』一九二〇年四月二六日）。

(45) 中川、前掲書、四五ページ。

(46) 「余ノ観察ニテハ大電当局者ハ水電ノ関係上最早売却ノ考ナキモノト信ズ」（『関一日記』一九二〇年九月二日）。この合併により、大阪電灯は、資金難の改善と安価な水力電気の購入を期待することができた。『ダイヤモンド』は、この合同は、「日水（日本水力――引用者）と（政友会の――引用者）党勢拡張の両意義を含めて立案された」と述べて、山本条太郎・岡崎邦輔・野田卯太郎などの暗躍を指摘している（一九二〇年一〇月一日、一九ページ）。

(47) 詳細は、芝村篤樹「関一とその時代(4)――大電買収と市政界の動き――」『市政研究』六〇号、一九八三年七月、同「一九二〇年代初頭の大阪市政」『ヒストリア』第一〇〇号、一九八三年九月、を参照されたい。

(48) たとえば、大阪実業組合連合会常任理事会は、市に対し一〇〇馬力以下の動力用電力について、市営化にあたって「最良の方策を確立」するよう求めた（芝村、前掲『市政研究』所収論文、九ページ）。

(49) 池上市長の辞任を条件として、新澪会はこの裁定を承認した（芝村、同右論文、七―八ページ）。

(50) 本章の内容を一九八三年度の日本史研究会大会で報告したさい、この部分を「中小ブルジョアジー」と述べたが、討論の中で江口圭一氏より不正確との指摘を受けた。ここで訂正しておく。
(51) 小路田泰直「『政党政治』の基礎構造」『日本史研究』第二三五号、一九八二年三月、同「日本帝国主義成立期の都市政策」『歴史評論』No.三九三、一九八三年一月、参照。
(52) 橋本寿朗「『五大電力』体制の成立と電力市場の展開(1)」『電気通信大学学報』第二七巻二号、一九七七年二月、三三八ページ。
(53) 同右論文(3)、『電気通信大学学報』第二八巻二号、一九七八年二月、三五八―三六二ページ。
(54) 渡哲郎「電力業再編成の課題と『電力戦』」『経済論叢』第一二八巻第一・二号、一九八一年七・八月、参照。
(55) 本書第一章第二節参照。
(56) 橋本、前掲論文(3)、三六一ページ。

第四章　戦前九州地方における電気事業

――一九二〇年代・三〇年代前半を中心に――

はじめに

本章の課題は、一九二〇年代から三〇年代前半にかけての、九州地方における電気事業の展開過程をたどることである。ここで九州をとりあげるのは、以下の理由からである。⑴九州は一九四五年まで本州との送電連絡はなく、独自の電力経済圏を形成しており、地域独占を基礎にして発展する電気事業の一つのまとまった分析対象となりうること、⑵戦前における最大のエネルギー源であった石炭の主産地であり、エネルギー産業全体の中で電気事業の位置を考える絶好の素材であること、⑶戦前における工業用電力の最大の消費部門の一つであった電気化学工業が九州に早くから展開していたこと。さて、日露戦争以後、水力開発が本格化し、九州においても中央資本とつながった大電力会社が出現した。一九二〇年代においては、東邦電力、九州水力、九州電気軌道、熊本電気、日本水電、鹿児島電気などの大資本が、九州地方に確固とした位置を占め、これらが中心となって電気事業が再編されていくのである。本章ではこの再編過程を中心に分析を進めて行きたい。その際、以下の点に注目したい。

第一に、電気は貯蔵不可能で、消費のために特別な伝送路を必要とする特殊な性質を持った商品である。その特質は、発電・送電・配電の一貫した技術的統一性を要求し、その具体化のために電力資本は巨大な固定資本投資を行なわざるを得ない。そのため、電気事業における独占の形成及び生産の社会化は、他の産業部門にくらべてより急速であり、かつそれは以下のような独自な性格を備えている。すなわち、一方では、電力独占の形成、発展は、資源独占（とくに水力）および供給区域独占の拡大を梃子として行なわれる。この二つの独占を維持・強化することに電力資本は最大の力を注ぎ、この過程で資本の集積・集中が進行する。他方では、電気固有の技術的統一性は、発電・送電・配電の有機的結合＝電力連系の発展を要求する。電力連系は、電気事業における私的独占の支配の下でも、競争と協調を通じ複雑な過程の中で発展せざるを得ない。以上のような独占化・生産の社会化の過程を、九州という一つの地域で具体的に見てゆくことがここでの課題である。

その際、第二に、電力業が供給区域の独占を基礎にして発展する以上、各電力資本が展開する地域的基盤の相違に注目することが必要である。九州の場合、戦前における石炭の最大の産地であったことがとくに留意されねばならない。このことが九州の電気事業の展開にどのような特質を与えたかを分析する必要がある。さらに、九州内部の地域的差異を考慮すべきであろう。人口稠密で炭鉱・金属・機械などの大企業が集中している北九州と、豊富な水力資源はあるが人口が少ない南九州では、電力資本の蓄積様式は当然異なったものであった。地域的特性を踏まえた考察、これが第二の課題となる。

第一節　戦前九州の電気事業の構造

わが国最初の電気供給事業は、一八八七年に営業用電灯電力の供給を開始した東京電灯会社である。ついで、一八八八年には神戸電灯、一八八九年には大阪電灯、京都電灯および名古屋電灯が開業し、一八九一年には九州最初の電気事業として熊本電灯が開業した。その後九州地方にも続々と電力会社が誕生し、明治中期（一九〇七年）の状況は表4-1に示されるようなものであった。(1)

熊本電灯、長崎電灯、博多電灯、若松電灯など初期の電力会社はいずれも汽力発電であった。九州最初の水力発電会社は一八九八年開業の鹿児島電気である。その後、竹田水電、日田水電などが開業し、さらに日露戦争以降、産業の発展に伴う電力需要の増大、石炭価格の騰貴、高圧送電技術の進歩などにより、水力開発が本格化した。第一次世界大戦勃発を契機に、各種工場が新設拡張され、工場電化の進展によって電力の需要が激増し、従来の電灯供給から電力供給へと供給構造が変化した。それとともに、水力・火力発電所が新増設され、とくに、大規模な水力発電会社が現れ、大送電網による遠距離送電が始まった。(2)

九州地方においては、自家用電気事業を除く電気業で、一九〇八年に水力発電は火力発電と拮抗し、翌一九〇九年には火力発電を凌駕した。(3)水力発電所建設は、一方では、多額の固定資本投資を、他方では、その発電電力の消化先を必要とする。これに対応して、ほぼ一九一〇年頃に、九州においても、中央資本とつながった電力会社が成立した。(4)熊本電気（一九〇九年創立、資本金五〇〇万円）、九州水力（一九一一年、八〇〇〇万円）、九州電灯鉄道（一九一二年、

表4－1　明治中期九州地方電気業の概要

事業名	開業年月日	開業時 資本金（円）	開業時 株主数（人）	開業時 出力（kW）	明治40年 資本金（円）	明治40年 払込資本金（円）	明治40年 株主数（人）	明治40年 出力（kW）	備考
熊本電灯会社	明24・7・1	75,000	45	40	100,000	50,000	7	320	明35年長島芳二郎に譲渡 明37年株式会社熊本電灯所に譲渡
長崎電灯会社	26・4・1	40,000	46	30	240,000	232,000	78	517	
博多電灯会社	30・11・1	50,000	112	120	350,000	200,000	100	360	
若松電灯会社	31・7・1	50,000	68	60	100,000	62,500	55	60	
鹿児島電気会社	31・8・1	100,000	—	100	200,000	200,000	62	250	
小倉電灯会社	33・9・23	60,000	70	60	100,000	75,250	64	135	
竹田水電会社	33・8・1	30,000	194	60	30,000	30,000	143	60	
日田水電会社	34・12・25	60,000	92	60	175,000	150,000	185	390	
大電門司支店	35・3・4	—	—	70	—	—	—	187	
京電中津支店	36・10・12	—	—	80	—	—	—	80	
(豊州電鉄会社)	(33・5・10) 37・8・20	200,000	—	—	160,000	160,000	—	—	明39年豊後電気鉄道に譲渡
大電佐世保支店	39・8・23	—	—	120	—	—	—	360	

（注）　東定宣昌「明治中期九州地方の電気業」（九州大学経済学会『経済学研究』第41巻1号，1975年5月）66ページ。

四八五万円、東邦電力の前身）の三社であり、少し遅れて、日窒の野口遵により日本水電（一九一八年、二〇〇万円）が設立された。この他に、地元資本を中心とした鹿児島電気（一八九七年、一〇万円）、九州電気軌道（一九〇八年、一〇〇万円）があった。

以上の電力会社を中心として、第一次大戦後の九州電気事業界は展開する。一九二〇年頃の状況は以下のようなものであった。「大正年間中期に及んでは南に熊本電気、佐賀、長崎、福岡を中心に九州電灯鉄道、福岡、大分、宮崎に亙って九州水力、北九州工業地帯に九州電気軌道が蟠居し、南端の鹿児島電気を加えて此五社が九州の代表者業者として残り一面大合同の気運を見せつゝも尚最後の輸贏《ゆえい》を決せんとしつゝあった」[5]。すなわち、北九州には、九州電灯鉄道、九州水力、九州電気軌道が並立し、南九州には熊本電気、鹿児島電気、および日本水電（本格的展開は一九二四年以降）が存在して、支配権を相争っていたのである。

九州の電気事業を考える場合、他の地方とは異なる

表4－2 九州地方における発電力（1936年6月末）

（単位：kW）

原動力	電気事業			自家用			合計		
	落成	未落成	計	落成	未落成	計	落成	未落成	計
水力	328,638	84,214	412,852	39,117	9,269	48,386	367,755	93,483	461,238
汽力	235,475	77,250	312,725	259,827	32,000	291,827	495,302	109,250	604,552
内燃力	2,895	80	2,975	21,545	343	21,888	24,440	423	24,863
合計	567,008	161,544	728,552	320,489	41,612	362,101	887,497	203,156	1,090,653

（注） 熊本逓信局編纂『第19回管内電気事業要覧Ⅰ 事業概況』1936年，4ページ。

いくつかの特徴を挙げねばならない[6]。第一に、他の地方と孤立していたことである。本州と連絡する関門送電線の建設が開始されたのは、一九四五年四月である。第二に、炭鉱業が発達していることである。一九三二年において、炭鉱業の取付電力は二三万キロワットに上り、総取付電力七二万キロワットの三二％を占めていた。その上、九州地方においては、石炭産地に近接しているため火力発電が極めて有利であり、電気事業者及び自家用施設は汽力発電所を設置するものが多かった。第三に、電気化学工業が盛んなことである。南九州の水量豊富な河川及び低賃金を利用して、電気化学工業が勃興した。一九〇六年には日窒が、一九一四年には三井系の電気化学工業（以下、電気化学と略称）が事業を開始し、一九三二年において、肥料製造のための取付電力は一〇万キロワットに上り、総取付電力の一四％を占めていた。第四に、製鉄業が盛んなことである。北九州には八幡製鉄所をはじめとする製鉄所が多く存在し、その取付電力は一九三二年で一七万キロワットを超過し、総取付電力の二三％を超えていた。第五に、離島が多く、多数の未点灯村落があることである。

次に、戦前、とくに一九二〇年代から三〇年代中頃にかけての、九州の電気事業の構造を概観してみよう。

表4-2は、一九三六年における九州の発電力の内訳を示している。総発

表4－3　九州地方の発電力の増加

（単位：kW，%）

年	電気事業用				自家用				合計
	水力	汽力	内燃力	小計	水力	汽力	内燃力	小計	
1918	55,839	32,239	926	89,004	24,977	38,266	12,422	75,665	164,669
	(33.9)	(19.6)	(0.6)	(54.1)	(15.2)	(23.2)	(7.5)	(45.9)	(100.0)
1921	97,256	59,550	1,266	158,072	37,668	57,685	17,831	113,184	271,256
	(35.9)	(21.9)	(0.5)	(58.3)	(13.9)	(21.2)	(6.6)	(41.7)	(100.0)
1924	147,425	75,580	963	223,968	28,857	67,997	24,867	121,721	345,689
	(42.6)	(21.9)	(0.3)	(64.8)	(8.3)	(19.7)	(7.2)	(35.2)	(100.0)
1927	161,956	128,725	1,090	291,771	81,957	72,052	20,839	174,843	466,614
	(34.7)	(27.6)	(0.2)	(62.5)	(17.6)	(15.4)	(4.5)	(37.5)	(100.0)
1930	199,225	128,725	1,218	329,168	90,927	105,131	21,908	217,766	546,934
	(36.4)	(23.6)	(0.2)	(60.2)	(16.6)	(19.2)	(4.0)	(39.8)	(100.0)
1933	318,574	193,325	2,806	514,705	35,442	112,298	16,754	164,494	679,199
	(46.9)	(28.5)	(0.4)	(75.8)	(5.2)	(16.5)	(2.5)	(24.2)	(100.0)
1936	328,638	235,475	2,895	567,008	39,118	259,827	21,545	320,490	887,498
	(37.0)	(26.6)	(0.3)	(63.9)	(4.4)	(29.3)	(2.4)	(36.1)	(100.0)

（注）1．熊本逓信局編纂『第19回管内電気事業要覧II　電気工作物』1936年，130-131ページより作成。
2．落成発電力のみで，未落成の分は含んでいない。

電力（未落成を含む）一〇九万キロワットのうち、電気事業が七三万キロワット（六七%）、自家用が三六万キロワット（三三%）であり、原動力別にみれば、水力が四六万キロワット（四二%）、汽力が六〇万キロワット（五五%）、内燃力が二万キロワット（三%）であった。同じ一九三六年において、日本全国の総発電力は八八五万キロワット、うち電気事業用七七一万キロワット（八七%）、自家用一一四万キロワット（一三%）であり、また原動力別では、水力五四四万キロワット（六一%）、汽力三三一万キロワット（三七%）、内燃力一〇万キロワット（二%）であった[7]。九州は、全国の総発電力の一二%を占めており、全国平均にくらべて自家用および汽力発電の比重がかなり高かったことがわかる。とくに、九州は、全国の自家用発電力の三二%という大きな比率を占めており、その

地方における用途別電力（1936年）

（単位：契約kW数，％）

製材及木製品工業	印刷及製本業	食料品工業	雑工業	鉱業	農業及水産業	その他	合計
16,051	880	43,989	3,533	204,367	7,673	35,493	886,510
(1.8)	(0.1)	(4.9)	(0.4)	(23.0)	(0.9)	(4.0)	(100.0)
170,825	26,023	337,984	78,473	380,165	88,699	637,337	4,899,377
(3.5)	(0.5)	(6.9)	(1.6)	(7.8)	(1.8)	(13.0)	(100.0)

成。

者の分をも含む。

大部分が石炭火力であって、これは九州の一大特色であった。

表4-3は、九州の発電力の増加状況を示している。電気事業用と自家用の比率をみると、一九二〇年代中頃までは電気事業用が増大し、一九二四年には六五％を占めている。そのうち、伸びの著しかったのは水力であった。自家用発電力は、一九二三年に四〇％を割った後、二〇年代前半を通じてその比率は減少していった。一九二〇年代後半では、電気事業用の比率は低下し、逆に自家用の比率は四〇％近くにまで回復した。この時期に特徴的なのは、自家用水力の激増である。これは、電気化学工業がこの時期に急速に発展し、自家用水力発電所の建設を押し進めたことを反映している。一九三〇代前半において特徴的なことは、一九三二年頃に電気事業用の水力発電所及び汽力発電所が続々と完成してその比率を増大させている（電気事業用で総発電力の七六％を占める）のに対し、自家用の水力、内燃力が減少し、汽力も停滞気味であることであろう。とくに水力の減少は著しい。さらに、一九三三―三六年にかけては、自家用の比率が再び高まっており、とくに自家用汽力が激増している。

以上をまとめれば、発電力において、一九二〇年代前半には電気事業用が、二〇年代後半には自家用（とくに水力）が増大し、三〇年代に入

表4－4　九州

	紡織工業	金属工業	機械器具工業	窯業	化学工業
九州	15,786 (1.8)	237,261 (26.8)	30,252 (3.4)	106,094 (12.0)	185,131 (20.9)
全国	647,477 (13.2)	876,989 (17.9)	286,923 (5.9)	335,292 (6.8)	1,033,190 (21.1)

（注）1.『第29回電気事業要覧』1938年，より作
　　　2. 電気事業者の外，自家用電気工作物施設

っては、一九三〇—三二年には、二〇年代中頃から建設された電気事業用の水力、汽力が続々完成してその比率を高め、一九三三—三六年には、逆に自家用汽力が激増していることがわかる。

表4-4は、一九三六年における九州の用途別電力を全国と比較したものである。九州において、電力の契約キロワット数の多い産業は、金属工業（二七%）、鉱業（二三%）、化学工業（二一%）の順であり、全国と比較すると、鉱業と金属工業の比率が高く、逆に紡織工業の比率が著しく低いことがわかる。化学工業は全国と同様に約二〇%の高い率を示している。一九二七年においても、鉱業三三%、化学工業三〇%、金属工業二二%（官営を含む）と、この三部門で八〇%以上を占めており[8]、これらの部門が二〇年代から三〇年代前半を通じて電力消費の中心であったことがわかる。

次に表4-5により、一九二〇年代後半の九州の主要電力会社の概況を見てみよう。東邦電力、九州水力、熊本電気の三社で、九州の電灯取付灯数の六四・〇%、発電量の六六・一%と過半をしめ、九州電気軌道、鹿児島電気、日本水電を加えれば、電灯取付灯数の八一・七%、発電量の九〇・八%と、九州の電気事業の中で圧倒的な比重をしめている。発電量においては九州水力が最大であり、熊本電気、東邦電力がそれに次いでいる。原動力別にみれば、九州水力、熊本電気、日本水電は水力中心、九州電気軌道は火力中心、東邦電力は水火併用であることがわかる。電灯需要についてみれば、東邦電力は福岡市をはじめとする福岡県の西部、佐賀県、長崎県に供給区域を持って優位を示

九州地方の主要電力会社（1928年度末）

取付灯数(電灯)		発　電　量　MWH				受　電
灯　数	指数%	水　力	火　力	計	指数%	MWH
1,004,317	27.3	97,179	151,795	248,974	18.0	62,427
859,409	23.3	377,546	37,156	414,702	30.0	53,366
493,116	13.4	248,133	2,298	250,431	18.1	26,348
332,503	9.0	—	165,051	165,051	14.9	—
129,795	3.5	22,426	11,900	34,326	3.1	7,689
190,893	5.2	93,200	—	93,200	6.7	7,577
3,685,029	100	1,015,844	367,717	1,383,561	100	
33,909,420		9,895,899	1,164,598	11,060,497		

（『九州電力10年史』1961年，317ページ）。

業者別〕用途別電力（1936年６月末調査）

（単位：kW，%）

化　学 工　業	製材及 木製品 工　業	印　刷 製本業	食料品 工　業	雑工業	鉱　業	農業及 水産業	その他	合　計
4,234	2,613	301	12,046	1,032	15,735	2,594	6,926	82,665
(5.1)	(3.2)	(0.4)	(14.6)	(1.2)	(19.0)	(3.1)	(8.4)	(100.0)
5,104	3,635	138	7,891	420	42,130	2,106	9,503	101,689
(5.0)	(3.6)	(0.1)	(7.8)	(0.4)	(41.4)	(2.1)	(9.4)	(100.0)
11,539	1,477	97	5,354	449	1,530	489	4,452	29,337
(39.3)	(5.0)	(0.3)	(18.3)	(1.5)	(5.2)	(1.7)	(15.2)	(100.0)
4,622	589	101	3,677	1,038	6,337	11	5,147	49,734
(9.3)	(1.2)	(0.2)	(7.4)	(2.1)	(12.7)	(—)	(10.4)	(100.0)
245	1,153	33	1,857	62	—	17	1,366	6,168
(4.0)	(18.7)	(0.5)	(30.1)	(1.0)	(—)	(0.3)	(22.1)	(100.0)
7,158	1,464	11	3,122	38	3,288	474	957	16,836
(42.5)	(8.7)	(0.1)	(18.5)	(0.2)	(19.5)	(2.8)	(5.7)	(100.0)

業要覧III　電気需用状況』1936年，より作成。

表4－5

	資本金 万円	需用家数(電灯)	
		戸	指数%
東邦電力	14,432	331,079	24.2
九州水力	8,600	309,498	22.6
熊本電気	2,610	163,651	12.0
九州電気軌道	5,000	79,750	5.8
鹿児島電気	1,000	51,595	3.8
日本水電	974	116,183	8.5
九州計 (事業数79)		1,367,963	100
全国計 (事業数842)		10,847,432	

(注)　逓信省電気局編集『電気事業要覧』

表4－6　〔事

事業者名	紡織工業	金属工業	機械器具工業	窯業
東邦電力	6,595 (8.0)	2,362 (2.9)	25,435 (30.8)	2,742 (3.3)
九州水力	5,619 (5.5)	12,812 (12.6)	1,312 (1.3)	11,014 (10.8)
熊本電気	686 (2.3)	717 (2.5)	17 (0.1)	2,510 (8.6)
九州電気軌道	810 (1.6)	15,402 (31.0)	3,302 (6.6)	8,698 (17.5)
鹿児島電気	1,225 (19.9)	152 (2.5)	40 (0.6)	18 (0.3)
日本水電	220 (1.2)	28 (0.2)	27 (0.2)	69 (0.4)

(注)　熊本逓信局編纂『第19回管内電気事

し、福岡県東部、大分県、宮崎県を地盤とする九州水力がこれに次いでいる。熊本県が中心の熊本電気、小倉・門司・八幡などの北九州諸市中心の九州電気軌道、鹿児島県中心の鹿児島電気・日本水電は、東邦電力、九州水力にかなり水をあけられている。なかでも、東邦電力は電灯供給において確固とした地位をしめていた。第二位の九州水力と比較しても、一九二八年には灯数の差が約一四万灯であったのが、一九三六年には[9]東邦電力一二七万七六〇五灯、九州水力九一万九八六〇灯とその差は約三八万灯に開いている。

表4-6は一九三六年における主要六社の電力の需要構造を示している。電力需要のトップをしめたのは九州水力であるが、その内訳は、鉱業（四一・四%）、金属（一二・六%）、窯業（一〇・八%）が主なものである。筑豊の炭

鉱地帯が需要の中心であった。第二位の東邦電力は、機械器具（三〇・八％）、鉱業（一九・〇％）、食料品工業（一四・六％）の三者で合計六四・四％をしめている。主な需要先は、三菱長崎造船所、海軍の佐世保工廠、筑豊炭田、北松炭田であった。九州電気軌道は、金属（三一・〇％）、窯業（一七・五％）、鉱業（一二・七％）が需要の中心で計六一・二％をしめている。日本製鉄、浅野小倉製鋼、旭硝子、浅野セメントなどが主な需要先であった。熊本電気は、化学（三九・三％）、食料品（一八・三％）、鹿児島電気は、食料品（三〇・一％）、紡織（一九・九％）、製材及木製品（一八・七％）、日本水電は、化学（四二・五％）、鉱業（一九・五％）、食料品（一八・五％）が大きな比率をしめている。すなわち、北九州の三社（東邦、九州水力、九州電気軌道）は、各社重点を異にしつつも需要の中心は鉱業・機械・金属であり、南九州二社（熊本電気、日本水電）は化学が大きな比重をしめていた。

最後に、サイクル問題について触れておこう。(10) 九州地方におけるサイクル分布は、九州電灯鉄道、熊本電気、鹿児島電気の供給区域に属する西部の六〇サイクル区域と、九州水力電気、九州電気軌道、日本水電の供給区域に属する北九州、筑豊地区を含む東部及び南部の五〇サイクル地域に分かれ、この分布状態は戦後までも続き、九州の六〇サイクルへの周波数統一が完了したのは一九六〇年であった。

第二節　北九州における電気事業の展開

北九州においては、一九一〇年代の初頭から、九州電灯鉄道（一九二二年から東邦電力となる）、九州水力、九州電気軌道の三社が並立していたが、供給区域の隣接している九州電灯鉄道と九州水力、九州水力と九州電気軌道の間で競争がくりひろげられた。ここでは、この三社の動向を中心にして、北九州の電力業の展開を見てみたい。

1　九州電灯鉄道と九州水力

(1)　地下線問題

一九一一年に開業した九州水力の供給区域は、電力では福岡市・門司市・小倉市及び大分県日田町、電灯では福岡県嘉穂郡・遠賀郡等八郡七四カ町村、大分県日田郡内四カ町村について許可を得ていた。福岡市内においては、既に九州電灯鉄道の前身である博多電灯軌道が電灯、電力の供給を行なっていたため、九州水力は電力の供給のみが認められていた。しかし九州水力は、福岡市への電灯供給へ進出するため、一九一二年に市内の電灯・電力の供給権をもつ博多電気軌道と合併の仮契約を結んだ。ところが逓信省は、既設の九州電灯軌道の架空線による供給と重複する恐れがあるので、地下線による供給を条件として供給の認可を与えた。ここに至って、九州電灯鉄道と九州水力間での合併の話が生まれ、一九一三年には両社の間で合併に関する申し合わせ書が交換された。その際、地下線問題については、以下のような協定を結んだ。「九州水力電気は福岡市およびその付近においては目下施工中の地下電灯工事を中止し、同時に九州電灯鉄道はその現在営業に係る九州水力電気施工済区域内の営業権ならびに架上線ならびに室内設備一切を九州水力電気に譲渡し、九州水力電気は福岡市およびその付近における地下線による電灯営業に関する一切の施設を廃止するものとす[11]」。

しかし、この合併談は、当時九州電灯鉄道が年一割二分の配当、九州水力は一割の配当で合併条件の折り合いがつかず、合併は一カ年延期されることになった。ところがその後、九州水力は地下線区域の譲渡を完了してから合併に進むことを主張し、一方九州電灯鉄道はあくまで即時合併を主張し、意見が対立した。一九一七年に九州電灯鉄道は九州水力に対して合併確認の訴訟を起こした。この訴訟は、結局、九州水力の勝訴となり合併は行なわれなかったが、九州水力から出された地下線区域営業権譲渡の認可申請については、一九二四年逓信大臣の裁定により「五カ年間東邦へ委託経営せしむ[12]」との裁定があり、紛争は一応落着したのであった。その後、一九二九年に委託経営の一〇年間継続の協定が成立し、一九三四年には東邦電力が受託経営中の九州水力電気所有にかかる福岡市内の電灯供給権、および福岡市内における地下線による五〇馬力未満の電力供給権、ならびにこれに属する財産を譲り受けることになり、両者の紛争はここに解決した。

地下線問題をめぐる以上のような対立は、北九州の中心地福岡市をめぐる競争であり、一時は合併の動きもあったが成功せず[13]、結局、九州水力の福岡侵入を九州電灯鉄道（東邦）が阻止した結果となった。

(2) 五ケ瀬川水利権問題[14]

宮崎県は当時の九州において最大の水力電源県であり、第一次大戦勃発以後の水力開発の活発化を反映して、宮崎県内の河川の水利権獲得競争が激化した。五ケ瀬川の水利権をめぐっては、一九一七年に九州水力が出願して以来、電気化学、熊本電気、三菱鉱業、九州電灯鉄道が次々と申請して競願となり、なかでも九州水力と九州電灯鉄道が地下線問題の経過もあって激しく対立した。しかし、この対立は、九州の電気事業の統一をめざす逓信省によって調整され、一九二五年に九州水力、九州電灯鉄道、住友、電気化学の四社が平等出資した九州送電が設立された。その後、一九二七年に九州水力は電気化学の持ち株を買収して九州送電の株の過半数を制し、支配権を握った。

九州送電が開発を目的とした電源は、宮崎県下の五ケ瀬川および耳川の水利（総発電力一五万キロワット）で、同社は鹿児島県を除く九州一円に一般電力供給ならびに電気事業者に電力供給をなす許可を得ていた。九州送電を支配することによって、九州水力は宮崎県の豊富な水力資源を掌握したのである。しかし、他方では、九州送電が発電した電力をいかにして消化するかが、九州水力の大きな問題となった。九州送電は第一期工事として、高千穂発電所（出力一万二八〇〇キロワット、一九二九年完成）、田代発電所（出力八〇〇〇キロワット、住友より工事委託、一九二九年完成）を建設し、さらに第二期工事として、山須原発電所（出力一万三〇〇〇キロワット、一九三一年完成）、三ケ所発電所（出力一三二〇キロワット、一九三二年完成）、回淵発電所（出力一〇五〇キロワット、一九三二年完成）を新設した。すなわち、一九三二年までに建設された発電所の出力総計は三万六一七〇キロワットであった。この発電電力を消化するため、九州水力は一九二七年以降、九州の電気事業界の再編成にとりくむのである[15]。九州水力は、一九二七年に日向水力を合併し、一九三〇年には延岡電気を支配下において、宮崎県下に圧倒的な地位を確立した。さらに以下で述べるように、一九三〇年には北九州において対立していた九州電気軌道の支配権を握るのである。

2　九州水力と九州電気軌道

九州水力と九州電気軌道は、北九州において供給区域が隣接していたが、一九一〇年代は双方とも相手の区域を侵さず、しかも九州水力は三〇〇〇キロワット余りを九州電気軌道に供給して、両社は平和的に共存していた[16]。この三〇〇〇キロワットの供給契約は一九一九年に満期となったが、両社の料金支払い交渉がまとまらず、これを契機に両社の関係は険悪化し、一九二二年以降、需要家争奪の激しい争いが繰り広げられた。しかし財界不況の影響もあって競争を継続することは不可能となり、一九二九年には株の相互交換を行なって協調気運を高め、ついに一九三〇年に九州水力が九州電気軌道の株式三五万株を購入して支配権を掌握した[17]。

九州水力による九州電気軌道の支配は、一時的には「空手形事件[18]」の発覚などで不利な面もあったが、北九州における九州水力の地位を不動のものとする画期的な意義を持っていた。この資本提携により、九州水力は、自社の水力と九州電気軌道の火力を組み合わせて、かねてから念願の水火併用主義の方針を実現することが可能となったのである。[19]

3　小　括

以上の分析で明らかなように、一九二〇年代における北九州の電気事業の展開過程は、同時に、九州水力の覇権の確立過程であったということができる。九州電灯鉄道は、その指導者松永安左ェ門が「北九州には既に九水（九州水力――引用者）及び九軌（九州電気軌道――引用者）が根を張つて居り、これ以上九州では東邦としての発展の余地がないので驥足を伸して、名古屋進出を計った[20]」と述懐しているように、九州地方における支配権の獲得には悲観的であった。九州電灯鉄道は、一九二二年に関西電気と合併し東邦電力となった。一九二五年の九州送電の成立以来、東邦電力は九州送電を通じて九州水力との協調関係を深めていった。[21]この動きは、熊本逓信局によって一九二七年以来進められてきた「電力統制」の具体化にも沿うものであった。北九州においては、ほぼ一九三〇年頃には、国家権力の補強のもとで九州水力を中心として電気事業の再編成が完了したとみることができる。このことは当時の雑誌によっても、「依然として我国電力界の統制問題は五里霧中にあるが如く九州電力界のみは毎回熊電局（熊本逓信局のことか――引用者）を中心として開会する大電力業者の懇談会にて、各当業者の意志疎通に努めた結果不言実行によつて送電線の連絡、規則の統一、電力の融通等は今日まで或程度の連絡が保たれ、統制の実を挙げつゝあり……[22]」と評価されていたことにも明確に反映している。

第三節　南九州における電気事業の展開

南九州においては、一九一〇年前後に、その豊富な水力電源を利用せんとする電気化学工業が勃興した。野口遵の日窒と三井系の電気化学がその典型である。一九一〇年代以降、熊本電気、鹿児島電気、日本水電などの電力会社が中心となって南九州の電気事業は展開をとげる。当然、これらの電力会社と電気化学工業との関係は密接なものであった。

日窒は、一九〇六年に野口遵によって鹿児島に設立された曾木電気（資本金二〇万円）と、野口遵、藤山常一が一九〇七年に設立した日本カーバイド商会が、一九〇八年に合併して設立された会社である（資本金一〇〇万円）[23]。野口は一九〇九年に三菱から資金援助を受けて、熊本県水俣において石炭窒素の製造に着手した。その後、一九一二年に八代郡鏡町にカーバイドから変成硫安までの一貫作業の工場の建設に着手した。一九二三年に野口はカザレー式アンモニア合成法の企業化を延岡工場で成功させ、ひきつづいて一九二六年にカザレー式水俣工場を稼動させた。また日窒は人絹工業へ進出し、一九三三年には旭ベンベルグ絹糸（資本金四六〇〇万円）を創立した。これらの工場の電力を確保するために、日窒は多くの発電所を建設した。一九三二年現在で、九州において、水力発電所数一三、その総出力六万七八〇〇キロワット、火力発電所数三、その総出力二万七〇〇〇キロワット、出力総計九万四八〇〇キロワットであった。これは、同じ一九三二年における九州の落成総発電力六七万五七七五キロワットの一四％をしめ、自家用発電力一六万二五八八キロワットの五八％をしめていた[24]。

野口遵は一九一八年に電気化学工業を目的に日本水電を設立した[25]。一九二二年に化学工業の不振から電気事業に経営方法を変更し、一九二三年南九州水力と合併し電気事業者となったのである。日窒とは密接な資本的関係にあったが、日窒との間に電力需給関係が初めて実現したのは一九二三年であり、それまで工場で使用していた瓦斯力発電所の発電費が高価であったためと言われている。日本水電はその後、一九二四年に高隅電気を、二六年に川内電気を、二九年に万瀬水力を合併し、鹿児島県内を供給区域に持つ電力会社として発展した。日窒と日本水電の関係は緊密であり、例えば一九三四年には、日窒は日本水電から七〇二四キロワットの特殊電力と一〇〇キロワットの常時電力の供給を受け、逆に日本水電は日窒から四八二四キロワットの電力を購入していた[26]。

しかし、日本国内において電気化学工業を展開するにはもはや限界があった。すなわち、「日本内地では五大電力の制覇により、主要な電源地帯はすでにおさえられており、野口の電気化学工業の展開は電力資源から行きづまり、内地では野口の企業展開方式は矛盾におちいっていた[27]」という状況があり、野口は一九二六年に朝鮮水電を設立し、朝鮮進出を開始したのであった。

鹿児島県で日本水電と拮抗していた鹿児島電気は、一八九七年に設立され、一九一八年には資本金一〇〇〇万円の会社に発展していた。県内の覇権をめぐって日本水電と対立を続けたが、一九二七年に熊本電気の支配下に入った[28]。

一九三〇年に熊本電気と電気化学によって九州電力（資本金一〇〇〇万円）が設立された。この九州電力は、九州送電とともに、九州の電力連系の発展にとって大きな役割を果たした。この九州電力は三井系の電気化学の電源開発との絡みで生まれたところに特徴がある。

電気化学は一九一五年に藤山常一らによって設立されたが、三井鉱山の余剰電力を使用して石炭窒素、硫安を製造する目的で一九一六年に福岡県三池郡大牟田町に工場の建設を開始した。必要な電力については、三井鉱山から六〇〇〇キロワット、熊本電気から五〇〇〇キロワットの供給を受ける契約を結んだ。さらに電気化学は、宮崎県下を流れる大淀川の水利を利用して河口付近に工場を建設する計画をたて、一九一九年に大淀川第一発電所（出力一万五〇〇〇キロワット）の建設に着手した。ところが方針が変更されて、大牟田工場を拡張してこの電力を使用することになった。これを契機に、宮崎県内において、「県外送電反対運動」[29]が勃発し、大淀川発電所の完成は大幅に遅れた（一九二五年完成）。このため、大淀川発電所の建設費は非常に高いものになって、電力費を高めたといわれる。[30]金融恐慌以後の不況の中で、電気化学の業績は悪化し、一九二七年下半期には六五〇万円の赤字を出す状態であった。再建のため派遣された藤原銀次郎会長の下で、同社は大淀川第二発電所（出力三万キロワット）の建設に着手し、一九三一年に完成させた。この発電所の建設によって、電力費が一キロワット当たり六―八厘から三―四厘へと低下し、大牟田工場の操業も安定するに至った。[31]九州電力の設立は、この第二発電所の建設を契機としている。従来、第一発電所の電力は熊本電気の八代―大牟田間の送電線を用いて大牟田に送られていた。しかし電気化学は第二発電所の完成に先立ち、一九三〇年に八代―大牟田間の送電線建設に着手した。熊本電気はこれに脅威を感じ、電気化学と共同出資により九州電力を設立して、八代から大牟田まで一一万ボルト送電線を新設したのであった。

九州電力成立の意義は以下の点にある。[32]第一に、九州電力は、南九州の過剰電力を北九州で消化させる役割を担っていた。[33]すなわち、電気化学大淀川発電所、球磨川電気、熊本電気三社の電力五万九一五〇キロワットをプールし、九州電力の送電線によって北九州へ送り、九州水力一万キロワット、東邦一万キロワット、三井鉱山九〇〇〇キロワット、電気化学二万六〇〇〇キロワット、合計五万五〇〇〇キロワットを売電するというものであった。[34]つまり、「熊電及び電化が持つ過剰水力を東邦、九水に押し付け消化せしめるものに外ならない」[35]というのが九州電力設立の意味であった。第二に、九州電力は南九州と北九州を結ぶ六〇サイクル系の電力連系を完成させた。九州はその東半分が五〇サイクル、西半分が六〇サイクルに分かれていた。すでに設立されていた九州送電は、五〇サイクル系で南北九州を結ぶ（宮崎県の電気を北九州へ送電）役割を果たしており、九州電力の出現によって、「五〇、六〇サイクル間の送電連絡は勿論、南九州北九州の送電連絡がここに全く完成[36]」し、「日本に最初の（電力――引用者）プールが実現[37]」されたのである。

むすびにかえて

以上、一九二〇年代を中心に九州地方の電気事業の展開を考察してきた。南九州における水力開発のため、一九二五年に九州送電、一九三〇年に九州電力が設立されたが、これが九州の電気事業の再編成の重要な契機となった。すなわち、水力電源の開発が供給区域の独占の拡大を刺激し、促進したのである。北九州においては九州水力、南九州においては熊本電気がその中心となった。また、九州においては、日窒、電気化学などの化学資本が豊富な水力を利用して展開し、電気事業の再編成に一定の役割を果たしたのである。

最後に、一九三〇年代の展開のあらましを述べてむすびにかえたい。一九三一年の「満州事変」を契機に、日本経済の重化学工業化＝軍事化が急速に進み、電力需要が急増した。一九二〇年代において九州の電源開発の中心は水力であったが、三〇年代に入ってからは、産炭地という九州の特質を生かした形で電源開発が行なわれ、それと共に電気事業の再編成がすすむのである。一九三五年に九州共同火力、一九三六年に西部共同火力が設立される。戦時体制が強化されるなかで、一九三九年に日本発送電が設立され、さらに、一九四二年に九配電会社の一つとして九州配電が設立され、ここに九州における電気事業の再編成は一応完了したのであった。

（1）草創期の九州地方電力業については、東定宣昌「明治中期九州地方の電気業――電灯会社・水電会社の設立経過を中心として――」『経済学研究』（九州大学）第四一巻一号、一九七五年五月、を参照されたい。
（2）政府の電力政策の変化もこの過程を促進した。すなわち「従来一地方内の発電電力は当該地方内で消化するとの方針は為政者も業者も大体踏襲した処であったが、大正七年から八年にかけて全国的に工業電力の不足を来し就中京阪神、北九州工業地帯は最も甚だしく、……此処に於て政府は利用し得る水利地点には極力開発方針をとらざるを得ぬ」状況となり、原内閣の逓相野田卯太郎により「所謂電気モンロー主義の打破」が行なわれた（『九州配電株式会社十年史』一九五二年、一六―一七ページ）。
（3）東定、前掲論文、六八ページ。
（4）有沢広巳編『現代日本産業講座3　エネルギー産業』岩波書店、一九六〇年、一三ページ。
（5）『九州配電株式会社十年史』一七―一八ページ。
（6）『九州電気事業発達史』九州電気界新聞社、一九三三年、八―九ページ。
（7）『第二九回電気事業要覧』一九三八年。
（8）『九州電気事業発達史』一二ページ。
（9）『第二九回電気事業要覧』一九三八年。
（10）『九州周波数統一史』一九六一年、一三ページ。
（11）『東邦電力史』一九六二年、七一ページ。
（12）同右、二二三ページ。
（13）同右、七三―七四ページ。松永安左ェ門「私の履歴書」（『私の履歴書・経済人　7』日本経済新聞社、一九八〇年）三七七―三七八ページ。
（14）本書第五章を参照されたい。
（15）中野節朗『九州電気事業側面史』東洋経済新報社、一九四二年、一二八ページ。

(16) 以下の叙述は、中野、前掲書による。
(17) 当時、九州電気軌道は五万キロワットの大火力発電所を計画しており、九州水力にとって大きな脅威であった。これが資本提携の一つの契機となった。麻生太吉九州水力社長は「競争が依然継続して居たものとしてあの発電所が活躍したなら如何だらう九水には恐るべき結果が来て居たらう」と述べている(中野、前掲書、一九三ページ)。
(18) 九州電気軌道の松本枩蔵が地位を利用して二二五〇万円の空手形を乱発していた。中野、前掲書、一三九―一六五ページ、『麻生太吉伝』一九三四年、三一六―三三六ページ、大田黒重五郎翁口述『思ひ出を語る』一九三六年、付録「大田黒重五郎翁晩年の偉業」参照。
(19) 中野、前掲書、一九八ページ。
(20) 同右、二六ページ。
(21) 同右、一七八ページ。
(22) 『電気界』一九三〇年七月号、六四ページ。
(23) 以下の叙述は『日本窒素肥料事業大観』一九二八年、による。発電所の数字は、同書、五七〇―五七一ページより算出。
(24) 九州の数字は、熊本逓信局編纂『第一九回管内電気事業要覧II　電気工作物』一九三六年、による。
(25) 『九州配電株式会社十年史』一九五二年、六八ページ。
(26) 日本水電株式会社『第三一回営業報告書(自昭和八年一二月一日至昭和九年五月三一日)』
(27) 渡辺徳二編『現代日本産業発達史13　化学工業(上)』一九六八年、交詢社出版局、三八五ページ。
(28) 中野、前掲書、九〇―九七ページ。鹿児島電気の支配をめぐる熊本電気と日本水電の対立は、同書、七八―九〇ページに詳しい。南九州における再編成の中心は熊本電気である。
(29) 本書第五章参照。
(30) 『東洋経済新報』一九二七年一二月一〇日。
(31) 『デンカの歩み五〇年』一九六五年、一七〇ページ。
(32) 中野、前掲書、一八一―一八七ページ。

(33)『電気界』一九三〇年七月号、一四三ページ。
(34) 中野、前掲書、一八四ページ。
(35) 同右、一八六ページ。九州電力の設立は、北九州の電力会社に脅威を与え、その再編成を促進した。すなわち、「最近九水、九軌が提携した理由の中には要するにこれ（九州電力の設立――引用者）に対する戦備の目的も含まれてのことであらうと見られている」（『電気界』一九三〇年一〇月号、二八七ページ）と指摘されているように、九州水力による北九州電力業界再編成への刺激となった。また、熊本電気の「北進」、すなわち、一九三〇年五月の竹田水電の支配及び島原水電の合併も九州電力の設立と関連があると思われる（『電気界』一九三〇年七月号、六四―六六ページ、『九州電気五〇年史』一九四三年、一七〇―一七五ページ参照）。
(36) 同右、一八二ページ。
(37) 同右、一八五ページ。

第五章　戦前宮崎県における電気事業の展開

はじめに

本章の課題は、戦前の宮崎県における電気事業の発達を跡づけることである。宮崎県を対象とした理由は、第一に、火力発電が優勢な当時の九州にあって、随一の水力電源県であり、その水利権獲得をめざして県外大資本が激烈に競争したこと、第二に、一九二〇年代前半に電力問題をめぐって「県外送電反対運動」という稀にみる大規模で大衆的な県民運動が起こったこと、第三に、当時の逓信省が原則として公営電気不認可方針をとっていたにもかかわらず、県営電気が創設（一九三八年）された珍しい例であること、である。これらは、戦前の電力問題を考える場合に、宮崎県の位置をとくにユニークなものとさせている。

更に、宮崎県に対象を限定したもう一つの大きな理由がある。それは、電気事業は地域独占を基礎にして発展するものであり、全国的な電気事業及び電力政策の展開は、各地域の特殊性を踏まえた上で考察されねばならないということである。戦前日本の、電力国家管理に至るまでの電気事業の発展の解明に際しては、このような研究の積み重ねが必要であろう。ここでは、九州地方における電気事業の再編成を念頭におきつつ、それとの関連で宮崎県の電気事業の展開を考察する。その際、政府の電力政策・電力資本相互の競争・自治体当局及び住民の動きとその相互関係に注目して分析を行ないたい。

第一節　宮崎県電気事業の概観

宮崎県における電気事業は、一八九八年三菱槇峰鉱山で水力発電事業を開始したのがはじまりである。しかしこれは鉱山の自家用発電であって、一般の需要を対象とした水力発電事業は、日露戦争後の一九〇七年に創立された日向水力電気が最初であった(1)。以下、県内における電気事業の発達を簡単に概観してみよう。

1　宮崎付近の電気事業

日向水力電気は一九〇六年、才賀藤吉、柴岡晋、大和田伝蔵らによって創立された。当初の資本金一〇万円は一九一八年には二〇〇万円、一九二六年には六〇〇万円に増加した。供給区域は創業当初宮崎町、大淀村及び赤江村、大宮村の一部であったが、創立一〇周年の一九一六年には一五カ町村にまで拡大していた(2)。

日向水力は一九一二年、小林町に本社のあった霧島水電株式会社を買収し、同町及び高原村の一部に供給を始めた。霧島水電は一九一〇年資本金一〇万円で設立された会社である(3)。また一九一七年には、児湯郡妻町、宮崎郡佐土原町及びその付近に電気の供給を行なっていた穂北電気を、一九二四年には野尻、紙屋の各村に電気の一般供給を行なっていた野尻水力電気を合併した。[4] 日向水力はその後順調に発展をとげていったが、一九二七年に宮崎市の電気市営計画に対抗して九州水力電気（本社福岡市、資本金八〇〇〇万円）と合併し、同社の宮崎営業所となった。しかし、一九三〇年に宮崎市民の値下げ運動にあい、翌三〇年神都電気興業会社に改組された。同社は一九四〇年再び親会社の九州水力に合併された。[5]

2 延岡及び県北地方

延岡の内藤家経営の日平銅山では、一九一〇年菅原第一発電所の建設によって鉱山電化に着手し、さらに一九〇七年片内発電所を完成した。ところが、その電力に余裕を生じたので延岡電気所を設立し、一九一〇年から一般供給事業を開始した。当初、供給区域は延岡町に限られていたが、一九二一年には東臼杵郡一二カ町村、西臼杵郡八カ町村、児湯郡七カ町村、熊本県阿蘇郡二カ村に拡大していた。[6] 延岡電気所は内藤家の個人企業として発足したが、経営規模の拡大とともに会社組織への改組が問題となり、一九二四年に資本金三五〇万円の延岡電気株式会社が設立された。内藤家は七万株のうちの九割を所有した。延岡電気は県北一帯に支配的な地位をしめていた。[7] 一九三〇年、内藤家はその持ち株全部を九州水力に譲渡したため、延岡電気は完全に九州水力の支配下に入った。さらに一九四〇年九州水力に合併され、その社名を消すに至った。[8]

県北部には延岡電気のほかに、日豊水電が存在していた。豊後製材合資会社が動力用として建設した水力発電所を利用して、一九二二年に開業した。一九二六年に日豊水電株式会社として新たに設立され、その資本金は四〇万円であった。供給区域は北浦村であった。[9]

表5－1　宮崎県における電気事業の概況（1935年）

	資本金	発電力	電灯取付数	電力契約 kW 数	大口電力契約
	千円	kW	個	kW	kW
神都電気	10,000	4,962	127,629	3,342.7	—
延岡電気	3,500	5,040	92,014	1,911.0	—
日豊水電	400	—	3,086	68.7	—
九州送電	15,000	36,170	—	—	45,715.0
都城市	—	—	28,316	389.9	—
南那珂郡営電気	—	375	37,836	786.0	—
大淀川水力	20,000	45,000	—	—	42,950.0

（注）逓信省電気局編『第27回電気事業要覧』電気協会，1936年より作成。

3　都城地方

都城においては、一九〇九年資本金一五万円の都城電気が設立された。供給区域は当初都城町のみであったが、次第に拡張して一九一一年には北諸県郡一町一一村、鹿児島県囎唹郡一町六村となった。同社は一九一四年に志布志電気を、一九一九年には高千穂電気軌道を合併した[10]。一九二六年都城電気は球磨川電気と合併したが、都城市は電気市営を計画し、球磨川電気と交渉して市部の事業を買収し、一九二七年都城市営電気を創設した[11]。

4　南那珂郡

南那珂郡においては一九一〇年頃から民営電気の計画があったが、公営の利益に着目した郡当局の努力により、一九一七年郡営電気が開業した。事業資金の総額は二〇万円でその財源は郡債によっていた。当初、供給区域は南那珂郡一〇カ町村にわたっていた。一九一三年の郡制度廃止にともない、郡営電気は一九二六年、十六カ町村組合に経営が移管された[12]。

5　真幸地方

一九一七年、資本金一〇万円で真幸電気が設立され、翌年から西諸県郡真幸、加久藤、飯野付近に供給を始めた。同社は一九二〇年大川間電気を合併し、さらに球磨川水力と合併して新たに資本金三〇〇万円の球磨川電気を設立した[13]。

以上が宮崎県の電気事業の概観である。一九三〇年代初頭には、九州水力が県内電気事業をほぼ制覇するに至る。表5-1は一九三〇年代中頃の状況を示したものである[14]。

第二節　宮崎県電気事業の再編成

第一次世界大戦を契機に、日本資本主義はいっそう飛躍的な発展をとげた。工業、とくに重化学工業の発展によって電力需要が急増し、火力発電の燃料である石炭の価格上昇ともあいまって、水力電気事業が急激に勃興した。同時にこの時期は、電気事業界における競争の激化、独占化の進行の過程であり、五大電力（東京電灯、東邦電力、大同電力、宇治川電気、日本電力）が形成される[15]。

九州地方における最初の電気会社は、一八九一年開業の熊本電灯である。以後、続々と会社が設立されたが、一九二〇年代中頃には東邦電力、九州水力電気、九州電気軌道、熊本電気の四社が支配的地位をしめるに至った[16]。表5-2によれば、一九二六年において上記四社あわせて九州全体の発電力の八三・九％、電灯取付数の七一・二％、電動機馬力数の五八・五％、大口電力供給の九二・三％を握っていた。

九州の電力需要の中心は福岡県であり、戦前においてはそこに東邦電力（前身は九州電灯鉄道[17]）、九州水力、九州電気軌道の三社が並立していた。日露戦争後に大容量の水力発電が相次いで開発されるが、第一次世界大戦の勃発に

表5－2　九州地方4大電気会社の比較（1926年）

	資本金	発電力	電灯取付数	電動機馬力数	大口電力供給
	千円	kW	個	馬力	kW
東邦電力九州支社	—	51,250	1,061,067	19,618	27,510
九州水力電気	80,000	84,841	662,648	13,941	48,149
九州電気軌道	50,000	23,750	287,605	6,110	21,535
熊本電気	26,000	46,320	444,228	6,052	39,689
小計(A)	—	206,161	2,455,548	45,721	136,883
九州総計(B)	—	245,844	3,450,659	78,099	148,240
$\frac{A}{B}$ (%)	—	83.9	71.2	58.5	92.3

（注）1．逓信省電気局編『第19回電気事業要覧』電気協会，1928年より作成。
2．1926年末における東邦電力の資本金は1億4432万1200円である。

伴いこの傾向は一層促進され、各地に大規模な水力発電計画が登場した。電源地帯の水利権の獲得をめぐり、電気会社の間で激しい競争が繰り広げられる。ところで、宮崎県は九州地方において最大の電源県であった。一九三四年当時の数字によれば、九州全体の包蔵水力は七八万八九一九キロワット、うち宮崎県は三〇万九五一キロワットで三八・一％をしめていた(18)。そのため九州においては、「需要地たる福岡県を抑えるものが九州の王者としての地位を約束されると同じ意味に於て、宮崎県の水利権を掌握する者には王冠が待つて居る(19)」と言われ、宮崎をめぐる電気会社その他の電源獲得競争が激化した。

宮崎県において、一九二一年現在稼動している発電所は一八件、総出力五〇〇〇キロワット余りであったが、これらは主として県内資本の開発によっており、いずれも規模が小さかった。ところが、県外資本を中心として当時水利権使用の許可を受けて開発未着手のものが一四件、総出力七万二〇〇〇キロワットあり、さらに出願して処分未定のものも二十数件に及んでいたという(20)。いかに資本が宮崎県に殺到していたかがわかる。県内には五ケ瀬川、耳川、一ノ瀬川、大淀川、小丸川などの、発電所建設に適した河川があった。これらの河川のうち、耳川の水利権は一九二〇年に住友家が[21]、大淀川の水利権は一九一八年に電気化学工業（以下、電気化学と略称）が[22]取得していた。ところが、五ケ瀬川の水利権をめぐっては、一九一七年に九州水力電気が出願して以来、電気化学、熊本電気、三菱鉱業、九州電灯鉄道が次々と申請して競願となり、なかでも九州水力電気と九州電灯鉄道がその獲得に最も熱心であった[23]。両者は一九一一年以来、福岡市において激しい競争を行なっており、訴訟沙汰さえ引き起こしていた[24]。五ケ瀬川水利権をめぐる両者の争いはこの対立の延長とみなすことができると共に、それぞれの九州覇権の意図をも秘めたものであった。

この五ケ瀬川水利権競願問題は、逓信省によって九州地方の電力業再編成の絶好の機会として採り上げられた。一九一一年に電気事業法が制定されて以来、電気事業に対して保護助長政策がとられたが、第一次世界大戦中の好景気により電力不足が顕在化してくると、水力開発が奨励される一方、大口電力供給の重複許可が与えられ、競争が促進された[25]。一九二〇年の戦後恐慌は電気事業界にも深刻な影響をあたえ、資金難のため電源開発が停頓して電力の安定的供給が困難となる恐れが生じた。そのため逓信省は「企業ヲ合同セシメ其ノ基礎ヲ鞏固ニシ以テ事業ノ信用ヲ向上セシメ之ニ依リテ資金ノ流通ヲ円滑ナラシムル」[26]として、電気会社の合同を促進することによって事態を打開しようとした。そして、九州地方においてもこの政策を推進したのである[27]。

当時の逓信大臣野田卯太郎は九州水力、九州電灯鉄道、九州電気軌道の合併を企てたが、成功しなかった[28]。そのため野田逓相は、五ケ瀬川の水利権問題については単独認可を与えず、「将来合同の階梯として」関係会社が共同で送電会社を設立するようにとの方針を示した[29]。この送電会社の設立をめぐり、九州電灯鉄道と九州水力の間に激しいイニシアチブ争いが起こった[30]。九州電灯鉄道は当局に強力に働きかけ、ついに一九一〇年一〇月、逓信省から五ケ瀬川筋水利権許可の内定を得た。そして、同社を中心に、宮崎県下の水利権者であった住友家、電気化学の三社で、送電会社設立の具体的打ち合わせを進めるに至った。しかし、九州水力はこれに反対し、巻き返しを図った。その結果、野田逓相は再び単独認可を否定する方針に転換したのであった。結局、妥協策として九州電灯鉄道が一旦水利権を取得するものの、それを新会社に譲渡継承し、九州水力、九州電灯鉄道、電気化学、住友家の四社が平等出資して九州送電株式会社を設立することになった。以上の経過でわかるように、九州送電の設立は逓信省の電力統一政策の具体化の第一歩であった[31]。しかし、この政策は宮崎県民により強い抵抗を受ける。これが県外送電反対運動である。

九州送電の設立目論見書によれば、同社は宮崎県に水利権を有している住友、電気化学、大淀川水力などが発電した電力を受電し、鹿児島県以外の九州各県へ送電するものとなっていた[32]。このことが新聞で報道されると、一九二一年五月、大衆的な規模で県外送電反対運動が勃発した[33]。

この運動には前史がある。すでに一九一八年の県議会において、宮崎県の電源獲得を目ざす県外資本の進出の動きに対抗して県営電気創設の建議が採択されていた[34]。つづいて電気化学の問題が起こった[35]。同社は県内に工場建設をする目的で大淀川の水利使用願を出し、一九一八年に県知事の許可を得ていた。しかし、翌一九一九年にその使用目的を大牟田（福岡県）へ送電するように変更するため、認可申請を逓信大臣に提出した。これが県議会で問題となった。県当局は「本県の水利を他県に於て利用して事業を経営すると云ふことに付ては、当局に於ては絶対に之に反対せざるを得ない訳であります[36]」と強硬な姿勢を示し、さらに県議会は逓信大臣に対し電気化学の申請を認可しないようにとの意見書を提出した[37]。しかし、以上はいずれも県議会の次元における動きであった。

県外送電反対運動は、その経過をみれば、以下のように時期区分することができる。第一期は、一九二一年五月から七月までの時期である。「絶対に一キロワットも県外に送電せぬこと[38]」（長峰與一衆議院議員）という強硬な主張が広範な支持を受け、五月二二日に県外送電反対同盟会が成立して、運動は県内の各層に広がった。反対運動の昂揚のなかで、七月中旬、野田逓信大臣より、(1)水利使用既許可の分に対しては当初の計画通り県内に於て起業せしむること、(2)その未許可の分に対しては県内起業を条件に許可する、との諒解をとった[39]。これは、会社側にとって不利な裁定であり、逓信省当局も反対運動を無視できなかったことを示している。

第二期は、同年七月から一九二五年五月の九州送電設立までの時期である。反対同盟会は「県内起業促進」を掲げて運動を継続した[40]。しかし、県と会社側は秘かに妥協の工作を進め、反対同盟会の一部もこれに同調していた[41]。そして、一九二三年一二月の県議会において「県外ニ送電スヘキ電力ニ対シ相当ノ公納金ヲ県ニ納付セシムルヲ適当ナリト信ス[42]」と条件付きで県外送電を認めた決議が採択された。翌一九二四年五月、県と電気化学の間に[43]、一〇月、県と九州送電の間に、契約書・覚書が締結された。この契約には、県外送電に対して理論馬力あたり一円ないし一円五〇銭の発電水利使用寄付金を納めること、並びに、県内への電力の優先供給と発電力の五割を県の需要に応じて確保すること、という内容が盛られていた[44]。その結果、九州送電は会社発起から四年後の一九二五年五月にようやく設立されたのであった。

このような妥協が成立した要因として、以下のことが指摘できる。第一に、宮崎県の財政難である。表5-3によれば、一九二五年における県債額は三一二万余円にも達し、同年の歳入額五五二万余円と比べてもその巨大さがわかる。県債は年々増大し、とくに昭和初期の県財政は極度に逼迫していた[45]。また、県営電気の計画もあったが、このような事情のもとでは実現困難であった[46]。県当局は、県外送電を認めるかわりに寄付金を得ることによって、幾分なりともこの苦境を緩和しようとしたのであった。第二に、宮崎県内における電力の消費能力が限られていたことである。宮崎県は元来農業県であり、一九二五年において県生産額の五三%を農産物がしめ、工産物の比率は二四%にすぎず、なかでも製糸業が主要な地場産業であった[47]。そのため電力の消費量も少なく、表5-4によれば、一九二五年におけ

表5－3　(1)　1911年より1940年までの歳入歳出決算比較表

（単位：円）

年度	歳　入	歳　出	残　額
1911	1,484,890	1,104,239	380,651
1916	1,344,738	1,153,978	190,760
1921	4,257,515	3,068,432	1,189,083
1925	5,526,074	4,497,358	1,028,716
1926	5,547,245	4,752,954	794,291
1930	8,708,627	7,006,475	1,702,152
1935	9,687,208	8,809,656	877,552
1940	22,195,894	21,177,125	1,018,769

(2)　1911年より1940年までの県債現況調

（単位：円）

年　度	県　債　額
1911	1,269,400
1916	1,836,500
1921	1,820,023
1925	3,121,870
1926	3,052,143
1930	5,907,554
1935	14,337,101
1940	23,046,943

（注）1.『宮崎県統計書』による。
　　　2.『宮崎県電気復元運動史』1963年，34-35ページ。

る県内発電電力一二万キロワットのうち、県内消費は二万キロワットにすぎず、残りの一〇万キロワットは佐賀県、熊本県、福岡県に送電された。また、当時、高圧長距離送電の実現により広域的な電力経済圏が形成されつつあり[48]、九州送電の設立計画もその一環をなしていたから、県外送電反対を貫くのは極めて困難な状況であった。

このようにして成立した九州送電は、九州地方及び宮崎県の電気事業の発展にとってどのような意義をもったのであろうか。

第一に、九州送電は九州の電力連系の発端であったことである。九州は福岡県を通じほぼ南

表5－4 宮崎県の電力の各県需要見込高（1925年）

1．宮崎県	
電気事業者	5,000
一般供給（5馬力以上）	15,000
小計	20,000
2．佐賀送電線	
東邦電力株式会社	25,000
福岡県一般供給	13,000
熊本県電気事業者及一般供給（50馬力以上）	8,000
佐賀県一般供給（同上）	4,000
小計	50,000
3．八幡送電線	
福岡県電気事業者及一般供給（50馬力以上）	35,000
大分県電力事業者及一般供給（同上）	15,000
小計	50,000
総計	120,000

（注）「大正14年県土木課所管文書」（『宮崎県経済史』1954年，368-369ページ）。

北に縦貫する線によって東は五〇サイクル、西は六〇サイクルに区分されていたが、九州送電は両サイクルを採用して相互間の電力融通を可能とした。また、電気各社の送電線の連絡緊密化は各社の対立により困難であったが、九州送電によって九州水力、東邦電力の送電連絡が実現した。(49) その後、一九三〇年に大淀川水力電気（電気化学の子会社）と熊本電気によって九州電力が設立され、また一九三五年に九州共同火力、一九三六年に西部共同火力が成立することによって、九州における電力連系がほぼ完成した。(50)

第二に、九州送電の成立によって、九州における九州水力の地位が強化されたことである。九州水力は一九二七年に九州送電の株を電気化学から譲渡されて実権を握り、(51) また同じ年に日向水力を合併し、一九三〇年には延岡電気を支配下において、宮崎県下に圧倒的な地位を確立した。(52) さらに、一九三〇年、九州水力は北九州において対立していた九州電気軌道の支配権を握った。(53) すなわち、一九三〇年前後に、九州水力は電源地帯の宮崎県と大消費地の北九州をほぼ掌中におさめ、九州最大の電気会社となったのである。

第三節　県営電気事業の創設

宮崎県における県営電気事業の創設の動きは、一九一八年に始まる。同年一二月の通常県議会において、宮崎県下の河川の水利権獲得をめぐる動きが活発化していることを背景として、議員の間から水力電気事業県営の声があがり、建議と意見書が県当局に提出された。それ以降、県会において電気問題に関する論議が活発に行なわれ、県営推進の立場から県に強く働きかけた。しかし、一九二四年以降は、県営問題は懸案であったものの、九州送電の創立と絡んだ水利権者の監督の問題が前面に出ていた。すでに一九二一—二二年の両年にわたって県営実施の検討のため県内各河川の調査がなされていたが、第一次大戦終了後の戦後恐慌の財政難のもとでは、多額の事業費を要する県営電気事業は具体的な日程には上らなかった[54]。

県営電気事業の問題が再びとりあげられたのは、一九三五年の通常県議会においてである。これは、当時全国的に活発となっていた地方自治体の「電気公営運動」に触発されたものである。すなわち、同年一二月の県議会において一議員は青森県、熊本県で県営電気を実施しようとする動きがあることを指摘して「本県ニ於キマシテモ県営電気ノ計画ト云フヤウナコトヲ考ヘマシテ、ソウシテ県ノ財政ノ基礎ヲ拡充スルト云フコトガ極メテ重要ナ事デハナイカト思フノデアリマス[55]」と県営電気の具体化を迫った。電気公営運動とは既存の民営電気事業を地方自治体が買収して公営に移すのが目的で、一九三三—三四年に全国で十数件もの多きに上ったといわれる[56]。この運動は、一九三一年四月公布・三二年一二月施行の改正電気事業法が、その第四条において国又は公共団体の電気事業買収に関する規定を設けていたことを法的根拠としていた。しかし逓信省は、公営電気事業は国家による電気事業統制の障害になる恐れがあるという理由で、原則としてこれを認めないという決定を下した(57)。しかし公営運動は根強く続き、一九三五年五月の第三五回全国市長会議においてこの問題が討議され、電気事業公営原則確立に関して内務・逓信両大臣宛建議がなされた(58)。宮崎県の公営運動はこれらの動きに連なっていた。この県会での議論が契機となって、二年後の一九三七年六月の県会参事会において総額六万四〇〇〇円の河川調査費が計上され、調査が実施されることになったのである。これはその当時、県内の大河川で小丸川だけが各社の水利権競願にもかかわらず未許可として残されていたからで、この小丸川を開発しようとする計画であった。

当局が県営電気事業創設に並々ならぬ意欲を示した背景は以下のようなものであった。第一に、県内の河川災害の頻発とそれに伴う財政危機の一層の深刻化である。すなわち、一九二七—三七年の間に災害復旧に要した経費は一三四八万五〇〇〇円にのぼり、そのために起こした県債の未償還額は四八〇万円に達していたし、その他河川改修費、砂防工事費、林業施設費などは巨大な額に達していた(59)。宮崎県の一九三五年の歳入が九六八万円余りであることを考えれば(60)、この問題がいかに県にとり負担であったかがわかる。ところが、一九三二年に政府の指導により水利使用料徴収規則が設けられ、寄付金・公納金制度は水利使用料に統一されることになった。その期限が一九三七年で、年約一〇万円の歳入減となることが予想された(61)。そのため「セメテ災害土木費ニ属スル分ノミニテモ一般負担ニ依ルコトナクシテ之レヲ支弁シ得タラムニハ県民ノ幸之レニ過クルモノナシ(62)」という声があがり、これが県営電気推進の理由となった。第二は、小丸川の水利権をめぐる動き及び工場誘致の問題である。当時、電気化学、九州水力、中島商事、東邦電力、延岡電気の五社が小丸川の水利使用願を提出していた(63)。なかでも、当時宮崎県の電気事業をほぼ傘下に収めていた九州水力は、その子会社である神都電気を使って小丸川水利権の獲得をねらっていた。さきに延岡が日窒の誘致に成功して以来、県下の市町村は熱心に工場誘致にとり組んでいたが[64]、一九三六年に宮崎市は呉羽紡績の人絹工場誘致運動を進めていた。市は神都電気に人絹工場への電力供給を依頼したが、同社は供給余力がないという理由でこの申し入れを断った。そのため、工場誘致は失敗に終わったのである[65]。当時、県内発電電力の八割が県外送電されているのが実態であり[66]、県外送電反対運動で確認された県内五割優先供給の条項は全く空洞化していたことがわかる。電力問題が工場誘致の大きなネックになっていたのである。九州水力・神都電気はこれを逆手にとり、自社で水力を開発して工場誘致を実現するという名目で小丸川水利権を掌中に収めようとした。しかし、県当局は先手を打って小丸川水利調査の実施を決め、そのような動きを封じたのであった[67]。

一九三八年一月及び二月に県当局は、内務大臣・逓信大臣に対し小丸川河川統制に依る発電事業施行に関する申請を行なった。事業の目的としては、(イ)発電事業、(ロ)洪水調節、(ハ)開田計画があげられ[68]、さらに将来、(イ)国防施設用水、(ロ)工業用水、(ハ)開田拡張計画をも実現する予定であった[69]。しかし、この計画の実現にはいくつかの困難が予想された。まず、さきにも述べた逓信省の公営電気不認可の原則である。さらに、当時、第七三議会に主要新規水力発電設備・主要火力発電設備・主要送電設備の国家管理をめざす電力国家管理法案（いわゆる永井案）が上程されていた（同年三月二六日に成立）[70]。このような困難な条件にもかかわらず、県の申請は認可された。これは、第一に、内務省の強力な後押しがあったからである。内務省は当時、「総合的立場に於いて治水と利水、更に利水相互間の関係を統制的に考察する」[71]と称して「河川統制事業」を推進しており、宮崎県の事業計画はこの方針に沿ったものとして歓迎されていた[72]（なお、この背後に水利権をめぐる内務省と逓信省の権限争いがあったことは、注目に値する）[73]。第二に、当時の九州地方において電力需給が逼迫していたことである。日中戦争の激化とともに経済の軍事化が進み、電源開発の強化が要請されていた。逓信省は従来から公営電気不認可方針の電力政策をとっていたが、このような状況を考慮に入れて、宮崎県営電気の創設を認可したのであった（同年二月一一日）。[74]

県営電気事業は、計画によれば、小丸川水系に川原、石河内第一、石河内第二、渡川の四発電所を建設しようとするもので、所要工事費総計三五六一万四〇〇〇円であった。川原発電所は一九四〇年四月から発電を開始し、石河内第一および第二の両発電所は一九四〇年四月着工、第二発電所は一九四三年六月竣工、しかし、第一発電所は渡川発電所とともに資材不足のため工事中止となり、その完成は戦後に持ち越された。[75]

県は小丸川の発電所完成とともに、その電力を利用する工場の誘致を計画した。[76] その結果、一九四〇年、当時東北地方の特殊電力（不定時電力）を利用して硅素鉄の電気精錬を行ない、製品を八幡製鉄へ納入していた鉄興社が高鍋に工場を建設した。また同じ頃、日本電気製鉄株式会社も富島に工場を建設して、八幡製鉄へ納入する銑鉄の電気精錬を行なった。[77]

しかし、一九四一年、政府は国家総動員法に基づいて電力管理法を改正して発電設備の統合をすすめた。そのため、第一次出資で川原発電所が（一九四一年）、第二次出資で石河内第二発電所が（一九四三年）、日本発送電へ強制統合されたのであった。[78]

以上のように、宮崎県営電気は逓信省・内務省・宮崎県のそれぞれの思惑が一致した形で実現した。しかし、戦時体制の下では結局、軍事優先の電力確保政策の一翼に組み入れられ、県当局の本来の企図は挫折せざるを得なかったのである。

（1）『宮崎県経済史』一九五四年、三五九ページ。

(2) 九州電力株式会社宮崎支店編『宮崎県における電気事業の沿革』（以下『沿革』と略記）一九六四年、八、二七―二八ページ。
(3) 同右、四〇―四一ページ。
(4) 同右、四三―五〇ページ。
(5) 同右、五一―五八ページ。『宮崎県経済史』五五七―五五八ページ。中野節朗『九州電気事業側面史』東洋経済新報社出版部、一一九―一二九ページ。
(6) 『沿革』五九、六四、七二ページ。
(7) 同右、七四ページ。『九州水力電気株式会社二十年沿革史』一九三三年、三三八ページ。
(8) 『沿革』七四―七五ページ。
(9) 同右、七六―七七ページ。
(10) 同右、八七、九五―九六、一〇四ページ。
(11) 同右、一〇八―一一三ページ。中野、前掲書、一〇九―一一九ページ。
(12) 『沿革』一二二―一二三、一二六ページ。『宮崎県営電気復元運動史』一九六三年、一〇三三―一〇四一ページ。
(13) 『沿革』一二八―一三三ページ。『九州電気五十年史』一九四三年、三三六―三三七ページ。
(14) 大淀川水力は、電気化学工業株式会社の子会社で一九三二年に開業した。九州送電については、以下で詳しく述べる。
(15) 『電気事業再編成史』一九五二年、二二ページ。
(16) 下川寿一『九州送電株式会社沿革史』東洋経済新報社、一九四二年、七ページ。
(17) 九州電灯鉄道は、一九二二年に関西電気と合併して東邦電力となった。
(18) 田村謙治郎『戦時経済と電力国策』（戦時経済国策大系第四巻）産業経済学会、一九四一年、七八ページの表より算定。この数字は第二次水力調査（一九一八―二二年）の結果に若干の修正を加えたものである。
(19) 下川、前掲書、九―一〇ページ。
(20) 『宮崎県経済史』三六〇ページ。

(21) 九州電力株式会社宮崎支店編『「宮崎県における電気事業の沿革」補遺』一九六七年、一三ページ。
(22) 『四五年の歩み・電気化学工業株式会社』一九六〇年、一九〇ページ。
(23) 下川、前掲書、一一―一二ページ。
(24) 『東邦電力史』一九六二年、六九―七二ページ。
(25) 三宅晴輝『電力コンツェルン読本』(日本コンツェルン全書13)春秋社、一九三七年、七八―七九ページ。
(26) 田村、前掲書、六一二ページ。
(27) 一九二一年に広瀬直幹宮崎県知事は内務・逓信両省の電力政策について次のように述べていた。「方針は電力の統一ですよ。私が本県に来た時、もう其の手を著けてゐたのですよ。宮崎県の電力全部の統一のみでなく、日本全国少くも九州全体の電力を統一する筈であつたのですが、ソレが破れましたので今度の送電会社が起つたのです」(若山甲蔵『県外送電反対運動史』宮崎県政評論社、一九二三年、四九―五〇ページ)。
(28) 下川、前掲書、二九ページ。
(29) 同右、四一ページ。
(30) 以下の叙述は同右、二四―四四ページによる。
(31) 同右、四三ページ。
(32) 『宮崎県経済史』三六六ページ。
(33) その経過は若山、前掲書に詳しい。
(34) 若山、前掲書、四―五ページ。
(35) 『宮崎県経済史』三六三―三六四ページ。
(36) 若山、前掲書、一〇ページ。
(37) 同右、一二―一四ページ。
(38) 同右、三一ページ。
(39) 下川、前掲書、五四ページ。
(40) 同右、五五―五七ページ。若山、前掲書、二〇一―二〇八ページ。

(41)　下川、前掲書、五八―六三ページ。
(42)　『宮崎県経済史』三六七ページ。
(43)　電気化学は九州送電の発起人に名を連ねていたが、一九二三年六月、九州送電との需給契約を解約して子会社の大淀川水力電気を通じて直接送電することになり、九州送電と並行して県当局と交渉していた（下川、前掲書、八〇―八一ページ）。
(44)　『宮崎県電気復元運動史』（以下『復元運動史』と略記）一九六三年、五九―六四ページ。
(45)　同右、三四―三五ページ。
(46)　『宮崎県経済史』三三三―三三四ページ。
(47)　同右、三八〇、四三二ページ。
(48)　電力経済圏の形成については、栗原東洋編『現代日本産業発達史3　電力』交詢社出版局、一九六四年、第一編第四章を参照されたい。
(49)　中野節朗『九州電気事業側面史』東洋経済新報社、一九四二年、一七七―一七八ページ。
(50)　詳細は中野、前掲書、第三部を参照されたい。
(51)　同右、六二―六八ページ。
(52)　『沿革』五一―五八、七四―七五ページ。
(53)　中野、前掲書、一二九―一三八ページ。
(54)　『復元運動史』三〇―四六ページ。
(55)　同右、七六ページ。
(56)　『昭和一一年版電気年報』電気新報社、一九三六年、第一編一三〇ページ。名古屋市、静岡県、千葉県、甲府市、函館市、京都市などである。
(57)　一九三四年二月に開かれた電気委員会は「電気事業県営に関する件」の答申の中で「電気事業の府県営は事業の統制上適当ならざる場合多きが故に、将来これが認否に関しては最も慎重に考慮せられむことを望む」との付帯決議を採択した（田村、前掲書、二九一ページ）。

(58) 『昭和一一年版電気年報』第一編一三一―一三四ページにその全文が掲載されている。そこでは電気事業の公益的性格が強調され、公営の必要性が主張されている。一九三〇年代中頃における電気事業公営運動は、一九二〇年代後半から激化した電気料金引き下げ運動の延長線上にありながらも、それが地方自治体の財政危機の克服策の一つとして提起されているところに特徴がみられる。
(59) 『復元運動史』一〇四ページ。
(60) 表5-3を参照されたい。
(61) 『復元運動史』六九ページ、図表31(2)。
(62) 「河水統制ニ依ル小丸川水力発電事業ニ関スル意見書付属資料」(一九三八年一月三〇日)、同右、一〇二ページ。
(63) 同右、一一七ページ。
(64) 『宮崎県経済史』六四五―六四六ページ。
(65) 『復元運動史』七七ページ。
(66) 当時の宮崎市議竹崎健助のパンフレットより(同右、九三ページ)。
(67) 「九水関係者は小丸川水利権を充当して県下にカーバイド工場設置を提唱してきた、ときの三島知事が態度決定を躊躇するとき城戸土木課長と谷川主事(現会計課長)は敢然小丸川水利県営調査を進言した。それから九水の態度は全く骨抜きになり、今では雲散霧消の態までなった」(一九三七年一一月二五日付『宮崎新聞』、『復元運動史』七八ページより再引用)。
(68) 「小丸川河水統制ニ依ル発電事業施行ニ関スル件申請」(一九三八年一月一五日、『復元運動史』一〇四ページ)。
(69) 同右、一〇六ページ。
(70) 電力国家管理については、電気庁編『電力国家管理の顚末』日本発送電株式会社、一九四二年を参照されたい。
(71) 内務省土木局「河川統制事業の提唱」一九三五年(『電力国管問題の解剖と批判』電気河川新報社、一九三六年、七三ページ)。
(72) 柿原政一郎(宮崎市長、県会議員を歴任)は次のように述べている。「中央では逓信省と内務省とで(電気県営問題について――引用者)意見の対立があった。之を調整するために河川統制理論が生れ、農林省を加えて委員会が出来た。治水、灌漑、発電三者の総合計画をやると云う事なのだ。此事を私どもに内示してくれたのが内務省河川課の主と云はれた事務官橋本甚四郎氏である」（『復元運動史』一一九—一二〇ページ）。このように、内務省は県の立場を支持して逓信省に積極的に働きかけたのであった。

(73) 前掲『電力国管問題の解剖と批判』六〇—六二ページ。

(74) 逓信省電気局長依命通牒（監第四四六号）は「本件ハ九州地方ニ於ケル電力需給ノ現状ニ照シ電力充実ヲ図ルコト特別急務トスルモノアル関係上特ニ例外的処分トシテ詮議相成タル儀ナルニ付……」と述べている（『復元運動史』一二二ページ）。

(75) 『宮崎県経済史』六一一—六一二ページ。

(76) 島恭彦氏はこれについて「高知県と宮崎県の公営電気事業による重化学工業＝軍需工業の誘致は、今日の地域開発政策の原型です」と指摘されている（島恭彦『戦後民主主義の検証』筑摩書房、一九七〇年、六四ページ）。同様の観点から高知県営電気事業を分析したものとして、小桜義明「高知県における工場誘致政策の形成と県営電気事業」『経済論叢』第一一二巻第二号、一九七三年八月、がある。

(77) 『宮崎県経済史』六四六ページ。

(78) 『復元運動史』一八四ページ。

第II部　電力業と電力統制

第六章　戦前日本における電力政策と水主火従主義

はじめに

電力は貯蔵不可能なエネルギーであり、生産と消費は同時に行なわれる。したがって、その消費のために、なるべくエネルギーの損失の少ない伝送路を必要とする。そこで、電力生産では、発生・伝送・消費を含む一貫した体系、すなわち電力系統をもつことが必要になる。(1)ソ連においては、社会主義建設の技術的基礎としての電化の意義が強調され、統一的な電力経済計画が樹立・推進された。資本主義諸国においても、電力業をいかに系統的に組織するかが大きな問題となった。これらの国々では、電力業の私的・分散的な経営形態が電力の系統的・計画的生産を困難にし、その矛盾が第一次大戦中に電力不足という形をとって顕在化したのである。大戦後、国家的統制の強化によって、電力業の再編成を図る動きが各国であらわれた。イギリスにおける一九二六年の電力法にもとづく「グリッド・システム」、アメリカにおける一九一九年の「スーパー・パワー・システム」などが典型的な例である。わが国においても、大戦を境にして電力政策は一歩前進した。この時期に、逓信省は、第二次水力調査（一九一八―二二年）を実施するとともに、臨時調査局を設け（一九一七年）これに電気部をおき、電力に関する種々の調査をすすめた。それを基礎にして、卸売電気事業者の認可、補給火力併置指導などの電力行政が行なわれ、一九二〇年代に水主火従型の電力生産体系が確立していく。

本章においては、戦前日本の電力政策の基調であった水主火従主義の成立過程を、エネルギー政策としての電力政策の形成過程との関わりにおいて分析することを目的としている。あわせて、エネルギー問題としての電力問題が明確化するにつれて、国家による電力業に対する一元的統制の試みが提起されることについても触れたい。

第一節　エネルギー資源と電力

ここでは、わが国におけるエネルギー資源、とくに水力と石炭の賦存条件を検討する。なぜならば、電力生産体系の形成はこれらの資源の賦存状況により規定を受けるからである。

1　概　観

戦前における日本のエネルギー問題を概観すると以下の通りである。第一に、エネルギー資源の賦存構成をみると、一九三六年において、水力が五四％、石炭は三四％、薪が一二％であり、石油はほとんど無きに等しい。石炭型のアメリカ、イギリス、ドイツ、水力型のスイス、イタリアと対比すれば、日本は石炭水力複合型の水力中心型と分類することができる(2)。

表6－1　我が国の一次エネルギー供給推移

（単位：石炭換算1,000t, %）

年	石炭・亜炭	原　油	天然ガス	水　力	まき・炭	合　計
1880	810	79	—	—	4,993	5,882
	(13.8)	(1.3)			(84.9)	(100.0)
1890	2,341	219	—	—	5,978	8,538
	(27.4)	(2.6)			(70.0)	(100.0)
1900	6,733	523	—	—	7,749	15,005
	(44.9)	(3.5)			(51.6)	(100.0)
1910	14,176	767	—	157	4,524	19,624
	(72.2)	(3.9)		(0.8)	(23.1)	(100.0)
1915	18,916	897	1	630	3,849	24,293
	(77.9)	(3.7)	(—)	(2.6)	(15.8)	(100.0)
1920	26,922	770	43	1,155	4,653	33,841
	(79.5)	(2.3)	(0.1)	(3.4)	(13.7)	(100.0)
1925	29,857	1,276	23	2,541	4,485	38,203
	(78.2)	(3.3)	(0.1)	(6.7)	(11.7)	(100.0)
1930	31,001	3,023	49	4,685	5,226	43,984
	(70.5)	(6.9)	(0.1)	(10.6)	(11.9)	(100.0)
1935	39,097	6,508	47	6,688	6,006	58,346
	(67.0)	(11.1)	(0.1)	(11.5)	(10.3)	(100.0)
1940	60,175	6,379	65	8,554	9,460	84,623
	(71.1)	(7.5)	(0.1)	(10.1)	(11.2)	(100.0)
1945	26,948	363	74	6,967	5,767	40,119
	(67.2)	(0.9)	(0.2)	(17.3)	(14.4)	(100.0)

（注）1．エネルギー変換懇話会編『エネルギー資源工学』（『総合エネルギー講座』③）オーム社，1980年，8ページより作成。

2．原資料は，日本エネルギー経済研究所編『エネルギー統計資料』(1977年)。

包蔵水力の変遷

（単位：KW）

未開発			合計		
地点数	最大出力	常時出力	地点数	最大出力	常時出力
1,906	2,940,000	2,800,000	2,233	3,420,000	3,120,000
2,172	6,400,000	3,240,000	2,822	7,430,000	3,930,000
1,707	13,474,340	6,942,640	2,771	20,040,160	9,771,630
1,608	13,779,355	7,741,278	2,793	22,534,144	11,158,746
(831)	(24,554,305)	(3,974,267)	2,372	35,370,079	8,002,636

系』第3巻）地人書館，1962年，13ページ。
は減少がある場合この分を差引いた純増分を示している。第4次水

第二に、わが国の一次エネルギー供給推移は、表6-1の通りである。一九〇〇年頃には石炭が一次エネルギー供給の半分近くを占めるようになり、一九一〇年以降約七割の比率を保っている。原油は一九三〇年代以降に大きな伸びを示しているが、天然ガスの比率はごくわずかである。さらに、水力は一九二〇年代中頃から増加しはじめ、約一割を占めている。薪・炭は急激な減少を示した。

第三に、わが国の一次エネルギー供給における輸入依存度は、一九一〇年には二・七%、二〇年には三・二%、三〇年には一二・六%、四〇年には一八・六%と増大の傾向を示していた。[3] 一九二〇年代では石炭需要の八割が国内炭で満たされていたが、三〇年代に入ると輸入炭、輸入石油が総エネルギー需要の二割近くを占めるようになった。[4]

2　水力資源

わが国においては、政府により過去数回にわたって包蔵水力の調査が行なわれた。表6-2はその結果を示したものである。第一次水力調査は渇水量標準で、第二次水力調査は平水量標準で、第三次水力調査は豊水量標準で行なわれた。[5] 日露戦争以降、水力の開発が盛んになったが、当時の水力発電所の中には調査が不十分なため、渇水期に発電力が減退

表6－2

		既　開　発		
		地点数	最大出力	常時出力
第1次水力調査	1910〜13	327	480,000	320,000
第2次　〃	1918〜22	650	1,030,000	690,000
第3次　〃	1937〜41	1,064	6,565,820	2,828,990
戦後一部修正	1951〜55	1,185	8,754,789	3,417,468
第4次水力調査	1956〜59	1,541	10,815,774	4,028,369

（注）1．水利科学研究所編『発電用水資源』（『水利学大
2．（　）は，計画によって既設発電所が廃止また
力調査の未開発には工事中を含む。

し電力の逼迫を来すという例が少なくなかった。そこで政府は水力調査の必要なことを認め、一九一〇年に議会の協賛を得て逓信省に臨時発電水力調査局を設置して調査に着手した。この調査事業は途中で政府の財政緊縮のため中止され不充分さを残したが、この調査結果はその後の水力開発に多大の貢献をした。その後、第一次大戦を契機として産業用電力需要が急増し、従来のように渇水量を基準にしていたのでは渇水期以外の豊富な水量が無駄になることが痛感されるに至った。このような情勢を背景にして、一九一八年に第二次水力調査に関する予算案が議会を通過したのであった。この調査では、河水の有効利用および送電連系による火力の経済的利用を考慮して、平水量が基準とされた。ここには明確に、エネルギー問題の視点がうかがえる。このような視点は、一九三〇年代に入って経済の軍事化が進行するとともに一層明確となる。すなわち、国防の面から石炭・石油などの燃料資源の節約と水力の有効利用・大規模開発が電力政策の基調となるのである。ここから、豊水期の水を利用するため貯水池・調整地をもつ水力発電所の建設およびこれを基礎とした合理的な水・火併用の実現のため、第三次水力調査が一九三七年から五カ年間にわたり実施されるのである。包蔵水力の変遷をみれば、第一次水力調査で最大出力三四二万キロワットであったのが、第二

表6－3　石炭埋蔵量総括表（1932年調査）

（単位：1,000t）

炭量区分		炭量
既採掘炭量		1,021,000
不可掘炭量		1,050,000
未採掘炭量		16,691,000
内訳	現存炭量	5,960,000
	推定炭量	4,046,000
	予想炭量	6,685,000

（注）1．エネルギー変換懇話会編，前掲書，32ページ。
2．亜炭を含む。

次では七四三万キロワット、第三次では二〇〇四万キロワットと増大している。このように、産業発展とも関連して、水力のエネルギー資源としての重要性が明確となり、その開発・利用の範囲が一層拡大されたのである。

3　石炭資源

わが国の石炭埋蔵量調査は、一九一三年、三二年、五五年の三回にわたって行なわれている。各調査においては、規準や分類が必ずしも統一されておらず、技術水準の違いもあるから単純に比較はできないが、調査時点での石炭鉱業における技術的・経済的に採掘可能な埋蔵量という意味で重要な指標である。(6)一九一三年の調査では、当時の石炭鉱業において採掘可能な炭量は三七億五二〇〇万トンとされ、このうち一七億三八〇〇万トンが実収炭量（実収量四六％）とみなされていた。この実収炭量は当時の生産規模からみて可採年数約九〇年であった。一九三二年の調査においては、採掘可能炭量は一〇〇億六〇〇〇万トンで、そのうち実収炭量は約六五億トン（実収率六五％）と見込まれ、可採年数は二六〇年であった。未採掘炭量では一六六億九一〇〇万トンと一九一三年調査の倍になっている（表6－3）。

日本の石炭は主として新生代第三紀に属していて、外国にくらべて比較的若く、その大部分は低度瀝青炭に属する。したがって、日本には炭化度の進んだ良質炭を欠き、コークス用の良質無煙炭などは輸入に頼らねばならないという弱点をもっている。石炭需要の増大とともに、戦前のわが国における石炭の輸入依存度（植民地からの移入を含む）は増大した。石炭の総需要に占める輸入の比率は、一九一〇年に一・一％、二〇年に二・七％、三〇年に八・六％、四〇年に一四・五％と増大している。(7) ここから、戦時の場合をも考慮してエネルギーの自給を主張する動きがあらわれ、それが電力政策の方向性に大きな影響を与えるのである。たとえば、電力国家管理を推進した大和田悌二は次のように述べている。

「我国の水力電気は石炭一億噸の力に該当すと云ふ、而も水力電気は石炭の如く消費して灰と化するものに非ず一旦設備せば年々動力を発生して減ぜざる『ホワイトコール』なり、我石炭の国内産額は国内の需要を充たすに足らず、更に液体燃料の原料として油一噸に我石炭五噸を要すとして、此の為にも巨額の消費を必要とするを以て其の採掘能力をも極力消費の節約を計るべきものなり、此の為には水力電気の完全なる有機的開発を国策として遂行せざるべからず、此の点に付満州炭の多産を以て楽観する者あるも、一朝有事の際に於ける海上輸送能力及採掘力の不如意となる関係をも考量するときは、国内必需の動力資源の主役を、石炭に委ね得ざるものとす、況や液体燃料に依存し得ざることに付ては多言を要せず(8)」

ここには、資源・エネルギー問題の中で電力問題をとらえようとする発想が明確にみられる。このような発想がどのような過程で形成され、電力政策に具体化されていったか、それが、国家による電力業の一元的統制とどのような関連を持っていたかを次に検討したい。

第二節　電力政策とエネルギー問題——水主火従主義の成立

ここでは、一九三〇年代中頃までの電力政策を、水力と火力の位置づけの変遷を中心に考察する。さらに、この問題が電力業の再編成構想に与えた影響について触れてみたい。

わが国における最初の電力法規は、一八九一年に警視庁によって制定された電気営業取締規則である。その後、一八九六年に電気事業取締規則が制定された。しかし、これらは電気の危険予防を目的とした保安的な性格をもっており、電気事業の発展とともにもはや実情に合わなくなり、一九一一年に全文二二条からなる電気事業法が制定された。(9)

第一次世界大戦を契機に、わが国の工業は飛躍的な発展を示すと共に電化が急速に進み、一九一七年に工場電化率が五〇%を超えた。(10)大戦中におけるエネルギー需給の逼迫(11)により、新たな次元でのエネルギー政策の展開が急務となった。一九一八年から実施された第二次水力調査がその具体化の一つと考えてよい。一九二〇年に起った恐慌は、電力業界にも深刻な影響を及ぼしたが、当時の逓信大臣野田卯太郎は、救済策として電力業の合同統一を提唱し、以下のような通牒を発した。

「近時経済界ノ変動ニ伴ヒ資金ノ蒐集ニ困難ヲ感スルノ結果電気事業ノ工事就中水力並ニ送電線路等ノ建設ノ如キ多大ノ資金ヲ要スルモノニ在リテハ工事ノ進捗ニ影響スル虞アルヤノ趣ニ有之候処現在ノ状況ヲ以テ推移スルトキハ電気事業ノ発達ヲ妨グルニ至ルヤモ計リ難キニ依リ企業ヲ合同セシメ其ノ基礎ヲ鞏固ニシ以テ事業ノ信用ヲ向

表6－4　電力業の企業合同

年次	件数	関係延事業数	消滅事業数
1923	39	83	44
1924	43	87	44
1925	38	79	41
1926	49	97	50
1927	48	96	48
1928	41	82	41
1929	29	58	28

（注）1.『朝日経済年史』昭和5年版，109ページ。
2．逓信省調査による。

上セシメ之ニ依リテ資金ノ流通ヲ円滑ナラシムルコトハ此ノ際最モ適切ノ措置ナルノミナラズ永遠ノ大計トシテ緊要ナルニ付右ノ趣旨ニ依リ企業合同ニ関シ特ニ御配意相成度[12]」（一九二〇年六月、地方長官、逓信局長宛通牒）。

このような方針に対応して、電力業における合同は急速に進んだ。一九一九年における合併、譲渡件数三三は、二一年には七〇と急増している[13]。それ以後の合同の状況は表6－4によってうかがえる。すなわち企業の集中は一九二〇年代を通じて高い水準を保っている。しかし、この時期の企業集中運動がもたらしたものは、電力資本の無政府的な膨張であった。これに関し、当時の新聞は次のように述べている。

「かくて第一期電力合併は、逓信省あたりも漠然たる合理化運動から一応の期待をかけて奨励したものであるが、結果は期待とは百八十度反対の方向に進路を取つた。資本の無統制なる膨張により電力コストは加速度に高まり、資本効率は極端に低下した。水力のごときは今日新たなる資本をもつて建設すれば五大電力の平均コストより半分近くで作り得る。それを不可能ならしめているのは新電気事業法による独占と既設会社に握られたる水利権の障害のみだ。結局に於て電力合併の所産は真の意味の資本集中にあらずしてその混乱であり水膨れであつた。……かうしたヘゲモニーに出発して当面彌縫に終つている合併の後始末をつけ、如何にして資本効率の上昇を計るべきかゞ次に来るべき企業組織の問題であり、大合同か国営か?……が吟味の対象となつて来る(14)」(傍点は引用者)。

右の指摘は一九三三年の時点のものであるが、二〇年代の企業集中運動を経た電力業界の問題点と今後の発展の方向性を述べており興味深い。

このような電力業の合同策とならんで、水力電気の国有化の動きがでてくる。電気事業法の成立と第一次水力調査の実施は、第二次桂内閣の逓信大臣後藤新平と逓信次官仲小路廉の指導の下に行なわれたが、彼らはすでに当時水力国有の考えを持っていた(15)。しかし、彼らの構想は具体化されずにおわる。水力国有論は、大戦後に再び登場する。野田逓信大臣(一九一八—二二年の間、原内閣および高橋内閣で在任)の時代に国営問題が提起された。大体の骨子は以下の通りである。

一、今日の如き個々分立の趨勢を以てすれば将来の電気事業は国営計画を樹立してこれを実施せねばならぬ。

二、国営計画は財政の都合により二三の案が樹てられるが将来如何なる案に帰着しても差支ない様に今から準備を整へて置く必要がある。

三、国営計画の中心は送電線の国有、水力発電所の買収にあり、配電事業は現在の事業をして営なましむ。但し新規水力開発は事業者をして行はしめ落成の後政府が之を買上げるを適当とする。

四、その準備のためには大水力の処女河川は国家に保有し、濫りに許可せず、許可するとしても将来の国家開発に支障なき様条件その他を考慮するを要す。[16]

肥後八次電気局長はこの案を秦豊助逓信次官に示し、更に大臣の決裁を経て電力政策の根本方針が逓信省首脳部の間に確立されたという。[17] しかし、この案は財政的理由その他で実現は困難であったようである。これは、原内閣の時に起った帝国鉄道電力株式会社問題の経過からも見てとることができる。

一九二〇年の第四三回帝国議会の会期中に政府は突如として帝国鉄道電力株式会社法案を提出した。法案によれば、会社の目的は、「国有鉄道ニ電力ヲ供給スル事業ヲ営ムヲ以テ目的トス但シ其電力ニ余裕アル場合ニ於テハ政府ノ許可ヲ受ケ他ノ鉄道軌道其他ノ事業ニ電力ヲ供給スルコトヲ得」[18] となっており、国有鉄道に電力を供給する官民合同出資の電力会社であった。この法案は結局成立しなかったが、[19] 議会での審議の際に、原敬首相は「電気会社を鉄道固有の例に依り之を買収し、総ての電力を統一し安く国民に供給することにしたら宜しからうといふ論は現にある。是は相当に考慮して見るべき論かと思ひますが、如何にも大事業で容易に決定の出来ない大問題である。しかし何れの日にか解決しなければならぬと云ふことだけは切に感じてゐる」[20] と国有化問題について述べている。国有化構想が実現する条件はこの時期にはなかった。[21] しかし、以前の後藤逓相の時代にはかなり抽象的な考えの域を出なかった水力国有論が、野田逓相の時期には具体化され電力政策として確立されつつあったことは注目に値する。

大戦中の電力不足に対して、逓信省は卸売電気事業者の認可の方針によって対処しようとした。一九一七年頃から、逓信省は民間の大規模な水力開発の計画については、これを積極的に認める方針を採用する。この時期に、東信電気、矢作水力、台湾電力、白山水力、信越電力、関東水力電気、庄川水力電気などの水力会社が設立され、さらに逓信大臣野田卯太郎は一九一九年に日本電力、日本水力、大阪送電、二〇年に京浜電力を卸売電気事業として認可した。逓信省は、産業用電力供給の確保のため、五〇馬力ないし一〇〇馬力以上の電力の特別供給区域、あるいは制限付電動力供給区域の重複許可を与えて水力会社の創設を容易にした。このような方針の基礎にあるのが、第二次水力調査（一九一八—二二年）と臨時調査局（一九一七—二〇年）の調査活動の成果であった。これらの調査の目的は「水力の経済的な開発とその方式の検討」であり、しかも「たんなる水力資源の賦存と開発が問題なのではなく、コストダウンを前提にしたその効率的な利用」であったのであり(22)、エネルギー政策として質的な発展を示していた。

この調査活動の成果の一端を表していると思われるのが、木多勘一郎著『汽力を補助とせる場合の発電水力の経済的利用(23)』である。木多はこの研究の中で、汽力と水力の組み合わせ、それぞれの設備容量の決め方について分析している(24)。この研究を受け継ぎ、さらに発展させたのが、逓信省電気局による『発電水力の標準使用水量並に水力火力併用に関する研究(25)』である。この研究の問題意識は次のように述べられている。

「然るに今や豊富なりと一般に信ぜられて居る本邦の水力資源も、現時の如く平水量を開発の標準とし、従来一般に行はるるが如き発電方法を採るに於ては、過去に於ける電力需要増加の趨勢に徴し、恐らく茲十数年を出でずして、残存水力の殆んど全部を開発し尽さねばならぬ状態に到達するであらう。故に将来発電水力の開発上、使用水量の標準を更に高めて、水力の積極的利用を図ると共に、水力火力併用に関する発電方法を合理化することは、動力資源としての燃料に乏しき本邦に於ては、特に国家的見地より極めて重要な事項であるが、果して事業経営の実際問題より経済的に可能なりや否や、此の点に就ては慎重なる攻究を要する所である(26)」（傍点は引用者）。

すなわち、ここで基本的な問題となっているのは、国家的規模での資源・エネルギー問題の視点からの水力と火力の最も効率的な組み合わせの方法である。このためには、「豊水期に於て、尖頭負荷時に火力発電を行ふ(27)」方法が最も適切であるという指摘がなされている。そしてこの視点から、従来のような電力原価を無視した「水力偏重の方針」を批判している。その上で、水力資源の有効利用に関して、以下のような点を問題としている。

(1)　豊水時に於ても調整池を利用して水を剰す所なく使用すること。

(2)　豊水時に於ても尖頭負荷時に火力発電を併用し、水力発電所を底負荷に運転すること。

(3)　豊水時尖頭負荷以外の余剰電力を利用し、水を高所に汲み上げて尖頭負荷時に発電すると共に、更に貯水をも行ひ、渇水時に発電補給すること。

(4)　豊水時に於ける余剰電力を電気化学工業其他に、所謂特殊電力として供給すること。[28]

栗原東洋氏は、この研究において、「水力資源の利用において豊水量をもちだしたこと、そしてもちだされたことの画期的な意義[29]」を強調されている。事実、この研究が「火主水従の今日に至るまで長い間、発電水力の最大使用水量を渇水量の三倍程度、すなわち豊水量程度に採用する方策の有力な根拠[30]」となったのである。ここに、資源・エネルギー問題を視野に入れた電力政策の基調としての水火併用方式の理論的根拠が形成される。

では、逓信省はこれを基礎にしてどのような電力政策を具体的に打ち出したのであろうか。逓信省は各種の構想をもっていたが、その中でも有力なものは、半官半民の国策会社案と共同火力発電会社案であった。前者は後の「日本発送電の原型[31]」であり、後者は一九三〇年代に建設された共同火力の原型となる。

国策会社案は、一九二九年一月に電気事業法改正のために設置された臨時電気事業調査会で提起された。その要項は以下の通りである。[32]

〈電力統制のための国策会社設置要項〉

一、此会社は、先づ差当り将来施設すべき主要なる発電所及送電線路の中に付き、主務大臣に於て統制上重要なりと認むるものの施設経営を為すものとすること。即ち既設の会社の買収と云ふやうなことには差当り及ばない。

二、京浜（関東）、京阪神（京阪）、名古屋（中部）方面等我国の主要なる電力需要地域に対して事業を営むものとする。

三、会社の設立に付いては法制を制定し、其組織は株式会社とし、その経営する事業としては、

㈠　主要なる発電所及び送電線路にして主務大臣に於き統制上重要なりと認めたものを施設し電気を電気事業に供給すること

㈡　他から電気を受電し其電気を電気事業者に対し供給すること

㈢　電気事業に対し投資をすること

㈣　電気事業に附帯する業務を兼営すること

この半官半民の国策会社案について、村井電気局長は臨時電気事業調査会第二回総会において「さしあたり現在は民営に任せ、法を改正し行政方針を改めると共に事業者間の協調によりやって行くが、将来日本の主要な発電所、送電線路の統一、各送電系統間の完全な電力融通については統制上重要な問題で果たして民営に任せてよいかどうか疑問である[33]」と述べ、発送電統制のために国策会社が必要であることを強調している。ここで注意せねばならないことは、このような考えの基調に流れているのが「燃料政策」という視点であることである。すなわち、この点について、村井局長は次のように述べている。

「発電所統制についても日本の水力開発は、経済的合理的でなければならず、そのためには貯水池を作り一面補給用として火力と連繋させ水力利用を経済的ならしめなければならない。水火力合理的に調整し電力調節をはかる

べきである。又補給火力もそうで炭価如何で設備が作られたり炭価暴騰により燃料に不経済性が生じたが、やはり燃料政策を適確に樹立する必要があり、このためにも半官半民の会社が必要である」[34]（傍点は引用者）。

この半官半民会社案については、当時、「醜悪な利権を伴ふたしかも実情を無視したもの」[35]という批判があり、また五大電力もそれぞれの立場から反対し[36]、実現の可能性は少なかったとみられる。一九二九年七月に、田中政友会内閣が浜口民政党内閣に代わるとともに、臨時電気事業調査会は改組され、新たな改正諮問が行なわれて審議が続けられた。この改正諮問においては、この半官半民会社案は削除されている。その理由として、第一に、現在の経済界の実情にてらして本案のような公債増発に関係する問題を論ずるのは好ましくない、第二に、電気事業の統制は他の諮問事項の活用によっても可能であり、その上で改めて審議しても遅くはない、ということが挙げられていた[37]。このような政策変更の裏には、政友会と民政党の電力政策での相違があった。政友会は、卸売電力会社の合併によって送電線の共用、発電所の融通をしようとして、半官半民会社による発電・送電設備の買収を意図したのに対し、民政党は、地域的に卸売電力会社と小売電力会社を合併させ、発送電一貫経営により効率的な経営をなさんとするのが方針であった[38]。

このような経過があって、一九三一年三月に電気事業法改正案が成立する[39]。逓信省が電力政策の基調として確立しつつあった水火併用方式は、個別電力資本が分立していた資本主義経済の下においては直線的に実現することは困難であり、各種の利害を調整しながらその実現を図らねばならなかった。改正電気事業法がその基調として民有民営形態の維持を掲げていた以上、この道は多くのジグザグを伴わざるを得なかった。これは、電力生産のもつ社会的性格とその私的所有的経営形態の間の矛盾の反映であった。

表６－５　共同火力発電会社（1937年末）

会　社　名	事業地	資本金(円)	許可出力 (kw)	現在出力 (kw)	創立年月
関西共同火力発電	尼崎市	20,000,000	468,000	*375,000	1931年７月
九州共同火力発電	大牟田市	30,000,000	87,000	87,000	1935年１月
西部共同火力発電	戸畑市	15,000,000	55,000	27,000	1936年５月
中部共同火力発電	名古屋市	15,000,000	50,000	0	1936年７月

（注）1. 電気学会編『本邦に於ける輓近の電気工学』電気学会，1939年，503ページ。
2. ＊印は1938年２月現在。

改正電気事業法の成立後、逓信省の大橋次官は共同火力発電会社設立に関する逓信省試案を提出した(40)（一九三二年春）。この案の骨子は、一、関係各会社の火力発電設備を全部一括して火力発電会社を設立すること、二、共同出資に依るものとし関係各会社が其の開拓せる水力発電設備を十分に利用するに必要なる将来の火力設備をも専ら本会社をして施設せしめること、の二点であり、関西、関東、場合によっては中部にも設置することとなっていた。統制の目的としては、第一に、水力発電設備の全面的利用、第二に、火力発電設備の経済的運用、をあげており、改正電気事業法によっては十分達成できない「事業の運営に依る統制の方途」として考えられたものであった。さらに、この構想は、「電気事業の現状に即しての運営の統制はむしろ電力連盟案と相表裏して共同火力発電会社案を採るの適切なるを信ず」として、電力連盟を補完する役割を与えられていた。そして、注目すべきことは、「我国電気事業従来の水力発電本位より水火力併用に転向せんとする現存の楔を捕へ、最も小なる機構を以て最も大なる運営統制の経済的使命を果さんとするものなり」として、水火併用方式の具体化の試みとして位置づけられていることである。つまり、「火力併用に依り発電水力に火力の『パツキング』を為し事業の運営を合理化せんとするもの」ということが最大の眼目であった。逓信省当局は、改正電気事業法・電力連盟・共同火力会社の三本立てで電力業の統制を考えており、共同火力会社は発送電統制の中核として構想されたのであった。

この共同火力会社案は結局実現されなかったものの、電力需要の増大に対応せんとする既存企業の共同出資により地域別にいくつかの共同火力が生まれた。表6-5は、一九三七年現在における共同火力の状況を示している。関西共同火力は、一九三一年に日本電力、大同電力、宇治川電気、京都電灯の四社の均等出資によって創立された。その創立の要因は、「卸売会社側が小売会社単独の火力発電所建設を阻止する一方、大阪市、神戸市、京都市の如き自治体の火力発電計画をも阻止せんとせる結果に外ならぬ(41)」と当時指摘されていたように、石炭価格の低落を契機にした卸売電力会社と小売電力会社の対立の激化であった。九州共同火力は、一九三五年に三井鉱山、熊本電気、九州電力、東邦電力、九州水力電気、九州送電の各社の出資によって設立されたが、当初は三井鉱山が東洋高圧窒素工場の新設に伴う電力需要の増大に対応するために計画したものである。西部共同火力は、一九三六年に九州水力電気、九州電気軌道、九州送電、九州共同火力、日本製鉄の各社の出資により設立された。この火力は最初、九州水力電気、九州電気軌道により計画されたものであるが、逓信省の指導により共同火力として成立したものである。これらの地域的な共同火力は、当面する電力不足を充足するという点では一定の役割を果したが、逓信省の共同火力構想からみればきわめて部分的かつ不完全なものであった。しかも、民間各会社の共同出資により建設され運営されている結果、「料金低下を阻止するやうな政策を採つて居る(42)」というような批判も存在したのである。共同火力はこうして、一国規模で資源の経済的利用を図る手段というよりむしろ、個別電力資本の資本蓄積の手段に転化したのであった。

最後に、発電水力法の制定をめぐる問題に触れておく。一八九六年に河川法が制定され、それ以降、水力発電のための河川使用は河川管理者である地方行政官庁の許可を受けることとなった。一九〇七年逓信省は官制を改正し、逓信大臣の所掌事務中に電気事業監督と並び「発電水力に関する事項」をあらたに加え、同時に電気局を新設して内容の整備を図った。また同年逓信省は、逓信省訓令第一号「発電の原動力の用に供する水利使用の件」を、つづいて逓信省電気局長名をもって各地方長官あてに「発電の原動力の用に供する水利使用に関する稟伺手続」の通牒を発した。この年以降、発電水力に関する行政が、中央における行政の対象としてとりあげられるようになった[43]。当時の法制では、発電水力の許否の決定権を有するのは地方庁で、実際運用上水力発電を所轄する逓信大臣、河川行政の主務庁である内務大臣の意見を求め、これが一致したときに許否の決定権をもつ方法で実施されてきていた。逓信省の方針は、発電水力の許否決定権を中央に統一し、その所轄を逓信大臣に移すというものであった。これに対し、内務省は激しく反対した。臨時電気事業調査会において、内務政務次官斎藤隆夫は、「河川行政は利水と治水にあり河川の害を防ぐとともに多種多様にわたる利水を統一していく必要あり、国家的見地に立って内務大臣が統一している。従って逓信大臣がこの権限をとることに反対する[44]」と述べ、権限論をぶって逓信当局を非難した。逓信省は答申をうけて「発電水力法案」を準備したものの、内務省との対立が解決せず、国会提出にはいたらなかった。この権限争いは戦後に至るまで続き、特定多目的ダム法の成立を期してようやく解消したのであった。

おわりに

戦前におけるわが国の電力政策の発展を、エネルギー政策という点からみると、以下のように整理することができよう。まず、日露戦後の第一次水力調査（一九一〇年）、電気事業法の制定（一九一一年）が一つのエポックとなる。この時期は、エネルギー問題が萌芽的に意識されはじめた時期であり、その観点から資源の有効利用という位置づけをもって第一次水力調査が実施され、水力国有も一部で提起された。しかし、このような観点は、次の時期においてはじめて科学的な裏付けをもつことができた。すなわち、それは、木多勘一郎などの逓信官僚による水火併用方式の研究である。この成果が、第二次水力調査の実施（一九一八年）とあいまって、国家的規模でのエネルギー問題をふまえた電力政策を提起しうる基礎をつくった。木多などの考えの基調は、水力と石炭を総合した視点での水力エネルギーの効率的な開発と利用であった。卸売電力の認可と補給用火力の建設促進、水力国有化の提起などはこの考えの具体的なあらわれであった。しかし、電力の具体的運用が私的資本に委ねられている以上、現実は彼らの意図に反して、電力資本の競争の激化とそれに伴う多くの弊害・不効率を生み出したのであった。改正電気事業法の成立は、国家統制の強化によって矛盾を解決しようとする試みの一つであったが、この体制の下で提起された共同火力会社案も現実には部分的なものとしてしか実現せず、逆に、電力資本の資本蓄積の条件に転化したのである。木多などによって唱えられた水主火従主義は、結局、後年に実施された電力国家管理によって、本格的にその実現が試みられたのであった。

（1）山崎俊雄「電気技術史」（加茂儀一編『技術の歴史』毎日新聞社、一九五六年、所収）三二八ページ。
（2）阿部滋忠『エネルギー資源』古今書院、一九五二年、一五ページ。資料出所は、経済安定本部資源調査会エネルギー部会資料No.三二〇である。
（3）エネルギー変換懇話会編『エネルギー資源工学』（『総合エネルギー講座３』）オーム社、一九八〇年、八ページの表1・4より算出。
（4）同右、七ページ。
（5）渇水量とは一年の中三五五日間利用できる流量を言い、平水量は一八五日間、豊水量は九五日間利用できる水量のことである（木村彌蔵『電気事業経済』経済往来社、一九七二年、一三二ページ）。以下の叙述は、主として、渋澤元治『電力問題講話』オーム社、一九三三年、四〇―四三ページ、及び、水利科学研究所編『発電用水資源』（『水利学大系』第三巻）地人書館、一九六二年、一三―一五ページによっている。

（6）以下の数字は、エネルギー変換懇話会編、前掲書、三一―三二ページによる。ここで採掘可能な炭量というのは、現存炭量と推定炭量の合計として計算してある。これに予想炭量を加えたものが未採掘炭量であり、石炭埋蔵量を示している。評価の基準が違うので単純な比較はできないが、参考までに一九五六年調査の結果を示しておく。それによれば、理論可採埋蔵量は二〇〇億トン、安全炭量は四四億トン、実収炭量は三二億トンであり、可採年数は八〇年であった（前掲書、三二―三五ページ参照）。

（7）有沢広巳編『現代日本産業講座3　エネルギー産業』岩波書店、一九六〇年、「統計表　エネルギー産業需給統計」の第4表より算出。

（8）大和田悌二『電力国家管理論集』交通経済社出版部、一九四〇年、一四〇ページ。

（9）朽木清氏は、「料金変更命令権」の法制化を含む電気事業法の成立をもって、「明治三〇年代末から胎動しつつあったわが国電気業における『公益事業統制』の一応の成立と目しうること」と指摘されている（朽木清「明治四四年電気事業法制定前後における電気事業統制について」『経営研究』第六二号、一九六二年九月、二六ページ）。これに対し、小風秀雅氏は、「軽微であるにせよ何故この時期に規制的政策構想が出て来たのか」と問題を提起され、次のように結論されている。「それは、電力の必需化による電力業の公益事業化に起因するものではないように思われる。電力業は動力供給産業として注目されながらも工場電化は未だ一般化せず、電灯供給は政策的には重視されていなかった。公益性を重視し基盤産業として規制を加えていこうとする政策認識は、電力業の発展をむしろ先取りする形で形成されたのである」。そして、日露戦後の電力政策を「経営規制的側面を有し、いわば産業の質的向上をはかろうとする産業政策」と特徴づけられている（「日露戦後における電力政策の展開」『史学雑誌』第八九編第四号、一九八〇年四月、八七ページ）。私見では、電気事業法の成立と第一次水力調査の実施は、当時ようやく顕在化しつつあった資源・エネルギー問題に対する国家の対応策の一つとして位置づけられるように思われる。「電力業の発展をむしろ先取りする形」で電気事業法が制定されたのは、この点からみればむしろ当然と言えよう。栗原東洋氏の以下のような指摘は妥当と思われる。

「以上のような法的な援護（電気事業法をさす――引用者）を基礎として水力資源に関する調査が行なわれるようになったのも、この時期の電力政策として注目すべきことである。これはいうまでもなく、一方では電力とくに水力発電の動力としての利用増大と、他方石炭価格の騰貴傾向と資源の枯渇問題を背景にして、石炭との関連であるいは石炭を含むエネルギー政策の確立がまさにこの時期に要請されるに至ったことを反映している」（栗原東洋編『現代日本産業発達史3　電力』交詢社出版局、一九六四年、一二一ページ）。

(10)『電気事業再編成史』電気事業再編成史刊行会、一九五二年、二六ページ。

(11)たとえば、大阪においては、電力不足のため電力使用権が一馬力一一円以上のプレミアムで売買されたという（三宅晴輝『電力コンツェルン読本』春秋社、一九三七年、七八ページ）。

(12)田村謙治郎『戦時経済と電力国策』産業経済学会、一九四一年、六一二ページ。

(13)同右、六一二―六一五ページ参照。

(14)『大阪朝日新聞』一九三三年九月九日、田村、前掲書、六一七ページより再引用。

(15)小風、前掲論文、七八―七九ページ。

(16)吉田啓『電力管理案の側面史』交通経済社出版部、一九三八年、一三―一四ページ。

(17)同右、一四―一五ページ。

(18)『商工政策史』第二四巻（電気・ガス事業）、一九七九年、七八ページ。

(19)栗原東洋氏は、この法案を電力国有化の「突破口の役割」を担ったものと位置づけている（栗原、前掲書、二〇〇ページ）。

(20)同右、二〇〇ページ。

(21)以下の指摘を参照されたい。「大正七年原内閣当時逓相野田卯太郎氏カ水力国営ニ関スル調査ヲ開始シ、電力国営ノ与論ヲ煽動シタガ、当時日本資本主義ハ、破竹ノ勢ヲモツテ発展シツツアリ、従ツテ電力事業モ其ノ飛躍時代ヲ現出セルコトトテ国営論ハ実現サルベクモナカツタ。加之、更ニ下ツテ大正十二年ニハ、彼ノ関東大震災ニ遭遇シ、電気復興事業ニ忙殺サレ、電力統制問題ハ一時影ヲ潜メルニ至ツタ」（日満財政経済研究会『電力統制ニ関スル研究』

中間報告二、一九三六年、二三ページ)。
(22) 栗原、前掲書、一二三ページ。
(23) 木多勘一郎著(英文)巽良知・三ツ井新次郎訳『汽力を補助とせる場合の発電水力の経済的利用』木多勘一郎博士論文刊行会、一九二六年。
(24) 栗原、前掲書、一二三ページ。
(25) 工藤正平・三ツ井新次郎・上島定雄『発電水力の標準使用水量並に水力火力併用に関する研究』逓信省電気局、一九二九年。
(26) 同右、「はしがき」より引用。
(27) 同右、六ページ。
(28) 同右、五ページ。
(29) 栗原、前掲書、一二六ページ。
(30) 水利科学研究所、前掲書、五〇ページ。
(31) 栗原、前掲書、二二六ページ。
(32) 同右、二二六ページ。
(33) 『電力百年史』前篇、政経社、一九八〇年、四〇三ページ。
(34) 同右、四〇三ページ。
(35) 『電気界』一九二九年八月号、一四四ページ。当時の田中内閣と密接な関係のあった東京電灯の利害がからんでいると一般には受けとられていた。
(36) 「今回の調査会設置を機会にかねての電力統制を実現せしめんとする東電、東邦、宇治電は之に賛成し、大同、日電は絶対反対の気勢を示して調査会の形勢も全く之が予想を許されず、且又半官半民の発送電会社設立の問題に関しては各電力会社は何れも反対の意見を有してゐるものの如く政府案の将来は実に心細い有様である」(『電気界』一九二九年一月号、一一八ページ、傍点は引用者)。
(37) 『臨時電気事業調査会総会議事録』一二五ページ、栗原、前掲書、一二六ページ。

(38)『電気界』一九二九年八月号、一四四ページ。政党と電力会社のつながりによって、電力政策が左右された場合も多くみられる。三宅、前掲書、九八ページ参照。
(39) ここで成立した「改正電気事業法体制」のはらむ矛盾については、本書第八章及び第一〇章を参照されたい。
(40) 同案の全文は、『電気年報』昭和一一年版、第一一編、二七—三〇ページに掲載されている。以下の引用は断りのない限りそこからのものである。
(41)『朝日経済年史』昭和七年版、一一八ページ。
(42) 奥村喜和男『変革期日本の政治経済』ささき書房、一九四〇年、三九ページ。
(43) 以上の叙述は、水利科学研究所、前掲書、一七一—一七二ページによる。
(44) 前掲『電力百年史』四一六ページ（引用文は要旨）。

第七章　改正電気事業法と電力連盟

はじめに

わが国最初の電力会社は、一八八七年に一般供給を開始した東京電灯である。日露戦争以後、電力業は急速に発展し、とくに、第一次世界大戦を契機に工業化が進展するとともに電力需要が増大して大規模な水力開発計画が続出し、この過程で企業の集中が進んだ。そして、一九二〇年代には五大電力（東京電灯、東邦電力、宇治川電気、大同電力、日本電力）が圧倒的な地位を占めるようになった。電力業のこのような発展と対応して、国家による電力統制が展開される。その第一の画期が、一九一一年に制定された電気事業法であるが、国民経済に占める電力業の比重の増大および電力会社間の競争の激化とともに、国家および財閥資本による電力統制の強化が図られ、一九三〇年代初頭に第二の画期がおとずれる。すなわち、一九三一年の電気事業法改正、三二年の電力連盟の成立がそれである。その後、日本経済の軍事化の進行とともに電力業に対する国家統制が強化され、第三の画期として、一九三八年に電力国家管理法が成立したのであった。

本章では、第二の画期をなす改正電気事業法と電力連盟の成立過程を中心として分析を試みたい。その際、電力資本、財閥資本、国家（とくに逓信省）の動向を明らかにし、この三者の絡み合いの中で電力統制が強化される過程を明らかにしたい。

第一節　電力統制の発展過程

わが国における最初の電力法規は一八九一年に警視庁によって制定された電気営業取締規則である。その後、一八九六年に電気事業取締規則が制定され、さらに、一九一一年には電気事業法が制定された。[1]

これ以降、電気事業に対する保護助長の政策が展開されるのであるが、この法律の主要な内容は以下の通りである。[2]第一に、電気事業法適用の対象事業を一般供給と電鉄に限ったことである。旧取締規則では、自家用事業も対象に含まれていた。第二に、事業の許可、工作物施工および使用の許可等は、従来と同様であるが、新たに「主務大臣ハ公益上必要アリト認メタルトキハ電気事業者ニ対シ料金ノ制限其ノ他電気供給ノ条件ニ関シ必要ナル命令ヲ為スコトヲ得」とする料金規制や「主務大臣ハ工事上止ムヲ得ズト認メタル箇所ニ限リ電気事業者ニ対シ電線路ノ共用ヲ命ズルコトヲ得」とする事業規制が追加された。[3]第三に、電気事業者の権利の保証で、(1)他人所有の土地への立入権、(2)立木を伐採する権利、(3)道路、橋梁、堤防、その他公共の用に供せられる物の使用権、(4)他人所有の土地ならびにその上部空間の使用権、(5)他の地中電気工作物の位置変更請求権、があげられている。

この電気事業法の部分的な改正は二度行なわれている。第一回目は一九一五年で、この当時各地に長距離高圧送電線が完成したためそれらの連絡の必要が感じられ、公益上必要な場合に電気事業者に対し電気の流用を命ずることのできる規定が追加された[4]。第二回目は、一九二七年で、当時、電気事業者は電源開発のため非常に多額の資金を必要とするにいたったので、商法の募償制限を緩和して社債総額を株金払込額の二倍まで拡張するというものであった[5]。

第一次世界大戦を契機に、わが国の工業は飛躍的な発展を示すと共に電化が急速に進んだ（一九一七年に工場電化率が五〇％を超えた[6]）。電力の需給量は膨大なものになった。すなわち、一九一一年におけるわが国の発電力は自家用を入れて三二万二〇〇〇キロワットであったものが、大戦直前の一九一三年には五九万七〇〇〇キロワット、一九二〇年には一三七万八〇〇〇キロワット、一九二七年には三四六万三〇〇〇キロワットと激増している[7]。電気事業の発達とともに電力資本は膨張してゆき、一九二〇年代中頃には東京電灯、東邦電力、大同電力、宇治川電気、日本電力のいわゆる五大電力が形成されたが、経済界の不況の深刻化とともに「過剰電力」が発生し、五大電力のあいだにシェアの拡大をめぐって激しい競争が起こった（「五大電力戦[8]」）。この電力戦は、一方において、競争区域内におけるサービス改善と料金の低下及びこれに基づく電気普及をもたらしたが、その反面、無暴な競争によって設備の重複、会社資産の悪化、及び業績の低下を招いた。ここに電力統制が大きな問題としてクローズアップされてきた。

第一次大戦中におけるエネルギー需給の逼迫によってエネルギー政策が初めて問題となったが、ここから電力政策の確立と水力電気の国有化をめざす考え方が出てきた。しかし当時、電気事業は飛躍発展期にあったため、国有化が実現する条件はなかった。ところが、一九二〇年代中頃の電力統制論は、政党、政府のみならず電力業者からも論じられたことが特徴である。そのうちの主なものをあげると以下の通りである。

(A) 公正会電力統制案

一九二六年六月、貴族院公正会は次のような調査報告を出すとともに、電力国策樹立のための官民合同の大調査機関の設置と電力問題の根本的協議を提案した。[9] すなわち、「現在の欠陥が主として電力事業の経営を事業会社の自由競争に委すことに禍根を置く以上この現下の急務を果さんがためには国家的統制管理を必要とする」[10] とし、第一に、経済的発電および供給を期することが必要である。第二に、国家の組織的取締り管理を期することが必要である。この二つの原則を基礎として、イギリスの電気委員会のような組織を設けて具体的な国家的統制管理を実現しようというものであった。

Ⓑ　政友会電力統制案

政友会は一九二六年七月、電力統制に関する具体案を発表した。この案は前の公正会案よりも具体的であり、原内閣以来の伝統といってよいほど国有、国営案の色彩が濃いものであった。[11]

（甲案）

(イ)　主要の発送電設備、送電幹線並に補助機関の設備を国家の手に収めて全国に送電網を作ること。

(ロ)　ボルテージの統一と、関西（六〇）、関東（五〇）のサイクルを統一して事実上の連絡と規格の統一を行ふこと。

(ハ)　その方法として関係営業会社の共同出資を以て一大監理会社を創設し、その経営を共通的に行はしむること。

(ニ)　政府をしてその他監理会社に参加せしめ、建設経営の監督に当らしめること。

(ホ)　起業資金に要する社債は政府の保証を以て低利の金融を図り、且つ適当なる利益制限の方法を設けること。

（乙案）

(イ)　一般供給事業に属する水力百三十万キロ、火力四十万キロを主要送電線並に補助機関と共に国家に買収すること。

(ロ) 買収方法は一キロ平均千円、火力二百円とし、補償総額三億八千万円と予定し、六分利付公債を以て時価に換算し、尚利回り八分に相当する額面を以て交付すれば（時価九拾円に仮定）公債総額一八億四千万円になる。

(ハ) 毎年度の公債額面に対する六分の利子並に固定資本の消却、維持費及び経常費総支出約一億四千万円とあるを以て、この計算を基礎として、販売電力一ケ年六千（百時《ママ》とすれば一キロワット、時単価平均一銭九厘五毛）となる。これを現在の市価に比すれば実に八割前後の低減を見る。

(ニ) 国営後は低利の資金を以て設備の改良普及を促し産業振興に資すること、蓋し甚大なるべし。

政友会案の乙案は完全な国有国営であり、甲案は乙案を若干緩和して、主要施設を収用すると同時に、この運営については、国策会社、あるいは官民合同の会社を設けてその経営に当らしめようというものである。

(C) 民政党電力統制案

民政党は一九二六年六月、政務調査会に電力統一調査委員会を設けた。同年七月、委員長より次の三案が提出され、これにつき更に調査を進行することに決した(12)。

一、電力事業を国営とすること。
二、電力事業は特殊会社を組織して統一せしむること。
三、法律的に電力事業を統一すること。

(D) 政友本党

一九二六年七月、政党本党は、下記項目について調査を行なうことにした(13)。

一、電力輸送の幹線を国有とす。
二、電力は政府の専売とす。

三、電力の値段を公定す。

(E) **電気協会案**

電力業者の業界団体である電気協会は、一九二七年四月、「電力統制要項」を発表した。そこでは、「以上の欠陥救済方策として多くは国営を以て理想且有利とする結論を得たが、しかもこれが実行上に於ては現在の事業買収資金及将来の建設資金の点において殆ど不可能である」とし、結局「統制方法を国策として確立し、それを法律及行政の上に体現し厳に強制指導するは勿論、一面には当業者の自省協調を促進するにある」という方向性を示している。[14] これはつまり、国の財政面からみて国有は困難であるから、法律・行政による統制の強化と電力業者の協調体制の確立を主張したものであり、一九三〇年代前半の改正電気事業法と電力連盟を二つの軸とした体制を主張としては先取りしている点で注目に値する。

一九二七年以降、電力統制問題は具体性を帯びて登場してくる。この動きは二つあって、第一は逓信省を中心とした政府の電力統制の強化の試みであり、これが一九三一年四月公布（施行は翌三二年一二月）された改正電気事業法となり、第二は、電力業者の自主統制の動きであり、一九三二年四月の電力連盟の結成へと結実する。

第二節　改正電気事業法の成立過程

改正電気事業法は、一九三二年から電力国家管理の実施に伴う改正まで、六年余りの間日本の電気事業を統制した法律である。

第一次若槻内閣の逓信大臣安達謙三は、一九二七年三月、電気局内に臨時電気事業調査部を設置し、電力統制に関する原案の作成に当らしめた。調査にあたっては、全国主要電気事業者八三を選びその資産、収支、負荷、発電計画等の資料を集め、省内においてとりまとめ、局および各嘱託より原案を作成提出し、会議制によって審議をすすめた。主要調査事項は、企業形態、電力需給調節、供給区域、料金、水利使用、送電線路施設、事業資金等の項目であった。[15]調査部は一九二八年九月に至るまで約一年半のあいだ審議をつづけ、決議事項として「統制上必要なる法令の制定改正並行政方針の更新」を決定するとともに、企業形態については統一ある結論を得ず各論併記のかたちをとった。前者の主要なものは、供給区域独占の原則（ただし必要な場合、重複供給又は特定供給を許可する）と料金認可制の採用であった。[16]

臨時電気事業調査部の調査、資料の作成の終了とともにその顚末は久原逓相（途中内閣更迭し田中内閣）に詳細報告された。久原逓相は直ちに民間側を含めた臨時電気事業調査会を設け、諮問案の可否を問うたのであった（一九二九年一月一六日官制公布）。この諮問案の柱は、供給区域独占、料金認可制及び半官半民会社設立の三つであった。[17]この第三の半官半民会社設立の項が挿入されたのは、田中内閣と密接なつながりのある東京電灯の利害がからんでいると当時みられていた。[18]しかるに同年七月に内閣の交代があり、浜口民政党内閣が成立し、小泉逓相に代わった。あらためて改正諮問が行なわれ、委員の顔ぶれも変化した（政友会に対抗して数名の民政党委員の増員）。旧諮問と改正諮問の違いは下記の通りである。[19](1)旧諮問が供給区域の絶対的独占を認めんとしたのを廃して、例外を認め、需給の調節を計るため、大口電力の供給に限り、特定供給をなし得る途を拓いたこと。(2)官民合同会社案を廃棄したこと。(3)電気事業資金調達方法に関する諮問を削ったこと。

供給区域独占については、逓信当局者は次のように述べていた。「供給区域の絶対的独占制は、理論として正に然るべき事なるも、我国電気事業界の現状に於ては、之を確立すべく時期尚早の感があって、電気事業者自身、其の本来の使命を完うするが如き完全なる供給を為す上にも、又産業の発達に貢献せしむる為にも適当ならざるものと思料し、茲に過渡的方針を定むる必要を認めたるものである[20]」。供給区域の完全な独占は、一九四二年の第一次配電統合（九配電会社の成立）と一九四三年の第二次配電統合により確立し、戦後の電力再編成による九電力体制に引き継がれる。

また、半官半民会社案に対する当局の見解は以下の通りである。「従て今日に在つては、供給区域独占の確保、料金認可並設備統制の方法に関する監督力を強むることに依つて、先づ現存の事業者の不安を除き、相交錯する事業経済の不経済を矯め、以て共同又は共助に依り経済的なる拡張を行はしめ、熾なる私企来精神を萎靡せしむることなく、漸次合理的なる統制に導かねばならぬ。斯くして監督力を以てしては尚足らざる程度に迄事業関係の合理化せる時、茲に始めて電気業務の執行をも統一するの理想に直進すべき必要が生ずるのである。斯の如き事情に立到りたる時に於ても、果して官民合同会社を以て適当とするや否やに就ては尚、充分考慮の余地がある。蓋し官民合同会社に於て、願はしきは官営の長所と民営の長所との結合に依つて円滑なる運営の行はることとなるも、而も傾き易きは官営の短所と民営の短所との結合に堕することであるからである。事業合理化の理想としては、寧ろ却つて国営に依ること勝れりとすべき時代が近づかう[21]」（傍点は引用者）。逓信当局の方針としては、当面は民有民営形態を維持したままで統制を強化して合理化をすすめるが、将来は国営が理想である（半官半民会社よりも）というものであったことがわかる。電力国家管理の過程は、この基本方針にそって実現されていったという点で、注目すべき見解である[22]。

新たな諮問に接した調査会は、前回同様特別委員会を設置して審議した。一五名の特別委員によって、一二月二一日より翌一九三〇年四月一二日までに前後一一回にわたる審議が行なわれた。特別委員会の結論は、四月一六日、一八日の総会で審議され、次のような答申が出された。諮問第一の発送電予定計画の作成と第三の電気料金認可制[23]、第四の電気事業の範囲の確定については、原案通りに可決された。諮問第二の供給区域の独占については、字句を若干修正して原案可決[24]（本質的な点での修正はなかった）、第五の発電水力の問題では逓信・内務両省の権限争いが起こったが、採決の結果答申案が可決[25]。第六の電気委員会の設置については、組織権限を明確化するように修正して可決。

臨時電気事業調査会の答申を得た当局は、直ちに電気事業法の改正に着手し、一九三〇年冬に一応の案を得、電気協会の内意を尋ねた上、若干の修正を試みて一九三一年三月五日、第五九議会に上程した。この間、アメリカの金融業者が逓信当局に改正案の内容について働きかけを行なっていることが注目される[26]。上程された改正案の骨子は、臨時電気事業調査会の答申がほぼ全面的にとり入れられている。電気事業法改正案は同年三月二四日に成立した。この改正電気事業法の成立は「公経済統制の一面が電気事業界に現はれる」と評されていた[27]。その意義と内容は次のように要約することができるであろう。「同法は将来電気事業に対する国家統制権の範囲を決定せるもので、特に料金問題において従来の届出主義を廃して完全なる認可制度を樹立し更に電気設備共同に当り主務大臣に命令権を与へたる二点よりして、今後電力界の料金問題は同法によって国家統制を受ることになり、二重設備を避くるための電力融通のごときも逓信大臣によって強制せらるゝこととなる。このほか水利権開発、企業形態、決算様式等にわたつて一定の国家意志が具体的に表示せられ、電気事業経営の軌道が指示せられたる点において重視される[28]」。

改正電気事業法制定の経過で明らかなように、逓信当局はこれを事業合理化の理想＝国営への下準備としてとらえていた。当時の浜口内閣の非募債主義のもとでは、財政的問題から半官半民会社案や国営案は問題とならず、むしろ民有民営の形態を維持しつつ国家統制をつよめて事業の合理化を図る方が実情にあっており、ある程度の合理化がすんだときに国営の問題が提起されてくるというのが逓信省当局の考えであったようである。事実、その後一九三五年頃から改正電気事業法の限界が意識されてくるのである。

第三節　電力連盟の成立

一九二〇年代の五大電力戦によって、電力会社の業績が悪化したが、激しい競争を制限しようとする動きは電力会社のなかからも起こってきた。

一九二八年一月、東京電灯社長若尾璋八は五大電力の大合同案を発表した。しかし、当時の各電気会社間の対立により、この案は事実上実現不可能であった。そこで大合同計画は形をかえて「巨頭会議」となり、同年二月共同調査会を発足させるとともに、一〇月一〇日に電力会議が設立された(29)。電力会議の規約は、第一条　電力会議は五社間並にその傍系会社間にて共同の利益を増進する事項の協議をなし、且つ各社間に利害の相反する事項につき円満なる解決を図るものとす、第二条　電力会議は各社の取締役を以て組織す、となっており、統制機関と調停機関を兼ねたものであり、会長は東京電灯取締役会長郷誠之助、委員は東京電灯の若尾璋八、本間利雄、東邦電力の松永安左ェ門、岡本桜、大同電力の増田次郎、村瀬末一、日本電力の池尾芳蔵、福中佐太郎、宇治川電気の林安繁、影山銑三郎、であった。しかし、成立した電力会議の規約は、原案から「係争事項および協議不調事項にして当事者双方より裁定委託されたることを調停裁定し、電力会議はその委託事項を各社に勧告することを得」との項目を削除し骨抜きとなっていた。

この間、東邦電力の松永安左ェ門の動きには注目すべきものがある。松永は、一九二三年に電力統制案を発表した。

その内容は、東京・名古屋・大阪・神戸の間を一五万ボルトないし二二万ボルト線でつなぎ、これに東北・関東・北越方面の水力を入れ、火力の多い関西と水力の多い関東とをつないで各地のピーク差を利用して電力を有効に融通して供給する送電会社の設立を計画したものであった。財界の有力者や主要電力会社の首脳に賛同を求め、一九二四年四月には「大日本送電株式会社」案を発表した。[30] この構想は、アメリカのスーパー・パワー・システム（超電力連系）やイギリスのグリッド・システム（送電網計画）から得られたものであるという。[31] しかしこの計画は、各電気会社の賛同を得られず失敗に終わった。松永は、「私の送電連系、国有思想に対抗する、あるいは欠点を是正する対策の一つであった[32]」と述べているように国営反対論者であり、しかも彼の動きは以下のようにアメリカ資本の激励に支えられたものであった。「たとえば、米国ウェスチングハウス社長のトリップ将軍、米国の超送電連系を立案したモレー博士、日本の電力外債を引き受けていたニューヨーク・ギャランティ・トラスト副社長のバーネット・ウォーカーといった人たちは日本の送電連系について勧告した人たちであるが、トリップ将軍などは『力によってもやるべきだ』と私をけしかけた[33]」。大日本送電株式会社案が失敗した後、一九二八年五月に松永は再び「電力統制私見」を発表した。[34] これは、戦後の電力再編成にほとんど等しい内容をもっていた。すなわち、全国を九地域に分けて一区域一会社主義をとり、群小会社は合同させ、できない場合はプールし、供給区域の独占を認め、鉄道省が多く持っていたような官・公営の火力設備も民営に移して全国的に電力の負荷率を向上させ、料金は認可制とし、監督諮問機関として「公益事業委員会」を設置するというものであった。しかし、この案も結局多くの賛成を得られなかった。

一九三〇年一月に実施された金解禁は、当時の世界恐慌と重なって日本を不況のどん底へ追いこんだが、このなかで電気会社の業績が急速に悪化し株価が低落した。[35] とくに最大の東京電灯に著しかった。そこで、東京電灯の株価維持の会合で電力統制について話し合われ、以下のような統制案がつくられた。[36] すなわち、五大電力を合同し、その中の発電所および送電幹線を分離し、更に二次変電所以下配電設備を整理してこれを地域別、たとえば関東、中京、東北、北越、関西、中国等、数個の供給区域に分割して、それぞれ独立の小売会社を設立し、この小売会社の株式は資本金五億円の持株会社によって支配統制し、将来必要の場合は直ちにこれを国営に移せるようにしようというものであった。(37) これは今までの各電力会社から出されていた統制案を総合したような案であった。

また、このような動きをみて、松永安左エ門は、電気機械と電力の統制を一挙に実現しようとして次のような案を提出した。(38) 電気機械については、各会社はそのままにして別に中央に統制機関となる新会社を設立し、製造販売その他すべての点について合理化を図る、というものであり、電力の場合、中央に超電力証券保有会社を設立して各社の株式を保有すると共にその統一を図る、というものであった。注目すべきことは、この案には、同年（一九三〇年）四月来日したギャランティ・トラストの「ウォーカーを初め内国銀行団の諒解」があったということである。その他、同年六月に郷東京電灯取締役会長兼社長も電力統制に本格的に乗り出すとの声明を出している。

しかし、以上にあげたいずれの統制案も実現するには至らなかった。

一九三一年三月、郷東電会長は三井銀行の池田成彬に、次の電力統制三案を提出した。(39)

(1)　五大電力の合同案

(2)　地域的または部分的合同案

(3)　証券保有会社案

ところで、当時発表されていた各種の電力統制案をまとめてみると以下のようになる。(40)

(1)　国営案

(イ)　発電、送配電共に国営

(ロ) 発電国営

(ハ) 発電送電国営、配電販売民営

(2) 東京・大阪・名古屋に於ける火力発電所を基礎として送電線、変電所をこれに付属せしめ、新会社を組織する案（小林一三案）

(3) 東電、東邦、大同、日電、宇治電の五会社の所有に係かる送電線及び変電所を現物出資として新会社を設立し、各会社の首脳者が重役となり、これに東西のファイナンシャー三四名、五会社に関係なき技術的権威者を加へ、五会社が其電力を分配する事、並に五会社の重役交換を為す事、ホールディング・コンパニーを造り、五会社の五十一パーセントの株式を持たしむる事、東京、大阪に於ける有力なるファイナンシャー及び電気事業に学識経験ある人を以て統制委員会を組織する事（福澤桃介案）

(4) 五会社合併案

(5) 電力プール案（松永安左エ門案）

一九三一年四月、浜口内閣の小泉逓信大臣は、金融界の池田成彬（三井銀行）、各務鎌吉（東京海上）、湯川寛吉（住友）、結城豊太郎（興業銀行）四名を招き、金融機関が斡旋して電力界の統制に乗り出すことを要望した。[41] 前述した種々の案の中で、金融業者や逓信省は五大電力合同案を理想としてその実現を目ざしていたが、同年秋、各務鎌吉がアメリカから帰国してギャランティ・トラストその他の金融業者の大合同案に対する反対の意向を伝えるとともに、当時の不況の深刻化ともあいまって、大合同案は事実上不可能となるにいたった。[42] そのうちに民政党内閣から政友会内閣への交代があり、一九三一年一二月、金再禁止が実施された結果、為替は低落し、外債を所有していた五大電力会社はその元利払いについて苦境に立つにいたった。このため、五大電力会社は、国内における対立競争とあいまって、いずれもその業績が極端に悪化し、一九三一年下期頃からついに減配あるいは無配となった。ここに、一九三二年三月、東京銀行集会所において五大電力会社協議会が開催され、大橋逓信次官が出席、五大電力会社代表者間に次の四統制案が提示された(43)。

(1)　五大電力合同案

(2)　卸売電力事業国営案

(3)　卸売電力事業にも独占を認むる連盟組織案

(4)　現有勢力を基礎とする五大会社連盟案

その後引き続き二回の会合を経て、四月一九日に第四案を基礎とする電力連盟が成立した(44)。これは競争を緩和する目的の一種のカルテルであり、電力統制の実施のため各社による連盟委員会を設けたが、ここで協定がまとまらないときは、金融業者からなる顧問（四名）が裁定することになっており、電力業に対する金融業者の絶大な影響力をあらわしていた(45)。電力連盟の成立は、企業形態の問題について金融業者のイニシアチブのもとで当面は民有形態を維持するという方向性を決定したものであった(46)。

おわりに

以上、改正電気事業法と電力連盟の成立過程を跡づけてきた。ここで両者の関係について若干の検討を加えてむすびにかえたい。電力連盟は、前述のように、外債問題による経営の悪化を直接のきっかけとして、財閥資本と官僚の合作により電力資本の対立を調停するために成立したものである。電力資本自身も競争の激化に苦しみ、一九二〇年代末から協調体制を模索していたのであるが、内部の利害対立のため自らの手ではこのような体制を構築することはできなかった。そのため国家による電力業統制が先行し、改正電気事業法が成立したのであった。これをきっかけに「五大電力統制問題」は急速に現実化した。それは同時に、改正電気事業法の限界を補完する意味をも持っていた。すなわち、改正電気事業法の成立により「今後の電気業界の混乱増加を、ある程度まで防止することは期待出来る。しかしながら、現在、解決を差し迫っている業界の幾多の難問題特に五大電気会社間に蟠っている諸多の問題解決には、この新法律は無力である」というのが一般的な認識であった。[47] 改正電気事業法と電力連盟は相互補完関係にあり、財閥資本の介入の下で、電力業に生起した諸矛盾を斯業の民有民営形態を維持しつつカルテル体制と国家統制の強化で克服しようとしたものであった。以後の分析では、この体制を「改正電気事業法体制」と呼ぶことにする。この体制のはらむ矛盾は、日本経済の軍事化が進行するとともに一九三〇年代中頃には早くも顕在化するに至るのである。

（1） その制定経過については、『電気事業法制史』電力新報社、一九六五年、七一―八一ページ参照。
（2） 『電気事業発達史』（『新電気事業講座』第三巻）電力新報社、一九七七年、五八―五九ページ。
（3） 条文の引用は、前掲『電気事業法制史』七八、八〇ページより。原案にあった料金の認可制は、審議の過程で削除された。
（4） 田村謙治郎『戦時経済と電力国策』産業経済学会、一九四一年、五九四―五九六ページ。
（5） 同右、五九六―六〇〇ページ。
（6） 『電気事業再編成史』電気事業再編成史刊行会、一九五二年、二六ページ。
（7） 栗原東洋編『現代日本産業発達史3 電力』交詢社出版局、一九六四年、付録表Ⅳより。
（8） 「五大電力戦」については、駒村雄三郎『電力界の功罪史』交通経済社出版部、一九三四年、が詳しい。

(9) 電気経済研究所編『日本電気交通経済年史』第一輯、昭和八年前半期、三ページ。
(10) 同右。
(11) 同右、四ページ。
(12) 同右、四ページ。
(13) 同右、四―五ページ。
(14) 同右、六―七ページ。
(15) 『電気事業法制史』一〇八ページ。
(16) 同右、一一〇―一二〇ページ。
(17) この諮問案に対する五大電力の態度は、次のようなものであった。「今回の調査会設置を機会にかねての電力統制を実現せしめんとする東電、東邦、宇治電は之に賛成し、大同、日電は絶対反対の気勢を示して調査会の形勢も全く之が予想を許されず、且又半官半民の発送電会社設立の問題に関しては各電力会社は何れも反対の意見を有してゐるものゝ如く政府案の将来は実に心細い有様である」(『電気界』一九二九年一月号、一一八ページ)。東京電灯、東邦電力、宇治川電気という小売電気会社と、日本電力、大同電力などの卸売電気会社がそれぞれの立場から対立していたのである。しかし後での指摘(注23を参照)でも明らかなように、この対立を調停し改正電気事業法の推進に電気事業者を向かわせたのは、電気料金引き下げ運動という大衆の圧力であった。
　また需要者側では、東京府下の工業団体連盟が、供給区域独占と料金認可制に対し反対運動を起こしていることが報道されている。料金高騰のおそれなど、需要者にとり不利であるとのことが反対理由であり、決議のなかには、「万一委員会を通過し議会に提案の如き事態に立到らば一大民衆運動を起し全工場主と全従業員とを併せ大決心の一大衆団を以て議院及逓信省を訪問陳情すること」という項目も含まれていた(『電気界』一九二九年三月号、一四四ページ)。
(18) 『電気界』一九二九年八月号、一四四ページ。このことについては次のような説明がなされている。「……その(諮問案の――引用者)中には、発電並に送電幹線を施設して既設事業者の将来の需要に対して電気を供給する半官半民会社創設案といふのも含まれてゐた。これは、持て余した発電水利地点の所有者(暗に東京電灯をさしている――引用者）にとつてボタ餅で頬ペタをたゝかれるやうな、然し一方送電幹線路所有会社にとつてはコン棒でドタマを殴ぐられるやうな、頗る効果に富んだ案であることは申すまでもない」（三宅晴輝『電力コンツェルン読本』春秋社、一九三七年、一〇六ページ）。

(19) 田村、前掲書、一八五ページ。

(20) 同右、一八六ページ。

(21) 同右、一八六―一八七ページ。電力統制のための半官半民会社案は、この調査会の特別委員会で逓信当局によって提起されたが留保されている。調査会総会での電気局長の報告は次のように述べている。「其事業の範囲と力、経営の方針とかに付二三異議があつたが、結局は今日の我国の経済界の実情に照らし本案の如き公債増発に最も大きな関係を持つ問題を論むることは、国家経済に好ましからぬ影響があるばかりでなく、電気事業の統制は他の諮問事項の活用に依り相当之をなすことができるから、先づ是等の方法を実行し其上で更に日を改めて審議するもおそくはない」（『臨時電気事業総会議事録』一二五ページ、栗原、前掲書、二一六ページ）。

(22) なお、ここでの「国営」とは国有国営をさしており、国家による買収を前提としている。「民有国営」という考えがあらわれたのは、一九三五年の内閣調査局の奥村案以降である。

(23) 料金認可制については、電気事業者の側としては電気料金引き下げ運動に対抗する手段としての意味をもっていた。次の指摘を参照されたい。「（一九二八年――引用者）八月電灯争議の猛烈となるや郷東電会長、松永東邦社長等は相踵いで久原逓相を訪ひ、認可制の実施を求めたが、元来需要家の引下運動に対抗せんとするものであるから供給区域の独占となることを考慮し、競争の不可能となることよりして当初反対していた一部事業者も小口動力および電灯においては認可制の必要を是認し、一二月一五日の電力発達助成委員会においては殆んど賛成に一致するに至つた」（『朝日経済年史』昭和四年度版、一三五ページ）。

(24) 田村、前掲書、一八七ページ。

(25) 『電気事業法制史』一一三ページ。

(26) この間、投資先の東京電灯の業績不振を整理する目的で来日（一九三〇年四月一四日）したギャランティ・トラストのウォーカーは、小泉逓相を訪問し、電気事業調査会の内容および政府の電力統制方針を種々質したという（『東京朝日新聞』一九三〇年四月二七日付)。また同年五月六日、ウォーカー、ヒッバードの両氏は松本烝治、岸清一博士とともに今井田逓信次官を訪問し以下の通り当局の回答を得、これを諒としたという。「◇電力統制　(イ)供給区域は重複を許さず既許可の分は積極的に整理せず、又東電と日電の場合のごとき競争となるのを防止するため一方が故意に需要家を勧誘したる時は罰則を適用する。(ロ)料金については原価計算を原則とする認可主義を採用し、競争区域にあってもなるべく同一料金を実施せしめる。◇事業資金　資金調達の便法として電気事業法を改正し払込の二倍まで発行し得る社債を無担保とすることは司法当局との関係もあり当局にて調査を進めるはずである」(『東京朝日新聞』一九三〇年五月七日付)。

(27) 『朝日経済年史』昭和八年版、一三二ページ。

(28) 同右、一三一—一三二ページ。

(29) 以下の「電力会議」についての叙述は、『朝日経済年史』昭和四年度版、による。

(30) 松永安左エ門『私の履歴書』第二一集、日本経済新聞社、一九六四年、三三一ページ。

(31) 同右、三三五ページ。

(32) 同右、三三九ページ。

(33) 同右、三八八ページ。トリップは「金が必要なら私と岩崎(久彌——引用者)さんの二人で作ってあげます……」(同右、三三八ページ)と言ったという。

また、一九二七年、モルガン商会のトーマス・ラモントが来日して松永に次のように述べたという。「魚は大きな池で育てないと大きくなれない。小さな池では共喰いしたりするし大きくはならない。これは生物学の原則である。国営の下に役人が電気事業をやってもうまくいかないが、さらに肝心なことは、民営でなければ大きな人物が育たない。実業人を育てあげる上からも国営に私は反対する。軍部政権ができたら必ずや電力国営を持ち出してくるだろう。君は電気人であり、古くからの友人で、僕の信頼する人だ。形勢はだんだん悪化するだろうが、君はこれらと闘って、政府の手に電力を渡すな……」(松永安左エ門『電力再編成の憶い出』電力新報社、一九七六年、一二ページ)。

この言葉が「電力再編成に際して私の考えの基本になったものである」(同右、一二ページ)と松永は確言している。同じ本の中で松永は、「戦後のイタリア共産主義政権ですら電力国有をやっていない。民営の原則を通していた。これは政治の力が介入してくると事業が発展しないからだ。発展しない事業には原則的に外資は入らない」（同右、一一ページ、傍点は引用者）と言っているが、松永とアメリカ資本のつながりが外資導入を梃子としていたことは、明らかであろう。

(34)『東邦電力史』一九六二年、五四一―五四二ページ。

(35)東京電灯の平均株価は、一九二八年の五二円五八銭から二九年の四九円一〇銭、三〇年の二九円〇八銭、三一年の一九円七八銭へと暴落した（『東京電灯株式会社開業五十年史』一九三六年、付録より）。

(36)『電気界』一九三〇年四月号、二八八ページ。

(37)同右、二八八―二八九ページ。

(38)同右、一九三〇年七月号、六一ページ。

(39)『東邦電力史』五四三―五四四ページ。電気新報社編『明日の電気事業』電気新報社、一九三一年、一〇ページ。

(40)林安繁「電気統制上より見たる電気事業の体形」一五―一六ページ（前掲『明日の電気事業』所収）。

(41)『東邦電力史』五四三ページ。

(42)『朝日経済年史』昭和七年版、一一五―一一六ページ。

(43)『東邦電力史』五四七ページ。

(44)電力連盟案は、卸売電力会社（大同、日電）に有利で、小売電力会社（東電、東邦、宇治電）にとって不利であった。しかしこの反対は金融業者の圧力によって押さえられた。以下の指摘を参照されたい。

「この間連盟案に対して最も強硬なる反対を唱えたるは東電、東邦の二小売会社であつて宇治電もまた反対の態度を採つた。蓋し内藤案による連盟規約は卸売会社に有利にして小売会社に多大の束縛を加ふるものなりとの理由によるものであった」（『朝日経済年史』昭和八年版、一二五ページ）。

「金融資本側の諸提案が悉く不成立となり、且つ権力者の発案が一蹴された点だけを見ると、内藤案（電力連盟案――引用者）成立は、業者の力を示した観が無いではない。併し乍ら、これは皮相なる観察であつて、相当強烈にこの連盟案に反対的立場をとらねばならぬ筈の小売会社、例へば宇治川、東邦の如きが、調印したことは、何と云つても、金融資本の威力に屈したものと云はざるを得ぬ。最後に於て従来の隠然たる金融資本の力が、公然と且つ包括的に連盟規約に表はれたことは、電気事業に於ける金融資本の威力を一段と明確ならしめたものに外ならぬ」（『東洋経済新報』一九三二年五月二八日、二六ページ）。

（45）　電力連盟の成立にあたっては金融業者の力が決定的であった。たとえば、次の叙述を参照。

「……昭和六年政府の緊縮政策に基いて金融界が極端の警戒裡に資金の放出を押える一方、貸出の回収を急ぐに及んで電気事業は極端なる資金難に陥った。この間金融業者の支配的勢力は著しく強化せられ、各電力会社の配電、人事各方面に亘っての干渉は激化し、電気会社は従来の放漫経営を一擲して減配時代を出現させる一方、各会社間における競争のごときも凡て金融的方面よりの圧迫によって妥協成立するに至った」（『電気事業再編成史』四五ページ）。

（46）　今井田逓信次官は一種の電力専売制度の内容をもつ送電会社案を提案したが、電力会社はもちろん金融業者からも反対を受けた。

また、次の指摘を参照されたし。

「之（電力連盟の成立――引用者）を以て、企業形態の問題が永久に打切られたと見ることは勿論出来ぬ。それは、根本問題として将来幾度でも研究題目に上るであろう。併し乍ら、此問題が、討議の方法も悪いが、仲々困難なもので、産業資本、金融資本、権力者と、斯う三者が協議しても、結局現状維持位にしか落付かぬことは、当分、電気企業形態論に事実上一応の打切りを宣言したことになる」（『東洋経済新報』一九三二年五月二八日、二六ページ）。

（47）　『エコノミスト』一九三二年六月一日、三三ページ。

第八章　財閥資本と電力業

第一節　電力業の企業金融と財閥資本

ここでは、財閥資本と電力業の関係を金融的側面から分析する。

日本における電気の一般供給は、一八八七年の東京電灯の開業が最初である。以来各地に電力会社が相ついで設立されたが、これらは多くが火力電源で、需要地ないしはその近接地に発電所を設置して電灯供給を行なっており、その規模もまだ小さかった。日清戦争後、石炭価格の高騰により火力発電が不利となったので水力の開発が活発化した。日露戦争後、一九〇七年に東京電灯の駒橋発電所が完成して高圧遠距離送電による電気供給が行なわれ、水力の有利さを実証した。以後、水力の開発が盛んになり、また大水力発電会社が各地に続出した。このような電力業の発展を資金的に支えたのは、鉄道国有化（一九〇六年）によって鉄道業から遊離した資本の電力業への投資であった(1)。一九〇三年から第一次世界大戦直前の一九一三年までに、電気事業者数（一般供給・開業）は八一から三三九へ、払込資本金は二四一〇万一八九四円から三億九七七八万〇一一五円へと激増している(2)。第一次大戦中に工場電化が進み、電

表８－１　電力業の資金源泉

（単位：％）

下期末	社数	株式	社債	借入金	外部資金	諸積立金	減価償却	繰越剰余金	内部資金	払込資本利益率	長期資本純益率	配当率
1914年	16	74	10	13	97	3		0	3	9.8	7.2	8.5
		(68)	(9)	(12)	(89)	(3)	(8)	(0.2)	(11)			
19	16	73	15	5	93	5		1	6	11.8	8.5	10.1
		(66)	(14)	(5)	(85)	(5)	(8)	(1)	(15)			
31	11	48	40	6	94	4		1	5	6.5	3.2	5.5
		(48)	(40)	(6)	(94)	(4)	(2)	(1)	(6)			
36	11	53	35	3	90	5		5	10	10.1	5.5	7.7
		(52)	(35)	(3)	(89)	(5)	(1)	(5)	(11)			

（注）1．志村嘉一『日本資本市場分析』東京大学出版会，1969年，159ページ。

2．1914年　東京電灯，大阪電灯，京都電灯，名古屋電灯，宇治川電気，横浜電気，信濃電気，熊本電気，九州水電，山形電気，京城電気，鬼怒川水電，猪苗代水電，関西水電，四国水電，桂川電力（16社）

1920年　上に同じ

1931年　東京電灯，京都電灯，宇治川電気，信濃電気，熊本電気，山形電気，京城電気，鬼怒川水電，東邦水電，九州水電，四国水電（11社）

1936年　上に同じ

3．下段（　）内数字は，減価償却を含めた場合の比率。

動力が汽力を凌駕した。電力需要の増大、炭価の暴騰、低金利を背景に大水力電気会社（とくに卸売事業者）が出現した。戦後恐慌は電力会社に大きな打撃を与え、これを契機として電力業の合同が進んだ。さらに、関東大震災（一九二三年）以降、大送電網が形成され、激しい競争の過程で五大電力（東京電灯、東邦電力、大同電力、宇治川電気、日本電力）の独占体制が一九二〇年代半ばに形成された。(3) 一九三一年の電気事業法改正、三二年の電力連盟結成によって「改正電気事業法体制」が成立する。一九三六年には、五大電力の払込資本金は全電気事業の三五％を占め、固定資産は四七％、発電

表8－2　電力業における外部負債の推移

（単位：百万円，％）

年	払込資本金(A)	指数	社債	指数	借入金	指数	社債・借入金合計(B)	B／A
1916	514	100	54	100	56	100	110	21.5
18	647	126	56	103	77	138	133	20.6
20	949	185	74	137	120	213	194	20.4
22	1,508	294	187	384	228	406	415	27.5
24	2,012	392	488	900	272	484	760	37.8
26	2,454	478	766	1,412	460	819	1,226	50.5
28	2,869	558	1,287	2,372	532	946	1,819	63.4
30	3,181	619	1,491	2,748	891	1,584	2,381	74.9
32	3,327	647	1,525	2,811	969	1,724	2,494	75.0
34	3,957	770	1,873	3,453	471	838	2,344	59.2
36	3,660	712	2,424	4,469	493	877	2,917	80.0

（注）『電気事業発達史』（『新電気事業講座』第3巻）電力新報社，1980年，69ページ，及び『電力百年史・前編』政経社，1980年，373ページより作成。

力は三三・九％、取付電灯数は四五％、取付電力は七八％であり、その直系、傍系会社を含めれば、払込資本金は全電気事業の四九％、発電力は全国比六〇・八％に達した。(4)

表8－1は、一九一四年、一九年、三一年、三六年における電力業の資金源泉を示している。調査対象数が少ないという制約はあるが、大体の傾向をうかがうことができる。これによれば、いずれの年でも外部資金への依存度がきわめて高く、その比率は九〇％をこえている。三一年と三六年を比較すると、外部資金は九四％から九〇％へ減少し、逆に内部資金は五％から一〇％に増加している。また、外部資金では、株式の比率が増大し、社債・借入金の比率が減少している。内部資金では、諸積立金と繰越剰余金は増大し、減価償却は減少している。

表8－2は、電力業における外部負債の推移を示している。社債、借入金ともに一九二〇年代中頃から伸びが著しく、二六年において、払込資本金に対する社

債、借入金の比率は五〇・五％となったが、以後も増え続け三〇年以降は三三、三四年を除いて常に七〇％を超えている。とくに、社債の増加が目につき、二四年に絶対額で借入金を追い越し、以後激増し三五年以降二〇億円を超過した。借入金は二〇年代中頃から増加して三二年に金額は頂点に達し（約九億七〇〇〇万円）、以後漸減するが三七年以降増加の傾向を見せている。

以上のことを前提にして、次に財閥資本と電力業の関係を、五大電力を中心に、株式所有・借入金・社債の三点からみていきたい。

1　株式所有

ここでは、五大電力の株式所有について検討する(5)。

表8-3～7は、一九二九年下期末における五大電力における株式資本の資本系統別分布状況を示したものである。東京電灯では、総株式の九・五一％を甲州系財閥が所有しており、うち若尾系（一九二六―三〇年の間、若尾璋八が東京電灯社長）が二・五四％をしめていた。この九・五一％の中には、若尾が東電社長であるために東電証券社長名義の三七万三千株、および雨宮鉄郎その他所有のいわゆる甲州系の株が含まれている。しかし、東京電灯の単独での最大株主は、六・二四％を所有する東邦電力（松永安左エ門）であり、これは子会社東京電力の東京電灯への合併（一九二八年）を契機としている。以下、安田が四・二二％と続くが、これもその投資会社であった東京電力の合併により急増したものである。しかし、三菱（一・五九％）、三井（〇・二一％）など財閥の株式所有は僅少であったことがわかる。三菱は東京海上をあわせての数字であり、主として猪苗代水力の合併（一九二三年）によるものである。三井は三井信託、三井合名を合わせたものである。業種別では、銀行が四・七％と最も多く、安田、川崎系が中

表8－3　東京電灯における株式資本の分布（1929年下期末）

	払込資本(千円)	株　　数(株)	割　　合(%)
甲　　州	38,719	774,311	9.51
（うち若尾）	(10,341)	(207,000)	(2.54)
東　　邦	25,406	508,396	6.24
安　　田	17,182	343,318	4.22
三　　菱	6,474	129,430	1.59
川　　崎	5,782	115,943	1.42
渋澤大川	1,831	36,499	0.45
片　　倉	977	19,474	0.24
三　　井	855	17,088	0.21
大　　倉	204	4,072	0.05
合　　計	97,430	1,948,531	23.93
東電総計	407,149	8,142,980	100.00

（注）『東洋経済新報』1930年７月12日，29ページ。

表8－4　東邦電力における株式資本の分布（1929年下期末）

	払込資本(千円)	株　　数(株)	割　　合(%)
松　　永	12,200	280,655	9.72
三　　菱	2,447	56,264	1.95
福　　澤	966	22,149	0.77
川　　崎	916	21,002	0.73
寺　　田	402	9,169	0.32
安　　田	326	7,400	0.26
三　　井	126	2,750	0.10
甲　　州	75	1,750	0.06
合　　計	17,458	401,139	13.91
東邦総計	125,513	2,886,424	100.00

（注）『東洋経済新報』1930年７月12日，30ページ。

表8－5　大同電力における株式資本の分布（1929年下期末）

	払込資本(千円)	株　　数(株)	割　　合(%)
京阪電鉄	9,731	261,600	7.43
東電及甲州	5,619	151,000	4.29
寺田	4,767	128,225	3.64
東邦	4,728	126,951	3.61
増田	2,633	70,788	2.01
大倉	2,554	68,800	1.95
三菱	1,545	41,650	1.18
川崎	995	26,730	0.76
加島	694*	18,573	0.53
福澤	589	15,955	0.45
安田	341	9,186	0.26
大川	183	5,000	0.14
鴻池	52	1,500	0.04
住友	4	122	—
合計	34,435*	926,080	26.29
大同総計	130,972	3,520,000	100.00

（注）1.『東洋経済新報』1930年7月12日，30ページ。
2. ＊印の部分はそれぞれ530，34,271となっていたが誤りであると思われるので訂正した。

表8－6　宇治川電気における株式資本の分布（1929年下期末）

	払込資本(千円)	株　　数(株)	割　　合(%)
大阪商船	3,333	82,182	4.46
大倉	1,523	37,500	2.03
阪本	803	19,834	1.07
住友	578	14,230	0.77
鴻池	210	5,250	0.28
合計	6,447	158,996	8.61
宇治電総計	75,047	1,850,000	100.00

（注）『東洋経済新報』1930年7月12日，30ページ。

表8－7　日本電力における株式資本の分布（1929年下期末）

	払込資本(千円)	株　　数(株)	割　　合(%)
大阪商船	10,157	266,380	11.01
竹原	1,808	47,358	1.96
大倉	840	22,050	0.91
住友	738	19,440	0.80
三井	526	13,707	0.57
寺田	498	13,020	0.54
三菱	101	2,600	0.11
川崎	18	404	0.02
合計	14,686	384,959	15.92
日電総計	92,253	2,419,100	100.00

（注）『東洋経済新報』1930年7月12日，30ページ。

心であり、次に保険会社が三・七％で続いており、第一生命・帝国生命・東京海上などが主なものである。すなわち、東京電灯の株式所有では、「専ら甲州、東邦、安田、三菱系の各銀行会社の出資」[6]が大きな比重をしめていた。

東邦電力では、松永安左ェ門が九・七二％を所有する最大の株主であり、財閥のなかでは三菱が一・九五％をしめているもののその比率は高いとは言えず、その他の財閥も一％をこえない。業種別にみると、銀行は四・〇％（主として九州方面）、保険は六・二七％をしめ、とくに、第一生命・明治生命・千代田生命・大同生命・帝国生命などが大口の株式を所有していた。

大同電力では、「東部（「東邦」の誤りか――引用者）、東電に於けるが如き絶対的支配閥はない」[7]と言われていたが、筆頭株主は京阪電鉄であり七・四三％をしめている。これに次いで、東京電灯及び甲州財閥が四・二九％の株を所有していたが、京阪電鉄は「之と略同一系統と見做される福澤（桃介）、増田（次郎）両氏の持株を合すれば不完全ながら大勢を動かし得る勢力となる」[8]と言われていた。業種別では、保険会社の投資が一番多く五・四九％をしめており、一九三七年の資料では[9]千代田生命・仁寿生命・第一生命・日本共立生命・大阪信託などが株を所有していた。

宇治川電気は、一九〇六年に設立され、大阪商船の中橋徳五郎が創立以来一〇年余り社長を務めていた。そのため、株式も大阪商船系が四・四六%をしめ、大倉・阪本・住友などがこれについでいる。[10]業種別にみれば、銀行の比率が五・三六%をしめている。

日本電力は、宇治川電気の子会社として一九一九年に設立された。創立当初は、資本的にも人的にも密接に宇治川電気と結びついていた。しかし、両社は一九二六年には関係を絶ってしまった。株式所有をみると、大阪商船系が一一・〇一%と筆頭であり、あとの比率は小さい。[11]業種別では、保険（二・七七%）、証券（一・六〇%）、銀行（一・三八%）の順になっている。

以上、一九二九年時点における五大電力の株式所有について検討したが、これによれば、三井、三菱、住友、安田などの財閥の持ち株は全体として比重が小さいことがわかる。財閥系金融機関のなかで、電力会社の株式所有に対して比較的積極的であったのは、生命保険会社であった。たとえば、三井生命の場合、株式投資比率の高さが三井銀行、三井信託と異なる特徴となっていた。三井生命の株式所有は一九三一年の資産構成比率五%から三八年には三四%に急増し社債を凌駕した。[12]株式の投資先では、三五年において電力・電鉄関係が投資の四割以上を占めていた。[13]

三〇年代中頃に、財閥の重化学工業投資が拡大するとともに、資金調達のため所有株式を売却するという事態が生じた。『三井事業史』は一九三一年頃から日中戦争勃発（一九三七年）までの三井合名の投資活動を分析し、三井鉱山をはじめとする直系・傍系会社への払込金の需要が増大し、その資金調達を三井合名所有の有価証券、とりわけ株式の売却によって行なったと指摘している。[14]ただ、注意すべきはその売却先で、売却先の多くは三井鉱山、三井物産の直系二社と傘下の金融機関であった。電力株について見れば、一九三四年二月、三井合名会社は東京電灯株式三万一四一五株・一〇二万七二七〇円を三井銀行経由で山一証券へ、台湾電力株式七四二五株・三〇万五八六七円を三井信託へ売却している。(15) これは、重化学工業化に伴う、三井財閥内部での資金操作による資金調達であった。

三〇年代後半になると、重化学工業化との関連で、財閥が電力会社の株式所有を積極的に拡大していった例も存在する。この点を三井財閥について見よう。

一九三五年に九州火力発電株式会社が設立され、それが電力国家管理法に基づいて一九三九年に株主を変更して再発足した。この際、日本発送電と三井鉱山が他の会社の株式も引き受け、それぞれ三〇万株を所有した。三井鉱山が株主に残った理由としては、九州火力の安価な電力を東洋高圧工業をはじめとする大牟田の三井傘下諸工場＝大牟田石炭化学コンビナートへ送電するためであったといわれる。(16) また、北海道に一九三九年に設立された石狩火力発電株式会社に対しても三井鉱山は出資を行なっている（三〇万株のうち五万株）。これも北海道炭鉱汽船を主とした三井傘下企業の電力需要の増大を考慮した結果であったという。(17)

以上のように、株式所有の面から財閥、とくに三井財閥の電力業への関わりを考えると、生命保険会社以外は消極的であったことが明らかである。(18) しかし、一九三〇年代後半に、傘下の重化学工業の電力需要を確保する場合に、一定の積極性をもって行なわれた例も存在した。

2　借入金・社債

表8-8は、五大電力の資金構成の推移を示している。表8-2とあわせれば、電力業における外部負債の推移が明確になる。

第一次世界大戦を契機に、電力資本は巨大な膨張をとげていくが、この資金源泉の中心をなしたのが社債および借

表8－8　五大電力会社資金構成各年比較

（単位：千円）

	払込資本金(A)	社債(B)	B／A(%)	借入金	社外資本総額(C)	C／A(%)
1921	269,858	45,280	16.8	29,040	74,320	27.5
23	460,866	154,342	33.5	83,332	237,674	51.6
26	680,133	407,444	60.0	103,634	511,078	75.3
29	830,980	751,151	90.3	93,075	844,226	101.5
32	898,249	749,206	83.4	205,624	954,830	106.2
35	950,635	664,854	70.0	173,430	838,284	88.4

（注）1．松島春海「電力統制問題の背景（下）」『アナリスト』第13巻第1号，1967年1月，79ページ。
2．『電気事業要覧』より算出。

入金等の外部負債であった。電力業において、払込資本金に対する他人資本の割合は、一九一六－一九年の二〇％台から、一九二六年には五〇％台に達した[19]（表8-2）。また、五大電力では一九三〇年前後に外部資本は払込資本にほぼ匹敵する額となっていた（表8-8）。表8-2によれば、電力業における借入金は第一次世界大戦後から急速に増え、とくに一九二〇年代後半に激増するが、三〇年代中頃に減少傾向をみせる。

社債は一貫して増加傾向をみせているが、とくに一九二〇年代後半に急増しており、この時期の増加率は借入金のそれをはるかに上回っている。一九二〇年代前半から社債の絶対額は借入金を上回り、一九二八年に社債は借入金の二・四倍、三六年には四・九倍にもなっている。五大電力の場合も（表8-8）ほぼ同じような傾向がみられるが、社債の比重が一層高くなっていることが注意されねばならない。なお、五大電力の外部負債は二〇年代中頃において、電力業全体のそれの半分近く（一九二六年で四一％―表8-2、8-8から算出）を占めていた。以下、借入金・社債のそれぞれについて述べる。

系統別，五大電力会社融資残高（1930年上期末）

住友		第一		安田		その他		合計	
千円	%	千円	%	千円	%	千円	%	千円	%
2,000	2.7	5,000	6.7	0	0.0	13,125	17.5	75,035	100.0
1,000	4.7	0	0.0	2,100	9.8	9,400	43.9	21,400	100.0
7,000	15.1	0	0.0	1,000	2.2	30,253	65.4	46,253	100.0
1,500	3.5	0	0.0	500	1.2	21,726	50.9	42,676	100.0
0	0.0	1,080	2.1	0	0.0	26,052	50.3	51,802	100.0
11,500	4.8	6,080	2.6	3,600	1.5	100,556	42.4	237,166	100.0

三井銀行と三井財閥」『三井文庫論叢』第11号，1977年，293ページ。
計である。従って，保険会社は含まれない。
東邦証券，大同には昭和電力及び大同土地，日電には日電証券が含ま

各社によって月は異なる。

(1)　借入金

表8-9は、財閥銀行の五大電力に対する融資状況を示している。一九三〇年において、三井・三菱・住友・第一・安田の諸行（銀行及び信託）は、五大電力の融資残高の五七・六％をしめていた。うち、三井は四一・三％、三菱七・三％、住友四・八％、第一二・六％、安田一・五％であり、三井の圧倒的な比重を確認することができる。[20]これを電力会社別にみてゆこう。東京電灯では、三井七三・二％、第一六・七％、住友二・七％、その他一七・五％で三井が四分の三近くをしめている。東邦電力では、三菱が三三・二％と最も多く、安田九・八％、三井八・四％、住友四・七％と続いており、三菱の比重が高いことがわかる。宇治川電気では、三井一六・二％、住友一五・一％であるが、その他が六五・四％もあり、借入先が比較的分散していたことがわかる。大同電力は、三井が三〇・三％で、三菱一四・一％、住友三・五％の順となっている。日本電力は、三井が四〇・二％と大きな比重をしめ、三菱が七・四％と続いている。要するに、三井からの借入金が多かったのは、東京電灯、日本電力、大同電力の三社

表8－9　五大金融

	三井		三菱	
	千円	%	千円	%
東京電灯	54,910	73.2	0	0.0
東邦電力	1,800	8.4	7,100	33.2
宇治川電気	7,500	16.2	500	1.1
大同電力	12,950	30.3	6,000	14.1
日本電力	20,840	40.2	3,830	7.4
合計	98,000	41.3	17,430	7.3

(注) 1. 浅井良夫「1920年代における
2. 金融系統とは銀行と信託の合
3. 東電には東電証券,東邦には
れる。
4. 決算期は電力会社の決算期で,

で、東邦電力は三菱、安田、三井、宇治川電気は三井、住友から融資を受けていた。とりわけ、三井の東京電灯への融資の巨大さは、両者の密接な関係をよく示している。

ここで、三井銀行の電力業への貸出の推移を検討する。同行が電力関係貸出を本格的に開始したのは、一九二一年であった。(21) 表8-10は、一九二〇年代末から三〇年代末までの、三井銀行の電力会社貸出金の推移を示している。それによれば、一九三〇年に金額・比率ともに最高であり、一九二九—三三年には総貸出金の二〇%前後をしめていたが、(22) 一九三四年以後その比率は一〇%前後に減少している。一九三四・三五年に貸出金が著しく減少しているのは、三三年に法制化されたオープン・エンド・モーゲージ制によって借入金の社債化が行なわれたためである。(21) 三六・三七年には絶対額は増大しているものの、比率は一〇%位に押さえられており、電力業に対する貸出態度が抑制の方向にすすんでいることが明らかにみてとれる。

次に、三井銀行と東京電灯との関係を検討する。両社の関係は、一九〇四年に三井銀行が東京電灯の水力発電事業に対して一〇〇万円の融資をしたのが最初であるといわれる。(23) その後、東京電灯への貸出は増加の一途をたどり、一九二四年には融資残高三四一七万円で三井物産に次ぐ大きさで、総貸付残高三億二三七九万円（貸付金プラス割引手形）の一割以上に達した（同年、東邦電力への貸付も一四五〇万円に上っている）。(24) この時期の東京電灯をはじめと

表8-10 三井銀行の電力会社貸出金推移

年末	金額	指数	総貸出金に対する割合
	千円		%
1929	73,430	100	16.1
30	99,470	135	22.7
31	81,826	111	19.7
32	94,242	128	21.9
33	80,838	110	19.7
34	44,353	60	11.5
35	47,854	65	10.5
36	52,468	71	10.1
37	73,523	100	11.9
38	75,592	102	10.5

（注）『三井銀行八十年史』1957年，424ページ。

する電力会社への融資の背景として、第一に、関東大震災による電力業への復興融資（融資の焦げ付きを防止する意味での）、第二に、一九二四年下期からの金融緩慢に伴う安全・有利な投資先、という二点があげられる。(25)

表8-11は、一九三〇年末における三井銀行の大口貸出先である。これによれば、東京電灯関係は（東京電灯証券及び傍系会社の東信電気も含めると）五七二五万円余と総計の一三・五％を占める。三井銀行にとって東京電灯がいかに巨大な融資先であったかがわかる。しかし、東京電灯は一九二三年の関東大震災以降、放漫経営、五大電力間の競争の激化などにより経営が悪化した。一九二八年、三井銀行は六〇〇〇万円の内債と米貨七〇〇〇万ドル、英貨四五〇万ポンドの外債を成立させ、東京電灯への融資を回収することができた。しかし、二九年後半にまた東京電灯の経営難が深刻化した。三井銀行は再び英米で外債を発行しようとするが、交渉相手のギャランティ・トラストはこれを拒否した。一九三〇年に入りギャランティ・トラストのウォーカーが来日し、東京電灯の整理を要求し、会社の首脳陣が交代する。その後、一九三一年以降、三井の池田成彬が中心となって電力統制の動きが活発に

表8-11　三井銀行の大口貸出先（1930年末残高）

	会社名	金額
		千円
電気事業	東京電灯	40,153
	東電証券	15,000
	昭和電力	7,700
	日本電力	7,069
	宇治川電気	5,500
	東邦電力	5,400
	山陽中央水電	3,000
	九州水力電気	2,800
	長野電灯	2,400
	東信電気	2,100
運輸交通	京阪電気鉄道	23,060
	伊勢電気鉄道	6,500
	富士身延鉄道	4,634
	大阪鉄道	4,500
	九州電気軌道	3,500
	奈良電気鉄道	3,250
	東武鉄道	3,001
	京成電気軌道	3,000
紙	王子製紙	13,361
	富士製紙	2,566
砂糖	塩水港製糖	8,347
	台湾製糖	3,400
	大日本製糖	2,500
製造	芝浦製作所	4,672
	電気化学工業	3,673
	日本麦酒鉱泉	2,932
鉱業	日本石油	5,666
	釜石鉱山	4,890
	麻生商店	2,530
ガス	東邦瓦斯証券	8,739
	東京瓦斯	5,480
	浪速瓦斯	3,000
証券	山一証券	2,797
	山根十吉	2,159
生糸	糸価安定融資	9,992
	若尾幾太郎	2,462
その他	本小曽根合資	9,350
	野村合名	8,208
	三井物産	7,780
	東京市	5,281
	根津合名	3,900
	東神倉庫	3,756
	野口遵	2,000
合計		272,008
総計（200万円以下も含む）		424,462

（注）『三井事業史』（本篇第3巻中）1994年，202ページ。

なり、結局、一九三二年四月に電力連盟が成立するのである。

しかし、一九三二年から三三年にかけて再び三井銀行の東京電灯貸金の焦げ付き問題が深刻化した[26]。不況の最中に三井銀行は東京電灯への融資額を増やしていたが、三二年一〇月末に満期を迎える社債四〇〇〇万円の借換を行なわねばならなかった。社債市場の縮小のため、当初、三井銀行による借換発行は失敗した。しかし、この

表8-12 三井銀行の貸付金業種別構成（1935年6月30日現在）

業種	手形貸付	当座借越	商業手形荷付為替	合計
	千円	千円	千円	千円 %
電気	34,550	0	191	34,741(9.1)
ガス	10,291	—	12	10,303(2.7)
交通・運輸	42,481	238	12	42,731(11.2)
鉱業・窯業	28,163	116	6,197	34,476(9.1)
工業	55,240	1,020	13,771	70,031(18.4)
商業	27,207	8,767	15,657	51,631(13.6)
金融・保険	26,680	2,362	2,814	31,856(8.4)
殖産・保全	41,114	369	47	41,530(10.9)
官公吏・会社員等	24,680	3,095	55	27,830(7.3)
その他	29,015	3,425	2,764	35,204(9.3)
合計	319,421	19,392	41,520	380,333(100)

（注）『三井事業史』（前掲），428ページ。

問題は、三井銀行と日本興業銀行の協調により打開される。三二年一二月、日本興業銀行は東京電灯借換債引受に参加した。小倉信次氏はこのことについて「民間事業金融としては我が国歴史上初めての大規模な協調金融体制が登場した」(27)と述べている。一九三三年五月、オープン・エンド・モーゲージ制が実施され、担保付社債の発行が活発化する。以降、低利の社債への借換と借入金の社債化が、三三年の日本電力をはじめとして、東邦電力、大同電力、東京電灯、宇治川電気と行なわれ、三四年にはいずれの会社も全部か大半の借換を完了している。この借換は東邦電力を例外として（三井銀行一行引受）、すべて銀行・信託の共同引受団の手で実施された。東京電灯は三四年四月から九月までの五カ月の間に一億六〇〇〇万円の借換を実施した。この結果、三井銀行の東京電灯へ貸金焦げ付き問題は三四年から三五年にかけて完全に解決した(28)。

表8-12は、一九三五年における三井銀行の貸付金を業種別に見たものである。一九三〇年には、電気事業は総貸付金の二三・〇%を占めていたが(29)、三五年には九・一%に

表8-13　日本興業銀行融資残高業種別百分比状況

（単位：%）

	1926	28	30	31	32	33	34	35	36	37
工　業	33.3	42.2	42.2	42.9	41.7	39.9	36.9	34.6	38.4	55.0
金　属	3.7	3.0	1.9	2.1	1.8	2.5	1.7	2.3	3.9	9.3
機　械	3.0	3.7	2.7	3.2	3.2	3.1	3.8	3.9	4.6	16.5
化　学	5.6	3.7	3.7	2.8	3.0	2.4	3.5	5.3	6.0	13.9
繊　維	4.8	8.5	8.7	8.9	8.4	8.5	6.8	4.2	5.0	3.5
窯　業	0.5	0.3	1.3	2.1	0.6	0.4	0.4	0.5	0.7	1.2
食　料	5.1	7.2	6.7	7.0	7.1	6.8	5.6	5.0	3.5	1.6
電気瓦斯	7.1	12.4	14.2	14.0	14.8	12.6	11.1	10.1	10.4	7.2
その他	3.5	3.4	3.0	2.8	2.8	3.6	4.0	3.3	4.3	1.8
交　通	23.0	25.4	26.5	29.8	31.2	33.5	36.9	34.6	36.0	24.0
陸　運	4.2	9.5	13.4	17.3	17.5	17.4	18.2	17.4	18.1	12.3
海　運	18.8	15.9	13.1	12.5	13.7	16.1	18.7	17.2	17.9	11.7
鉱　業	4.4	1.9	1.2	1.5	1.6	2.2	1.7	4.9	3.6	4.3
農林水産	—	—	—	—	0.3	1.5	0.3	0.7	1.3	2.1
商　業	9.1	5.2	13.7	9.8	8.5	6.0	3.6	3.4	8.8	5.4
その他	30.2	25.3	16.4	16.0	16.7	16.9	20.6	21.8	11.9	9.2
合　計	100.0	100.0	100.0	100.0	100.0	100.0	100.0	100.0	100.0	100.0

（注）『日本興業銀行五十年史』1957年，341ページ。

減少している。このように、電力・電鉄への貸付は減少ないし停滞し、代わりに鉱山関連事業や商業、殖産、保全会社などが増大し、貸付分野の多様化がすすんだ[30]。

『三井事業史』は、一九三七年以降の三井銀行の大口貸出の特徴を以下のように指摘している。第一に、他行との協調融資が増大していること、第二に、三井関連企業への貸出が増大していること、第三に、国策会社・統制会社貸付が開始されていること、である[31]。第一の点については、協調融資先は国策会社、電力などの公益事業、重化学工業であった。この協調融資の延長線上に、一九四〇－四一年にかけての融資シンジケートが成立した。第二の点については、三井銀行の役割が大きく変化した。つまり、「三井銀行は、三井傘下企業の余裕資金をプールし、それを外延的支配のテコ

表8-14　電力業借入金残高における興銀・三井銀行の比重

（単位：万円）

	借入金総額	うち興銀	%	うち三井銀行	%
1921	14,861	276	1.9	—	—
24	27,219	1,746	6.4	—	—
27	61,754	3,916	6.3	—	—
30	89,066	5,789	6.5	9,947	11.2
31	91,484	6,154	6.7	8,183	8.9
32	96,906	6,162	6.4	9,424	9.7
33	66,083	4,444	6.7	8,084	12.2
34	47,103	3,419	7.3	4,435	9.4
35	47,732	3,375	7.1	4,785	10.0
36	49,328	3,713	7.5	5,247	10.6

（注）『逓信事業史』第6巻，327-328ページ，『日本興業銀行五十年史』188ページ及び図表16-17ページ，『三井銀行八十年史』424ページ，より作成。三井銀行の1921・24・27年の数字は不明。

とする機関から、傘下企業の資金需要に対応して、傘下企業へ資金を供給する機関へ、その役割を転化させた[32]」という。第三の国策会社・統制会社への貸付は新たな貸付先として積極的な役割を与えられた。とりわけ、日本発送電の比重が高かった。しかし、電力業への融資は、共同融資となったため融資比率が漸次低下した。

以上、電力業に決定的な影響力を持っていた三井銀行の動向を分析したが、次に、日本興業銀行の電力業に対する融資状況をみてみよう。表8-13は、興銀の一九二六—三七年の業種別融資残高の推移を示している。それによれば、電気瓦斯（大部分は電気とみてよい）の興銀融資残高にしめる割合は、一九二〇年代後半から一〇%をこえ、一九三〇—三二年は約一四%と最高に達した後、三四年以降減少して、三七年には七・二%になっている。興銀融資で一貫して高い比重をしめていたのは交通（陸運・海運）であり、一九二六—三六年にほぼ三割をしめていたが、三七年以降は重化学工業（金属・機械・化学）向け融資が激増している。すなわち、興銀の場合、一九三〇年代中頃を境にして貸出分野は交通・電気瓦斯から重化学工業へ比重が転換したと考えてよい[33]。次に、表8-14によって、興銀の電力業に対する融資の比重をみてみよう。一九二〇年代中頃に興銀融資は電力業における借入金総額の六%をしめるようになり、三〇年代中頃まで六―七%の線を保っている。電力業に対する融資で圧倒的な地位を保っていた三井銀行が一〇%前後の比率であることを考えれば、興銀の役割が大きなものであったことが理解できよう。その融資対象についてみると、たとえば一九三〇年末に「特別産業資金」の貸出をうけた電力会社は関西電力（四〇〇〇万円）、九州水力電気（三〇〇〇万円）、大同電力（三〇〇〇万円）、盛岡電灯（一〇〇〇万円）、関東水力電気（六〇〇万円）、京浜電力（五〇〇万円）、白山水力（二〇〇万円）であり、このなかには大同電力のような五大電力の一つも含まれているが、大部分は地方電力会社であった[34]。三井をはじめとする財閥銀行が主として五大電力に融資を行なったのとは対照的である。端的に定式化すれば、財閥銀行――五大電力、興銀――地方中小電力という分業体制が一九二〇年代中頃以降できていたように思われる[35]。一九三〇年代中頃に興銀の電力業借入金における比重が漸増気味であるのは、三井銀行の停滞と較べて興味深い。興銀は、電力業への融資において、財閥銀行（とくに三井銀行）を補完する役割を果たしていたということができる。

(2) 社債

表8-15は、主要電力社債の引受機関別構成を示している。これによれば、東京電灯・宇治川電気・日本電力・大同電力などの大電力会社の場合、引受機関が多数であり、地方電力会社の場合、信託・証券会社の参加が比較的多い[36]。また、興銀・三井（銀行・信託）の役割の大きさもみてとれる。表8-16は、六大銀行による電力業の主な社債の単

表8-15　主要電力社債の引受機関構成（1935年末現在）

会社名	発行残高（千円）	（口数）	銀行							信託					証券		
			興銀	三井	三菱	安田	住友	第一	その他	三井	三菱	安田	住友	その他	野村	山一	その他
東京電灯	210,500	(6)	○	◎	○	○	○	○	○	○		○					
宇治川電気	78,000	(4)	◎		○		○		○		○		○				
日本電力	75,000	(6)	◎	◎			○		○	○							
大同電力	62,000	(3)	◎	○	○		○		○	○							
東邦電力	59,675	(5)		（◎ ●）					（● ○）								
合同電力	59,400	(3)	○	○	○				○	◎	◎						
九州水力電気	50,000	(3)	○	○	○		○	○			○	○	◎				
中国合同電気	28,000	(3)													○	○	○
鬼怒川水電	25,000	(2)		○			○		○	◎							
台湾電力	22,500	(4)		○	○			○	○							○	○
矢作水力	22,000	(2)	◎		○												
山陽中央水電	20,900	(3)	◎						○	○	○	○	○				

（注）1．志村嘉一『日本資本市場分析』東京大学出版会，1969年，314ページ。
2．一社20,000千円以上発行残高をもつものを掲載。ただし，満鉄と東拓を除く。
3．●は単独引受，◎は担保受託兼共同引受け，○は共同引受けを示す。

独引受の状況を示したものである。これによれば、三井の東京電灯・東邦電力との密接な関係は明らかであり、また興銀は中小規模の地方電力会社の単独引受を行なっていることがわかるし、三井以外の財閥銀行は各財閥傘下企業が中心である。(37)

一九二〇年代に三井銀行の引き受けた事業債は四九億七二三〇万円で全国事業債発行高の一三・一%を三井一行で占めており、その事業別内訳で電力業がトップの四一・二%であった。(38) 三井銀行の社債発行は一九二一年、二八年、三四年が三つのピークをなしている。表8-17は、一九二八年における三井銀行の受託および引受電力社債を示している。五大電力では東京電灯、東邦電力が中心であることがわかる。表8-18は、一九三四年に

表8-16　六大銀行による電力業主要社債単独引受（1925～35年）

（単位：千円）

興銀				三井	
社名	金額	社名	金額	社名	金額
小松電気	(2) 2,250	福島電灯	(2) 21,000	東京電灯	(2) 50,000
揖斐川電気	(3) 22,000	中部電力	(1) 3,000	東邦電力	(5) 115,000
東部電力	(5) 43,500	(新)日立電力	(2) 9,640	東部電灯	(1) 22,000
信濃電気	(1) 3,000	日本水電	(2) 15,000		
盛岡電灯	(2) 16,800	安曇電気	(2) 10,000		
三菱		安田		住友	
社名	金額	社名	金額	社名	金額
(菱)富士電力	(3) 25,000	(新)東信電気	(1) 10,000	九州送電	○(1) 5,000
			○(2) 25,000		
		(浅)庄川水力	(1) 10,000		
		(安)熊本電気	○(2) 6,000		
第一					
社名	金額				
京都電灯	(4) 60,000				

（注）1．志村嘉一『日本資本市場分析』東京大学出版会，1969年，316-317ページ。

2．（　）内は口数を示す。

3．会社名につづく○印は同系信託会社との共同引受け。

4．会社名の前にある（　）は系列資本をしめす（菱―三菱，安―安田，浅―浅野，新―新興財閥）。

表 8-17 三井銀行受託および引受電力社債（1928年）

銘　　柄	発行額	引受会社	受託会社
	万円		
東京電灯　甲号	6,000	三井銀行　安田	三井銀行
東京電灯　8回	2,000	三井銀行	
東邦電力　と号 ち号	3,500	三井銀行	
京都電灯　11回	2,200	三井銀行	
台湾電力	650	三井銀行ほか5行	

（注）『三井銀行八十年史』450ページ。

表 8-18 三井銀行受託および引受電力社債（1934年）

銘　　柄		発行額	引受会社	受託会社
		万円		
東京電灯	1回い～ほ号	16,050	三井銀行ほか6行2信託	三井銀行
東邦電力	2回子丑号	4,000	三井銀行	三井銀行
日本電力	1回は，に号	2,500	三井銀行ほか3行1信託	三井銀行ほか1社
同	2回い，ろ号	3,300	三井銀行ほか3行1信託	2社
鬼怒川水力	1回ろ号	1,500	三井銀行ほか2行1信託	三井信託
大同電力	1回い，ろ号	4,700	三井銀行ほか4行1信託	興銀
合同電気	13回い～は号	6,000	三井銀行ほか3行2信託	2信託
九州水力	6回は号	1,000	三井銀行ほか4行3信託	住友信託

（注）『三井銀行八十年史』452ページ。

おける三井銀行の受託および引受電力社債であるが、五大電力のうち東京電灯、東邦電力、日本電力、大同電力の社債が発行されている。三井銀行が引き受けた東京電灯の社債は、一九三二年までは単独引受ないし安田銀行、興銀などとの二行共同、三四年以降が九行での共同引受であり、また、東邦電力は三七年まで単独引受、三八年以降が九行での共同引受となっている。[39] また、三井銀行の電力社債保有については、その主な保有対象は、東邦電力・東京電灯・日本電力・昭和電力であり、一九三三年を境に保有の中心が東京電灯社債から東邦電力社債に移ったことが明らかになっている。[40]

また三井銀行は莫大な額の外債の受託会社にもなって利益を得ていた。その海外での信用を利用して、三井銀行は電力外債のほとんどに関与していた。[41] そして三井銀行は社債の発行によって貸出を流動化することができたが、これは海外市場によって補完されていたためスムーズに展開しえたのであった。[42]

財閥銀行、とくに三井銀行は、このような社債の引受により巨額の利益を獲得した。表8-19は、三井銀行の事業債引受関連収入を示している。この収入は、一九二七年、一九二八年、一九三四年に多額となっている。一

表8-19　三井銀行の事業債引受関連収入

年	引受手数料	売却益	合計
	千円	千円	千円
1923	24	—	24
1924	356	—	356
1925	469	—	469
1926	291	8	298
1927	433	569	1,002
1928	1,539	846	2,385
1929	295	194	489
1930	3	—	3
1931	31	263	294
1932	64	1	65
1933	372	263	635
1934	1,159	—	1,159
1935	243	—	243
1936	529	123	652
1937	255	—	255
1938	302	—	302

（注）　吉川容「三井銀行の社債引受（1920年～1942年）」『三井文庫論叢』第28号，1994年，76ページ。

九二八年には、事業債関連収入は同年の三井銀行期中純益の二二％を占めたという[43]。

第二節　池田成彬と電力統制

三井財閥の指導者であった池田成彬は、一九〇九年から三三年まで三井銀行の常務取締役であり、電力会社への融資や社債引受を通じて電力業界と密接な関係をもっていた。ここでは、『池田成彬日記』[44]を中心として、一九二〇年代中頃から三〇年代末までの、池田成彬と電力業との関わりを検討したい。

1　一九二六年から一九三〇年中頃まで（東京電灯経営改革問題、東京電灯・東京電力合併問題、電力外債の発行）

第一節で見たように、三井銀行が巨額の融資をしていた東京電灯（東電）は、大正年間に積極的な拡張政策をとって規模を膨張させていったが、一九二三年の関東大震災で深刻な打撃を受けて経営内容が悪化し、株価も下落していった。そこで、当時の社長の神戸擧一が、根津嘉一郎と相談し東電の経営改革が開始される（一九二六年九月）。一九二七年に東邦電力の子会社である東京電力が東京に進出し、東電の業績は一層悪化し、この問題の解決と東電の経営改革は焦眉の問題となったのである。東電の経営問題を憂慮していた三井銀行の池田成彬は積極的に東電の経営改革、とくに人事問題に介入して経営の安定化を図ろうとした。東電の経営安定化は、海外の債権者の信頼を回復して新たな電力外債の発行とそれに伴う三井銀行の貸出金回収につながっていた。ここでは、『池田成彬日記』を利用して、密接に関連したこの三つの問題（東京電灯経営改革問題、東京電灯・東京電力合併問題、電力外債の発行）を検討する。

(1) 東電の経営改革問題

『池田成彬日記』の一九二三年以降の記事の中で、電力問題に直接触れた記事が登場するのは一九二五年頃からである。二五年の一二月に、池田は各務鎌吉、松永安左エ門、結城豊太郎と会い、電力問題を協議している（内容は不明）[45]。翌一九二六年に入ると、若尾璋八は、経営改善を図るために三井、三菱、安田のいわゆる御三家に協力を求めた。一〇月に、若尾璋八（当時東電副社長）の依頼により、池田は結城豊太郎を保善社に訪れ、結城が東電の重役に就任するよう要請している[46]。その結果、三井を代表して藤原銀次郎、安田を代表して長松篤棐が取締役に選出された。

しかし、東電の取締役根津嘉一郎と御三家の間で、常務取締役の選任について対立が起こった。この対立は結局一九二七年二月一五日の「御三家事件」につながり、御三家の重役は一斉に退任し、根津嘉一郎も辞表を出すという結果となった。財閥の後ろ盾を失った東電の対外的信用は下落した。一九二七年に入ってから、東邦電力の子会社の東京電力が東京に進出し、東電の動揺は一層深まった。池田成彬は東電の経営を危惧し、人事問題に介入を始めた。四月に、池田は結城豊太郎と共に若尾璋八東電社長を招いて、常務取締役問題について協議した[47]。五月には、大橋新太郎に対して東電の取締役就任を慫慂している[48]。池田は小林一三を招いて東電の経営改善を図ろうとするが、小林だけでは困難なので郷誠之助を一緒に東電に入れようとした[49]。池田のすすめにより、若尾は郷を訪問し東電入りを要請した[50]。また、池田も郷に会って東電入りをすすめている[51]。六月に池田は大橋新太郎、結城豊太郎、藤原銀次郎と共に郷に招かれ、東電の現状について懇談している[52]。郷は東電入りを承諾し、六月二四日に東電の重役だけで披露パーティが催された[53]。七月二日に小林一三が大阪から来訪し、池田と対談して東電重役就任を承諾している[54]。七月二八日に、郷誠之助は取締役会長に、小林一三は取締役に就任した。[55] 以上のように、郷・小林の東電入りは、池田成彬による東電の経営改革の第一歩であった。

(2) 東京電灯・東京電力合併問題

郷・小林の東電入りで人事問題が一段落した直後、東京電灯・東京電力合併問題が浮上する。七月五日に松永安左エ門、小林一三、名取和作が池田成彬を訪れ、両社の合併問題について協議が行なわれた。[56] 七月二〇日に松永安左エ門が池田を訪問し、東京電力（東力）の東電への合併の周旋を池田に依頼した。[57] 池田は八月から九月にかけて合併問題の根回しを行なうために、若尾璋八と郷誠之助を訪問している。[58] 九月一七日に池田は郷誠之助を訪問し、また大橋新太郎、小林一三、結城豊太郎と東電東力合併問題について協議している。[59] この問題が重要視された背景には、日本の金融システムの動揺があった。第一次大戦中の投機的経営の失敗と関東大震災の結果、日本の金融界は巨額の不良債権を抱え、その矛盾が金融恐慌として爆発した。一九二七年三月に渡辺銀行などの休業によって始まった金融恐慌により多くの銀行が破綻した。この過程で若槻内閣が総辞職し、田中内閣が成立して四月二二日に三週間のモラトリアムを実施して事態の沈静化に努めた。このような状況のなかでの東電と東力の競争の激化は、東電（および東力の親会社の東邦）の経営を悪化させて再び日本の金融システムを危機に陥れる危険性をもっていたのである。この問題は、東電および東邦に融資している三井銀行などの財閥銀行だけでなく、大蔵省・日本銀行も大きな関心を抱いていた。のみならず、東電・東邦の電力外債を引き受けていた英米の銀行の注視するところであった。

アメリカのモルガン商会のトーマス・ラモントは一九二七年一〇月三日から一〇月一九日にかけて来日したが、来日前のラモントにあてたギャランティ・トラスト副社長のバーネット・ウォーカーの手紙は、日本の電力業界への関心の所在と東電改革、東電・東力合併、新外債発行の相互関係をよく示している。

まず、ウォーカーは東電の経営問題と外債発行について次のように述べている。[60]

This is the largest electrical group in Japan. There has been a change in the presidency within the past year and we do not have complete confidence in the new man, in fact, the company's organization has been not too good for some time. There is a very large common stock equity in the situation so we are not at all concerned about our $24,000,000 Notes which mature next August. We are pressing, however, for a revamping of both their management and financial structure with the idea of our being able to put out long term mortgage bonds sometime before the maturity next August.

ウォーカーは前年の東電社長の交代（神戸擧一の死去に伴い若尾璋八が社長に就任）について触れて、新社長若尾の経営手腕に疑問を呈している。そして、二四〇〇万ドル米貨債の償還期限（一九二八年八月）前に新規の担保付外債を発行するために、東電の経営および財務の改善を求める立場を明らかにしている。

次に、ウォーカーは東電と東力の紛争を採り上げている。[61]

Another complication is that there is quite serious competition in the Tokyo area, the principal company competing with the Tokyo Electric Light Co. being what is known as the Tokyo Electric Power Company. In conjunction with Mitsui and Yasuda interests, and indirectly with the Mitsubishi interests, we have been attempting to bring about a consolidation of these two companies ; the benefit of this is would not only be the elimination of competition, but would be the injection of excellent management in the Tokyo Electric Light Company from the other company amalgamated with it. Some progress has been made along the lines of this consolidation but more pressure is probably necessary in order finally to effect it.

ウォーカーは、三井財閥および安田財閥と（そして間接的には三菱財閥とも）協力して二社の合併に努めていると述べ、合併の利益は競争の排除だけでなく、東力の経営手腕の導入による経営改善にもあると指摘している。そして、合併の実現のためには、一層の圧力を加えることが必要だと述べている。

また、彼は東電問題と三井の関係を次のように述べている。(62)

This matter of Tokyo Electric Light Company is of some importance in the general Japanese financial situation as well as in the Tokyo area because they owe very considerable amounts of money to Mitsui, and I am sure that Mitsui would very much like to have this current advance settled.

ウォーカーは、東電問題は、三井が多額の貸付を行なっているために、日本の金融システム全体の問題となっており、三井がその貸付を回収したいと思っていると指摘している。

以上のように、ウォーカーの手紙は、東電問題が当時の日本経済においてもっていた意義を鋭く指摘している。東電問題は金融恐慌直後の日本経済、特にその金融システムの根幹に関わる深刻な問題であった。ウォーカーは、東電問題を解決するためには、東電の経営改革を行ない、東電と東力を合併させることが必要で、三井が先頭に立ってこの問題の解決に乗り出すことを予測しまた期待していた。そして、新外債の発行については、「英米銀行側は、東電に臨むに東力との合併若くは競争除去の協定成立せざれば、東電金融談に入る能はずとの態度」をとっていたのである。(63)

ここで、東電・東力の合併の経過について検討する。(64)

『池田成彬日記』によれば、池田は一九二七年九月二三日に結城豊太郎、松永安左ヱ門と東電・東力の合併問題について協議しているが、「両社の合併に関する意見の懸隔頗る大なるを以て」、松永に対し合併問題は当分保留すると告げた。(65)東電・東力両社の対立は合併比率の問題であった。(66)松永は対等合併を主張したが、東電はこれに反対した。池田と東電の財務顧問の森賢吾は、第三者による仲裁を提案し（これはギャランティ・トラストの提案であった）、東電もこれに同意したが、松永は拒絶した。交渉は頓挫し、東電は外債発行の延期を検討しはじめた。しかし、この困難の打開の道を開いたのは池田成彬であった。池田は森と相談して、東電の若尾と東邦の松永を会見させ（一一月末）、局面を打開した。(67)一二月に入って池田は精力的に合併交渉に奔走している。(68)一二月一三日朝、池田は自邸に双方の関係者を集め、十対九の合併比率、松永の東電入社等の条件で手打ち式をした。(69)しかしその直後、東電が名古屋における電力供給権取得の請願を出したことが発覚し、問題は再び紛糾する。(70)池田と森は相談の上、両社の不可侵協定を結ぶよう双方を説得し、紆余曲折の後に一二月二四日に両社の合併の仮契約が調印された。(71)

この合併工作に池田と共に活躍した森賢吾は、一九二七年七月に池田成彬の推薦により財務顧問として東電に入社していた。森は大蔵省の財務官として長らく海外に駐在し、英米の銀行家の信頼が厚い人物であった。駒村雄三郎は「森の東電入社は、東電の財政立て直しと外債発行計画を推進するためであったが、郷誠之助を会長に、小林一三を取締役に送り込んだ一連の池田（成彬）工作によるものである」と述べている[72]。また、森賢吾は英米の銀行団にとっても東電工作の鍵を握る人物であった。ウォーカーは、先に紹介したラモント宛の書簡で次のように述べている[73]。

We obviously must avoid any show of foreign interference in the operation of the company. A formula has been agreed upon therefore that we would like to have a general revamping of the management and the formulation of a financial program as well as the effecting of an amalgamation, or other elimination of competition before proceeding with the financing, and that we would like to have the plan formulated by Mr.Kengo Mori, who has recently become associated with the company as a financial advisor, and approved by Mr.J. Inoue, Governor of the Bank of Japan, in whom we have the greatest confidence.

ギャランティ・トラストをはじめとする英米の銀行は、東電の経営改革と財務の改善、東電・東力の合併を進めることによって新外債を発行する計画を持っていた。ウォーカーは、この問題が外国からの干渉という印象を与えることを恐れている。この計画を進めるにあたって頼みとしたのが森賢吾であった。この計画は大蔵大臣の井上準之助の関与も前提にしていたのである。

以上のように、東電と東力の合併は英米銀行団の方針に沿った形で、池田成彬と森賢吾の調停により実現した。この合併は、以下に見るように新電力外債の発行を可能にしたのである。池田成彬は、一九二七年の年末にこの年を回顧して「東京電灯会社東京電力会社の合併を斡旋して一二月に至りて成立せしめたるも一事業なりしか其結果として東京電灯会社の大外債を起し三井銀行貸出金回収の端緒を得たるは更に喜ぶべき事なりき」と書いている[74]。

(3) 新電力外債の発行

『池田成彬日記』に新外債の件が出てくるのは一九二七年九月二二日の記事である。ここで池田は「郷、若尾、及森賢吾氏と共に該新外債交渉に関する米国側の来電に対する答案に就き協議する処あり」と述べている。ラモントの来日中（一〇月三日―一九日）に恐らく何らかの交渉がおこなわれたと考えられる。ラモントの離日の前日に、池田と東電関係者は外債問題について協議している。[75] その後、前述のように東電・東力合併問題が行き詰まり、東電は外債発行の延期も考え始めた。しかし、合併の成立とともに、一九二八年に入って池田は一月一七日に東電外債打ち合わせのために森賢吾を訪問した。[76] その後、池田は三月七日に東電関係者（郷誠之助、若尾璋八、森賢吾）と外債発行の交渉方針について協議している。[77] 外債発行の協議は五月に入って頻繁になり、ようやく五月三〇日に米国総領事館において、池田は三井銀行を代表して東京電灯内外債信託契約書に調印した。[78] 池田は一二月三一日の日記で「回顧するに本年は公生活に於て昨年以来懸案の東京電灯会社内外大外債を成立せしめ以て三井銀行の電灯会社に対する大額債権を回収し又募集に成功して多大の手数料を利益せり」と述べ、新外債の発行が東電からの債権回収と多額の手数料収入をもたらしたことを率直に述べている。

(4) 東電経営改革問題の再燃

池田成彬は、一九二九年の一月三〇日から一一月一一日まで欧米視察旅行に出かけた。翌一九三〇年に入ると、池田は再び東京電灯の経営改革問題に取り組んだ。池田は一月二七日に郷誠之助と東電の金融・改革問題について協議している。[79] 二月に郷と会ったときのことを池田は「東京電灯会社は社長若尾璋八社務を紊乱し財政最も困難なり会長郷氏と善後策を協議するなり」と書いている。[80] 東電の経営難の背景には、当時の井上財政のもとでの緊縮政策の影響と、日本電力の東京進出があった。日電は、一九二九年九月に東京府南葛飾郡、北豊島郡、南足立郡、横浜市鶴見区に供給許可を得て、東電との間に需要家争奪戦を繰り広げたのである。

英米投資団は再び東電の経営に懸念を抱き、東電の経営改善のためバーネット・ウォーカーが三〇年四月一四日に来日した。池田はすでに三月末に郷誠之助と東電整理案について協議していたが[81]、郷の整理案はウォーカーの同意を得られなかった[82]。池田は精力的に調整のために活動する[83]。五月九日に、池田はウォーカーを訪問して池田成彬、各務鎌吉、郷誠之助が署名した東電改革案の覚書を渡した[84]。ウォーカーはこれに「満足の意を表し[85]」、同日離日した。この覚書は、配当を五分に減配（三分減）するとともに、かなり厳しい財務整理を要求したものであった。

森賢吾は六月にラモントに書簡を送り、東電問題の解決に果たした池田成彬の役割を以下のように賞賛した[86]。

Major part of credit is of course due to our common friend Ikeda who spared no pains and exhausted all his resources in order to bring about such an understanding between Goh and Walker as workable in the light of the circumstances prevailing in this country.

東電と英米投資団との交渉は以上のような形で決着をみたが、減配と株価下落に不満をもった東電大株主団は放漫な経営を行なった東電重役陣の総辞職を要求して紛糾した。根津嘉一郎が仲裁に乗り出して、五月三一日に郷誠之助、福澤桃介は仲裁案を承諾した[87]。この案の主要な内容は、東電の重役は郷以外が全員辞任し、会長制を廃止し郷が社長となること、常任監査役を置くこと、株主団は八分配当の要求を撤回し、上期は会社提案の配当（五分）に同意すること、などであった[88]。

先の書簡で森賢吾は東電の人事問題について、とくに五十嵐直三について、以下のように述べている。[89]

Side by side with the Commercial Department which will remain in the hand of Kobayashi, the Finance and Accountant Department of the Company was thought most important and requiring a new man as its Chief for whose choice Baron Goh has taken utmost care. With the hearty support of Ikeda, Kagami and Matsunaga I recommended Mr.Naozo Igarashi Managing Director of Yokohama Specie Bank until only a few months ago ... I must not omit the Finance Minister and the Governor of Bank of Japan among the supporters of this recommendation.

森による五十嵐直三の常務取締役財務部長への推薦は、池田成彬、各務鎌吉、松永安左ェ門の支持だけでなく、井上大蔵大臣や日銀総裁の支持をも得たものであった。若尾璋八は辞任し、郷が取締役会長兼社長となった。

以上のように、再度の東電改革によって若尾系の勢力は一掃され、英米金融団・財閥銀行・政府金融当局の支持をえた新経営陣が成立した。この過程で池田成彬が果たした役割はやはり決定的なものであった。年末に池田成彬は、「東京電燈会社の整理問題に就ては常に枢機に参与し……」と回想している。[90]

2　一九三〇年中頃から一九三二年春まで（電力統制問題、電力会社間紛争の調停、電力連盟の成立）

しかし、東電の整理問題はこれでは終わらなかった。『朝日経済年史』は根本的な整理が必要であるとして、次の二点を指摘している。第一に、内部的整理で、「渇水期においてさへ運転されぬ火力発電設備、売余し電力十三万キロ、高値で売電せる不良契約二十万キロ、東発（東京発電――引用者）合併による不良勘定など合計約一億円の不良資産」の処理、第二に、外部的整理で、「東京区域に送電を開始した日電、東京送電線を完成した大同との妥協、提携」である。[91] 池田成彬は、一九三〇年秋頃から電力統制の問題に本格的に取り組むのである。

池田成彬は三〇年九月六日に郷誠之助を訪問し、東電・日電新規需要問題の経過を報告している。[92] さらに、一二月に入って、池田は郷誠之助、小林一三、河西豊太郎（東電重役）、中野正剛（逓信政務次官）と、日電・東電競争問題および五大電力合同問題を協議している。[93]

(1) 電力統制問題

一九三一年に入ると、池田は精力的に電力統制問題で協議を重ねている。[94] 一月三一日に各務鎌吉と電力統制問題について意見交換し、二月一三日には湯川寛吉、結城豊太郎とこの問題で協議している。二月二四日に今井田逓信次官を招き、湯川、各務、結城とともに電力統制問題を協議した。このメンバーで三月六日、一六日、二三日と会合し、四月六日には、各務、湯川、結城、安達内務大臣、今井田逓信次官とともに、小泉逓信大臣と電力統制問題を協議している。[95] これらの協議のなかで各種の統制案が提出されたが、統制を進めるためには東電・日電問題をはじめとする電力会社間の紛争の解決が不可欠であった。[96] 池田成彬は、まずこれら電力会社間の紛争の調停に乗り出すのである。

(2) 電力会社間紛争の調停

(a) 東電・大同電力料金問題の調停（一九三一年四月―七月）

池田成彬は四月二四日に、木村清四郎と共に、東京電灯および大同電力より係争中の電力料金問題の裁定仲裁委員の嘱託を受けた[97]。翌二五日に、池田は逓信省を訪れ、東電・大同の電力料金問題の裁定仲裁委員の嘱託を受ける。池田は、木村・今井田とともにこの問題について協議を重ね[98]、ようやく七月二日に解決に至った[99]。池田と木村は、七月一五日に、小泉又次郎逓信大臣に招かれ晩餐を共にしてこの裁定の慰労を受けている。この裁定は、卸売電力会社と小売電力会社の以後の料金改定の基準となった点で注目される。すなわち、この裁定では「電力原価は好況期時代の高物価による建設費より採算すべきものなること」を明示したのである[100]。これが意味するのは、「卸売会社を物価下落の窮地より救出し一面金融資本の電気事業全般にわたる債権の基礎を確保せんとする点[101]」であり、銀行資本の代表者としての池田成彬の果たした役割をよく示している。池田の基本的な立場は「現状維持」であり、できるだけ電力資本の動揺を抑える立場に立っていたのである。

(b)　東電・日電問題の調停（一九三一年七月－八月）

『池田成彬日記』によれば、一九三一年七月一八日に東電・日電競争中止の協議に入っている[102]。ここでは、両社は協議に入るが、協議が調わないものは池田の裁定を仰ぐという確認がなされた。二〇日に池田は小泉逓信大臣を訪れ、東電・日電問題の経過報告をしている。池田は、二五日に大橋逓信次官、工藤技師、二七日に内藤熊喜、小林一三と会って協議し、三〇日には小林一三、内藤熊喜と会って「結局両社代表共一切の裁定を余に委任すること」を認めさせている。七月三一日から八月六日までほとんど毎日、大橋逓信次官ら逓信省当局者と会って東電・日電問題の協議をしている。八月七日に池田は東電対日電競争中止協約に関する裁定を行なった。池田はその日の日記に「其れにして多年の懸案たる競争全く熄む」と記している。この裁定に基づき一一月二五日に両社間に営業協定が結ばれた[103]。

(c)　東邦・日電問題（一九三一年一二月）

東邦電力が日本電力との間に締結した電力需給契約の料金更改期日は一九三一年六月一〇日であった。東邦と日電は四月頃から料金交渉を開始したが、両社の主張が対立した。このため、一〇月に入ってから両社は池田成彬、各務鎌吉の裁定を求めることとなった。[104]『池田成彬日記』にこの問題の記事が登場するのは一二月九日で、池田は、大橋八郎逓信次官、工藤技師と共に東邦・日電問題を協議している。さらに、一二月一四日、一七日、二一日にも協議を行ない、一二月二二日に東邦・日電間電力料金裁定書を交付している。[105]

以上のように、一九三一年中に池田は、電力統制を進める準備として電力会社間の紛争を調停する活動を精力的に行なったのである。[106]

(d) 東邦・大同問題（一九三二年二月—三月）

東邦と大同との料金更改期は一九二九年一一月一日となっていたが、この更改期を過ぎて二年余りたっても料金問題は解決を見なかった。そこで、池田成彬、各務鎌吉を仲裁人として裁定を依頼することとなった。『池田成彬日記』では、この問題に関する記事は一九三二年二月二六日に初めて登場する。この日に池田は、各務鎌吉、大橋逓信次官と共に、東邦・大同料金裁定問題の協議をしている。そして、三月四日に裁定案を交付している。

(3) 電力連盟の成立（一九三二年四月）

電力会社間の紛争の調停と並行して、電力統制問題の協議が進んでいった。この電力統制問題の核心を『東洋経済新報』は「……いまの統制問題と云ふものは、困つてゐる電力会社、殊に日電に侵入されて苦しんでゐる東京電灯（侵入軍たる日本電力も決して楽でなく、劣らず苦しんでゐる）を中心として、之をどう救はうかと云ふ点に重点がある」と述べ、東電問題の持つ意義を強調している。[107]

一九三一年一二月に犬養毅政友会内閣が成立する。犬養内閣は金輸出再禁止を実施し、それとともに為替相場は低落して電力会社は外債の元利払いの負担加重に苦しむに至った。折からの長期金融の逼迫とあいまって、電力統制問題は一挙に進展したのであった。

電力連盟の成立に際しても、池田成彬の果たした役割は決定的であった。一九三二年に入って、池田成彬、各務鎌吉、八代則彦、結城豊太郎の金融界代表は、大橋八郎逓信次官と共に電力統制協議会を開いて種々の統制案を検討した[108]。電力連盟規約が調印された四月一九日の日記に、池田は次のように書いている。「昨年春以来電力統制委員会を開く事何回たるを知らず合同案持株案其他種々の提案を検討したるも内外経済界の状勢一変して当初計画したる理想案を実行するに由なく遂に電力連盟規約なるものを作りて電力統制委員会の結末を為すことゝなれり[109]」。池田は『財界回顧』において「私は最初五大電力合併ということで進みたいと思つて居つたが、いろいろな事情で、それが出来ないので、電力連盟というものが出来、そこに金融業者が入つて、例えば大きな発電所でも作ろうという時には、そこに相談しなければならんという組織、同時に金融業者の建前から統制をするような組織、――これが出来たのです」（傍点は引用者）と述べているが[110]、これによれば、電力連盟は五大電力に融資をしている財閥銀行の債権保全を目的として作られた組織であることは明らかであろう。この点について『東洋経済新報』は、従来の財閥銀行家の裁定の例を見ても「一般産業とか、需要家の意思及び需用家の計算等は多く問題にされない」として、「従つて、電力連盟なるものは社会経済的見地から見れば、電気料金の下落防止に陥るところの危険が充分ある。それは、四五の金融資本の代表者が貸金の安全を目標に電気事業の最高指導をなす様に、元来、仕組まれてをるものだからだ」（傍点は引用者）と述べている[111]。この指摘は、電力連盟の本質的性格を鋭くついていると言ってよい。卸売電力と小売電力の競争を抑止するためには、卸売電力の経営を配慮して比較的高い水準に卸売料金を維持するほかなく、これが電気料金の低落を阻止したのである。

電力連盟の核心は「顧問制度」に関する規約の第八条から第十条である。特に第八条の「連盟委員会の協定の纏らざるときは顧問の裁定に付すこと」は、電力連盟成立以前の電力会社間の紛争調停のやり方をそのまま制度化したものである。財閥銀行家は、電気委員会委員および電力連盟顧問に就任することにより、電力業に対する介入の枠組みを制度化し強固なものとしたのであった。[112] ここで成立した体制が、財閥銀行のイニシアチブの下で「現状維持」を基本原則とした「改正電気事業法体制」である。[113]

3　一九三二年春以降一九三八年まで（「改正電気事業法体制」期）

この時期の池田成彬の活動を『池田成彬日記』で検討する。

(1)　電力連盟での活動

電力連盟顧問に就任した池田成彬は、以前にも増して活発に電力統制の実現に取り組んだ。ここでは『日記』によって主要な活動を紹介する。[114]

(a)　東電・日電問題（一九三二年）

一九三二年七月二一日に、東電の小林一三と日電の内藤熊喜が池田を訪問し、両社間の問題について池田の裁定を要請したが、池田は電力連盟に付議すべきと答えている。七月二五日の電力連盟顧問会では、東電と日電の対東京市売電契約の問題が討議された。八月から九月にかけて、精力的に協議、懇談を続けて、九月八日の電力連盟顧問会でこの問題の裁定が下された。この日の日記には「各務結城八代三氏と共に東京電灯会社対日本電力会社の東京市電気局売電協約に関する紛争を裁定して両社協定期間中東京市電気局に関する限り日本電力会社今回の所得数量并将来増加の数量を東電七日電三の割合にて取得する事に決定し五時半散会」と記されている。

(b) 東電・大同問題（一九三四年）

一九三四年七月一一日に、池田は大橋逓信次官を訪問し、東電・大同係争問題について協議した。七月三一日、一一月九日には、電力連盟顧問会で東電・大同問題を協議し、一一月二一日に裁定書を電力連盟委員会に交付している。

この問題は、両社の電力需給契約の更改に際して折り合いがつかず、このため大同が東京地域で小売へ進出を準備して東電と対立したものである。一時、大同が電力連盟の規約（現状維持と二重設備の回避）の再検討をも主張し、電力連盟発足以来の最大の危機といわれた。電力連盟は逓信省に裁定のための基礎調査を求め、連盟顧問はこれを参考にして裁定を下したのである。この裁定については、「現状維持を中心とする統制方針が露骨に現はれたもの」[115]という評価がなされており、大同の小売進出が阻止されるとともに、東電も料金、受電量などで自己の主張を通すことができなかった。

渡哲郎は、一九三〇年代の日電と大同の比較をして、大同の業績回復の遅れを指摘し、その相違の基本的要因を両社の小売活動への進出度の違いから説明している[116]。電力連盟の成立は同社の小売市場への進出を阻止することにより経営条件を悪化させた。この問題は「現状維持」を原則とした電力連盟の矛盾の一つであった。

(2) 電気委員会での活動

池田成彬は、一九三二年一二月一日に電気委員会委員を委嘱され、一二月一五日に第一回電気委員会に出席した。以後、三三年一月一九日（第二回、「特定供給許可基準」）、三三年七月一〇日と七月一九日（第三回・第四回、「電気料金許可基準」）、八月三日（第五回、「大同電力・宇治川電気の紛争裁定」）、三四年二月一九日（第七回、「電気事業

県営問題」)、三五年九月一八日(第九回、「東北振興電力(株)設立」)の審議に参加した。欠席した三回(第六回・第八回・第一〇回)はいずれも議題が「発送電予定計画」の時であった。次章で検討するように、池田成彬は「特定供給許可基準」および「電気料金許可基準」の審議で主導的な役割を果たし、「改正電気事業法体制」の下での電力政策の基本方向を決定づけたのである。池田は、一九三六年五月一日に三井合名定年制の実施とともに常務理事を引退し、これに伴って電気委員会委員を含む各種の公職を辞職した。

(3) その他の活動

(a) 東電との関係

池田は、一九三二年一〇月一日に米山梅吉を訪問し、東電の社債発行について協議している。さらに、一〇月七日に日本興業銀行の結城豊太郎と会見し、東電の社債借換問題について協議している。『財界回顧』で池田が、「外債の御蔭で三井銀行の貸金は一文残らず回収したが、其の後郷君の社長時代に、会社は再び金融難に陥ち入つた。今度は外債は出来ないので、私が興銀総裁をしていた結城君とこへ行つて、『こういうわけだから君の所でやつて呉れ。私の所はいけなくなつたので……』と言つて急場を凌いで貰つたことを覚えております(117)」と述べているのは、この時のことであろう。前節で述べたように、これ以降電力業界で低利の社債への借換と借入金の社債化が進むのである。

三二年の一一月から一二月にかけて、池田は東電の配当問題で東電関係者と協議を続けた。一二月一日の『池田成彬日記』では「東京電灯会社当期配当問題に付会社は当期の利益六百万円に上りたるを以て配当せんとし、三井銀行は将来為替下落に備ふる為め無配当を為すべしと主張して応ぜざる為に社長郷氏は引責辞職せんとして事体容易ならず遂に一分減二分配当に同意して妥協せり」と書かれており、池田は「乍今更事業会社当局者の配当に恋々として大局を見るの明なきを憂へざるを得ず」との感想を記している。

三三年の七月一六日に池田は郷誠之助を訪問し、東電の副社長問題を協議している。また、一一月二〇日に郷宅へ行き、小林一三、大橋新太郎、松永安左ェ門、河西豊太郎と東電社長問題について協議している。小林一三が一一月二五日に社長に就任していることから、おそらくこの調整であろう。また、三四年四月二三日の日記では、郷誠之助を訪問し、東電の減価償却問題およびその他の一般問題について意見交換したとの記事がみえる。

三五年七月四日には、三井銀行が主催して東電の業績回復の慰労の宴が開催されている。池田はすでに三三年九月二一日に三井合名理事に就任して、翌二二日に三井銀行常務取締役を辞任し取締役となったが、三五年の八月五日に三井銀行取締役を辞任している。

一九三六年に入っても、東電関係者との会合を続けている。特に、郷誠之助とかなり頻繁に会っている。一九三七年一月一二日に、小林一三が東電と東邦の合併の件で池田を訪問している。以上見て来たように、池田成彬と東電の密接な関係は電力連盟成立以降も継続し、東電の重要な問題に関し絶えず相談に乗っていたのである。

(b)　その他

『池田成彬日記』では、松永安左ェ門が頻繁に池田を訪問している。東邦の社長、東電の重役として松永は池田と緊密な関係を保っていたと思われる。

池田はまた、日電の財政再建にも重要な役割を果たした。一九三三年六月一四日に池尾芳蔵が来訪するが、当日の日記には「日本興業銀行に赴き結城総裁并三井信託会社江藤氏と共に日本電力会社建直案を検討し……」と書かれている。また、九月九日には日本興業銀行へ行き、日電の社債発行に関して協議している。

(4) 電力国家管理問題と池田成彬

池田成彬は電力国家管理問題にどのような態度をとっていたのだろうか。池田は、一九三七年二月三日に日本銀行総裁の就任を受諾する。さらに、五月三一日、林内閣が総辞職し、近衛内閣が成立するとともに、池田は日銀総裁を辞職した。一〇月一二日に内閣参議の就任を受諾する。

逓信大臣の永井柳太郎が池田を訪問したのは、一一月一〇日であった。日記には「永井逓信大臣は電力国家管理法案に就き説明諒解を求むる処あり」と記されている。一二月七日には電力連盟の会議に出席したが、これについて池田は「政府の今議会に提出せんとする電力国家統制案に対し五大電力会社は一致して反対する策を作製せんとするに当り電力連盟顧問並前顧問を招き其意見を徴したるなり」と書いている。同日、賀屋蔵相が池田を訪問し、電力案に対する閣内の空気を報告したという。

翌三八年二月一日に、池田は結城豊太郎、各務鎌吉とともに郷誠之助を訪問し、電力国家管理法案に対する郷の意見を聞いている。池田は、電力国家管理法案に対して基本的には反対であったと思われる。日本銀行は一九三七年一二月一五日に定例重役会議を開いたが、そのときに電力国家管理法案について意見が交換された(117)。出席したのは、池田成彬をはじめ、津田、松本、八代、森、各務の各参与理事、それに結城総裁、津島副総裁であった。問題点として指摘されたのは、第一に、「生産力の急速拡充が必要とされる現下の情勢において同案の採用は電力業者の企業家的関心を阻止する虞れあると共に資金関係から電力の不足を招来する懸念が多分にある」、第二に、「海外債権者に対する影響は外資導入問題に円滑を欠く虞れがある」という点であり、結論として「一般に時期に非ずとの意見に一致をみた」という。「改正電気事業法体制」の「守護神」であった池田にとって、財界および電力業界の動揺をもたらす恐れのある「電力国家管理」は認められないものであった。

（1）野田正穂『日本証券市場成立史』有斐閣、一九八〇年、三一三―三二〇ページ。なお、『東京電気株式会社社史』（一九四〇年）にも同様の指摘がみられる。「政府ノ外債ト民間ニ於ケル外資輸入トノ為メ久シク緩慢ヲ極メ外観殆ンド眠レルガ如キ状態ニアリタル我ガ経済界ハ当期ニ入ルニ及ンデ一度鉄道国有政策ノ実現セラルゝヤ為ニ浮動セル資本ハ一時ニ電気事業ニ集注シ……各地ノ電気事業ハ頓ニ興起スルニ至レリ」（前掲社史、一〇四ページ、傍点は引用者）。

（2）『電気事業要覧』による。なお、払込資本金の中には、会社組織以外の事業および電気事業を副業とするものの固定資産額が含まれている。

（3）橋本寿朗「『五大電力』体制の成立と電力市場の展開(1)(2)(3)」『電気通信大学学報』第二七巻第二号・第二八巻第一号・第二号、一九七七年二月・八月・一九七八年二月、参照。

（4）『電気事業再編成史』一九五二年、五九ページ。

（5）以下の叙述は、『東洋経済新報』一九三〇年五月三日及び七月一二日、による。

（6）『東洋経済新報』一九三〇年五月一二日、三一ページ。

（7）同右、三二ページ。

（8）同右。

（9）三宅晴輝『電力コンツェルン読本』春秋社、一九三七年、三五九ページ。

（10）『東洋経済新報』は、宇治川電気を大阪商船の「傍系会社」と述べているが（一九三〇年七月一二日、三二ページ）、三宅晴輝氏は「中橋幕下の人間で固めこそはしたが、資本的には商船系と呼べない」と指摘している（三宅、前掲書、三七〇ページ）。

（11）『東洋経済新報』は、「日電に於ける商船閥の勢力は頗る優勢」で「此意味に於て日電は商船閥の直系会社」であると述べている（一九三〇年七月一二日、三二ページ）。

（12）『三井事業史』本編第三巻中、三井文庫、一九九四年、四五六ページ。

（13）同右、六九七ページ。しかし、この比率は一九三九年末には二割強に減少し、その代わり重化学工業の比率が急増した。

(14) 同右、二七〇、二七七ページ。
(15) 松元宏『三井財閥の研究』吉川弘文館、一九七九年、二四五ページ。
(16) 前掲『三井事業史』六一〇ページ。
(17) 同右、六一二ページ。
(18) 浅井良夫は、三井銀行が東京電灯の株式取得に消極的であった理由を、「三井銀行にとっては、電力業を貸出、社債引受により支配するのが、安全性・収益性の面から最も適切であったのである」と説明している（浅井良夫「一九二〇年代における三井銀行と三井財閥」『三井文庫論叢』第一一号、一九七七年、三一二ページ）。
(19) 松島春海「電力統制問題の背景（下）」『アナリスト』第一三巻第一号、一九六七年一月、七八ページ。
(20) 浅井良夫、前掲論文、二九三ページ。
(21) 同右、二九二ページ。明治末・大正初期の三井銀行の貸出は「綿花を中心とする貿易金融を中核とし、電力電鉄と製糖業および鉱業部門を翼として」（『三井銀行八十年史』一九五七年、四一三―四一四ページ）行なわれており、さらに第一次大戦以降は当時勃興していた水力電気事業へ積極的に資金を供給したという（同上、四一七ページ）。その結果、一九二〇年代に入って電力業への融資は三井銀行貸出金のなかで大きな比重をしめるに至った。たとえば、一九二四年末には、東京電灯・東邦電力が大口貸出の第一位・第二位をしめている（同上、四一八ページ）。
(22) 「これに三井信託会社からの融資分を加算すれば、日本の電力会社借入金の三割余りを供給していたこととなる」（『三井銀行八十年史』四二四ページ）。
(23) 前掲『三井事業史』一八〇ページ。
(24) 同右、一八〇ページ。
(25) 同右。
(26) 以下は、小倉信次『戦前期三井銀行企業取引関係史の研究』泉文堂、一九九〇年、を参照した。
(27) 小倉、前掲書、三五〇ページ。
(28) 同右、三五二ページ。
(29) 前掲『三井事業史』二〇一ページ。

(30) 同右、四二八ページ。
(31) 同右、六七三―六七四ページ。
(32) 同右、六七四ページ。
(33) 川上忠雄は、金融恐慌後の興銀融資について次のように指摘している。「すなわち、興銀融資は金融恐慌前と同様大銀行の融資を補完する役割を果したのであったが、その補完の内容をみれば、貸付先の資本系統ではあいかわらず総合財閥系企業はほとんどなく、主として非財閥系企業および若干の事業閥系企業であったが、貸付先の業種別では電力・電鉄・海運の三部門が主流を占め著しくその構成は変化したのであった」(「第一次大戦後における興銀の産業金融(2)」『経済志林』第二八巻第四号、一九六〇年一〇月、一六五ページ)。
(34) 『日本興業銀行五十年史』一九五七年、三三四ページ。
(35) 「大銀行との関連でいえば興銀融資は金融恐慌前と同様、第一に、概して大銀行の融資系列の周辺に位置し融資引締めの影響を最も強く受けた非財閥系企業に向けられ……」(川上、前掲論文、一六一ページ)。
(36) 志村、前掲書（表8-1参照）三一三ページ。
(37) 同右、三一八―三一九ページ。
(38) 浅井、前掲論文、三〇三ページ。なお、一九二〇―三一年に国内で発行された事業債四三億三〇六八万円のうち、電力債は一七億三八八七万円（四〇・二％）をしめ、三井は国内発行電力債の一五・九％、五大電力社債の三二・二％を引き受けていた。
(39) 吉川容「三井銀行の社債引受（一九二〇年～一九四二年）」『三井文庫論叢』第二八号、一九九四年、六九ページ。
(40) 橘川武郎『日本電力業の発展と松永安左ヱ門』(名古屋大学出版会、一九九五年)、七七ページ。
(41) 電力外債については、松島春海「電力外債の歴史的意義」『社会経済史学』第二六巻第六号、および橘川、前掲書、第一章第四節「電力外債と電力業経営」を参照。
(42) 浅井、前掲論文、三〇六―三〇八ページ。
(43) 吉川、前掲論文、七五―七六ページ。
(44) 利用した資料は、山形県立図書館所蔵の『池田成彬資料（マイクロフィルム）』No.1、である。原文の引用の際、変体仮名は通常の平仮名に改めた。
(45)『池田成彬日記』一九二五年一二月三〇日。
(46) 同右、一九二六年一〇月一日。
(47) 同右、一九二七年四月一日。
(48) 同右、一九二七年五月二五日。
(49) 池田成彬述『財界回顧』世界の日本社、一九四九年、二三八ページ。
(50) 駒村雄三郎『電力戦回顧』電力新報社、一九六六年、二七八ページ。
(51) 池田、前掲書、二三八ページ。
(52)「十二時工業倶楽部に赴き郷誠之助氏に招かれて大橋新太郎結城豊太郎藤原銀次郎三氏と共に午餐を共に東京電灯会社の事を議す同会社の改革を成さんが為めに郷氏を迎へて取締役会長に為さ(ん)とするの計画あり同会社の現状に付四氏の諮詢に応じたるなり」(『池田成彬日記』一九二七年六月二二日)。
(53) 駒村、前掲書、二八〇ページ。
(54)『池田成彬日記』一九二七年七月二日。
(55)『東京電灯株式会社開業五十年史』一九三六年、一七五ページ。
(56)『池田成彬日記』一九二七年七月五日。
(57) 同右、一九二七年七月二〇日。
(58) 同右。八月一六日と二九日に若尾璋八を、九月一五日には郷誠之助を訪問している。
(59) 同右、一九二七年九月一七日。
(60) Burnett Walker to Thomas W. Lamont, Thomas W. Lamont Papers, Sep. 16, 1927, Box 189 Folder 7, Baker Library, Graduate School of Business Administration, Harvard University.
(61) op. cit.
(62) op. cit.
(63)「森賢吾から津島寿一への書簡」(一九二七年一一月一七日付。駒村、前掲書、一六六ページより再引用)。

(64) 詳しくは、駒村、前掲書、第二編及び第三編を参照されたい。
(65)『池田成彬日記』、一九二七年九月二三日。
(66) 以下の叙述は、前掲（注63）の「森賢吾から津島寿一への書簡」による。この書簡で森は交渉の発端を次のように述べている。「これより先き小生就任（東電財務顧問）に先だち、東電は自発的に合併（東京電力）を計画し、其の交渉を池田（成彬）氏に委任せり。池田氏は小林（一三）氏に立案せしめ、十対八の比率に達したるところ、東電は、この比率は、合併後における財政上の地位懸念に堪えずとし、十対七に修正して池田氏の尽力を乞えり。池田氏は先づ松永氏の意向を探らんため、暫らく其の案を抱蔵し居たるに、松永氏は対等合併以外は、反対の如き外観を与え居たるを以て、池田氏も時期に非ずと信じ、此の案を示さず、従って合併は形式上何らの交渉に入らずして、頓挫したるの観あり」（駒村、前掲書、一六七ページ）。
(67)「森賢吾から津島寿一への書簡」（一九二七年一二月三〇日付。駒村、前掲書、一七二ページ）。
(68)『池田成彬日記』では、一二月一日に郷誠之助と、一二月一〇日に結城豊太郎、郷誠之助と、一二月一二日に結城豊太郎、郷誠之助、大橋新太郎、小林一三、田嶋達策、松永安左エ門と、また同日に再び小林一三、郷誠之助、松永安左エ門と協議している。
(69)「森賢吾から津島寿一への書簡」（一九二七年一二月三〇日付。駒村、前掲書、一七二ページ）。
(70) 詳しくは、同右書簡（駒村、前掲書、一七一―一七七ページ）を参照。
(71)『池田成彬日記』にその経過が以下のように記されている（一二月二三日付）。これによっても、池田成彬の果たした役割がいかに決定的であったかがわかる。

「東電、東力両社合併の事は去十三日左の条件を以て
　東電九株に対する東力拾株
　東力より松永、宮口両氏取締役として入社の事
　解散手当として東力に於て百拾万円を支出する事
其他東力は対東邦電力の継承問題等両社間に協議纏り両社共重役会開会の段取りとなりたる時突如として東電の名古屋に於ける電力供給請願の問題紛糾し即ち東力は請願取下の要求を為し東電は拒非して一歩も譲らず又東力は自社

の取締役営業部長たる進藤甲兵氏を東電使用人として引継かんとして大に主張し東電は進藤氏を避忌して譲らず両方相対峙して譲る処なく事態頗る険悪となれるを以て昨日来森賢吾岡本桜名取和作三氏極力松永氏に妥協を勧説し漸くにして両者間一の成案を得たり即ち

一、東電会長郷誠之助氏と池田成彬との間に文書を作り東電は合併総会開会迄に東電、東邦両社間に双方共相手方の領域に於て攻撃的侵害の競争を為さゞる協約を為す事を約束す而して此協約に違反したる者は因て生する損害賠償の責に仕する事此協約は紳士協約として存続する事

二、郷誠之助池田成彬間に作らるべき文書は松永氏をして知らしめず又之れを同氏に示さず岡本桜氏にのみ内示して其同意を得他日両会社間に協約作成の場合に文句等に就き異論なき様松永氏を説得するの義務を負はしむる事

三、池田成彬は郷誠之助作成の文書に依り東力田嶋、松永正副社長に対し合併総会迄に東電をして両社不可侵協約に調印せしむる事を受負ひ田嶋、松永両氏は之れに信頼して合併仮契約に調印する事

四、東電は池田成彬に対し進藤甲兵を平社員として引継くべき事を約束し池田成彬は之れに依りて田嶋松永両氏に対し進藤引継の事を保証す但身分俸給等は言及せず而して松永氏は池田に対し進藤を東電に引継くも進藤を出社執務せしむる等のことなきを約したるを以て池田は若尾氏に対し同しく進藤を引継貰へばとて同人をして出社執務をせしむる等の事なきを約せり

以上の趣旨に依り余は本日朝より夕暮に至る迄両者の当局者に会見納得を得たるを以て東電、東力、両社は明日を以て各合併仮契約に調印する運びとなれり是れにて久しく結んで解けざりし両社合併問題も一先づ解決を告くるに至らん歟」

橘川武郎は、「東京電力の東京電灯への合併を実現させた決定的な要因は、松永の決断であった。しかし、松永の決断を引き出すうえでラモントが果たした役割は大きかったし、松永とラモントを引きあわせた森の貢献度も小さくはなかった」（橘川、前掲書、一四八ページ）と述べている。ラモントの来日は一〇月三日から一〇月一九日までであり、松永がラモントに会ったのは確かであるが、森の書簡によれば（前掲一一月一七日付）、一一月中旬まで合併交渉は松永の強硬な反対によりデッドロックに乗り上げていたのである。以上の経過で明らかなように、東電・東力の合併に決定的な役割を果したのは、誰よりもまず池田成彬であったのである。森は同書簡で、「東電は終始合併

成就の誠意を示しおるにもかかわらず、松永氏独り其の目的を妨害するの外観あれども、松永氏の立場も、頗る困難なるを察せざるべからず」（駒村、前掲書、一六九ページ）と述べており、合併の成立に松永が積極的な役割を果たしたとは考えられない。

(72)　駒村、前掲書、一六四ページ。

(73)　op. cit.（注60）

(74)　『池田成彬日記』一九二七年一二月三一日。

(75)　同右、一九二七年一〇月一八日。

(76)　同右、一九二七年一月一七日。

(77)　内容は以下の通りである。「午後二時半郷誠之助若尾璋八森賢吾小林一三四氏来会東京電灯会社外債に関する協議を為す英米財団に対し二億五千万円起債の希望を通じたるに米英に於て二億円日本に於て五千万円発行の提議を為し来りたるも期限二五年七分利回を標準とし手数料五・五外に費用として五分を請求し頗る不利なる条件なるを以て協議の結果惣財産を提供するに於て異議なきも予じめ一番抵当として起債し得べき極度金額を定め此際英米旧債償還資源として約壱億円を英米両市場に於て発行し残額は機会を見て英米又は日本に於て起債することを改めて英米財団と交渉することゝせり」（同右、一九二八年三月七日）。

(78)　『池田成彬日記』では当日のことを次のように述べている。「今春来東京電灯会社財産を一団となして日英米三国市場に於て内外債発行の議あり東京電灯会社は森賢吾氏を挙けて財務顧問となし交渉の任に当たらしむ余は一面財権者として一面東電の為めに一切の諮詢に応じ森氏と共に交渉五ケ月に渉り漸く成立したるを以て米国総領事の面前に於て信託証書に記名したるなり」（一九二八年五月三〇日）。

(79)　『池田成彬日記』一九三〇年一月二七日。

(80)　同右、二月二日。

(81)　同右、三月二八日。

(82)　五月二日に池田はウォーカーと会って東電問題について意見交換したが、その日の日記に「同氏（ウォーカー――引用者）は郷男提出の組織更改案に付不満を感じ其案の不完全なるを強調する処あり」と記している。

(83)『池田成彬日記』によれば、池田は東電問題に関し、五月三日に各務鎌吉と、五日に郷、森賢吾、ウォーカー、ビバートと、六日に郷、森と、七日に各務、森と、八日にウォーカー、郷、森と協議している。
(84)『池田成彬日記』一九三〇年五月九日。その日の日記に池田は覚書の要項を次のように記している。なお、池田の『財界回顧』にもこの内容が紹介されている(二三一ページ)。
一、東京電灯会社本年上期下期両期の配当は年五分を超過すべからず
二、其以後の配当は東電証券会社其他の損失を回復補塡する迄純益の七割五分以上を超過すべからず
三、来年上期以後の建設資産并傍系会社に対する貸金は長期借入又は社債、又は増資を以て支弁せざる限り純益収入金を以て支出すること
四、本年十二月支払の外債利払金及来年二月支払の減債基金は本年十月二十日限り三井銀行に信託預金と為す事
(85)同右。ウォーカーは、この滞日時に逓信当局と接触し電力統制について懇談している(第七章注26参照)。
(86)Kengo Mori to Thomas W. Lamont, Thomas W. Lamont Papers, June 13, 1930, Box 188 Folder 31.
(87)『朝日経済年史』昭和六年版、一二五ページ。
(88)同右。
(89)op. cit.(注86)
(90)『池田成彬日記』一九三〇年一二月三一日。
(91)『朝日経済年史』昭和六年版、一二五―一二六ページ。
(92)『池田成彬日記』一九三〇年九月六日。この「新規需要問題」については、駒村雄三郎『電力界の功罪史』交通経済社出版部、一九三四年、三一三―三一七ページ、および『朝日経済年史』昭和六年版、一二四ページ参照。『朝日経済年史』は東電・日電の対立について、「両社の協調、妥協については東電側は政治的に解決せんとして監督官庁に対しては勿論のこと、内相及び蔵相に対して協調の斡旋を依頼し、他方両社に対して金融関係を握れる三井銀行の池田成彬氏に対しても懇願した。しかるに日電は東電の政治的解決、金融的威脅に反発して、両社の協調、妥協は飽くまで経済的解決にまつべしと主張し、……両社の抗争は対峙のまゝ六年に入つた」と述べている(同上、一二四ページ)。

(93)『池田成彬日記』一九三〇年一二月二日。当時の電力業の状況は、関西では日電・宇治電の営業提携、および関西共同火力の設立により安定しつつあり、また中京では東邦、矢作の対立を除いては統制が進み、残すところは関東の問題だけであった。『朝日経済年史』はこのことについて、「残すところ関東地方における斯業の安定は、一つに東電、日電抗争の解決、東電の整理にかゝり、東電の整理はまた相関的に日電との抗争解決によることが、業界最後の問題としてとり残されたのである」と述べている（『朝日経済年史』昭和六年版、一二四―一二五ページ）。

(94)　以下の記述は『池田成彬日記』による。

(95)　このような動きについて当時の雑誌は次のように述べている。「五大電力統制問題は改正電気事業法の今議会通過を機として急速に進展しつゝあり、即ち之が一面の現れとして逓信当局と関係金融巨頭との懇談協議となり、従来の所謂統制私案に対する再吟味となつたものであるが……」（『電気界』一九三一年五月号、三五五ページ）。さらに、この時期の電力統制の特徴について「電力統制問題は古いが然し今回の行き方は従来と稍異なつた点がある。それは従来電力業者によつて提唱されていたものが金融業者によつて計画されてゐることである」と述べ、財閥銀行のイニシアチブを指摘している（同上）。

(96)「統制の先決問題　東電日電の和平」（『電気界』一九三一年五月号、三五五―三五六ページ）参照。

(97)『池田成彬日記』一九三一年四月二四日。以下、同日記から引用の場合は月日を示して注記は省略する。

(98)『池田成彬日記』によれば、五月一八日、五月一九日、六月二日、六月二二日、六月二五日、六月三〇日にこの問題について協議している。

(99)　この日の記述は以下の通りである。「二時半銀行倶楽部に赴き今井田清徳木村清四郎両氏と大同対東電料金裁定問題を協議して裁定案を作製し四時東電副社長小林一三氏大同電力会社々長増田次郎氏を招致し之れを交付せり一昨年以来紛擾を重ねたる料金問題も茲に一段落を告げたり五時過今井田清徳氏を訪ひ謝辞を述べ直に帰宅増田次郎氏来訪」（『池田成彬日記』一九三一年七月二日）。この問題については、『東京電灯株式会社開業五十年史』一九三六年、一七七―一八〇ページ、および『大同電力株式会社沿革史』一九四一年、二四二―二五五ページを参照。この調停について『電気界』は次のように述べている。「電力統制途上の先決問題たる電気事業者間の料金争議は、今回の東電大同両社間に於ける料金裁定が尚送電線問題を残してゐるとは云へ曲りなりにでも相方の承認を得たことは、或程度迄の成功と云ひ得べく従つて現に停頓中なる東邦大同間の料金争議は勿論日電、東邦料金更改に対しても或種の基準を示すことに於いて料金問題の将来に一条の光明を投げたものであり、旁電力統制は之より進展を見るべしと観測せらるゝに至つた模様であるが……」（『電気界』一九三一年八月号、五七〇ページ）。

(100)『朝日経済年史』昭和七年版、一二一ページ。

(101)同右。また、『電気界』は同様に次のように述べている。「電力界における昭和七年度の主要問題は依然として電力統制であるが金融資本家の態度は全く自分の債権擁護一点張りに止り産業の根幹をなす電力事業そのものゝ根本的解決に触れようとしてゐない。即ちさきに池田、各務、木村氏等金融業者が仲裁者となつて裁定を下した東電対大同、東邦対日電等の対電力が一般の電灯電力料金の一勢に逆行して割合に高料金に止めた点にもうなづかれる」（一九三二年二月号、八六ページ）。

(102)記事は以下の通り。「朝十時東京電灯会社正副社長郷誠之助小林一三日本電力会社専務取締役内藤熊喜三氏来訪先年以来の懸案たる日電会社の東京区域内に於ける競争問題に付商議する処あり協定の原則数項を議定し調印して具体的の細目は両社側に於て明後二十日より協議し協議調わざるものは余の裁定に竢つ事を約して散会す時に午後三時なり」。両社の妥協の背景には財閥銀行の圧力があった。『朝日経済年史』は「上半期末より電力事業に対する金融的困難は次第に深まり、特に日電は金融業者より短期資金の回収頻々として起り八月に入るに及んで両社とも漸く妥協的状態となり……」とこの点について示唆している（『朝日経済年史』昭和七年版、一一九ページ）。

(103)『東京電灯株式会社開業五十年史』一七六ページ。『朝日経済年史』は東電・日電問題の裁定について「結局両者とも何等得るところなく、この間金融資本の制覇的地位の表面化した事のみが特異の事象として残された」と述べている（同書、昭和七年版、一二〇ページ）。

(104)『東邦電力史』一九六二年、三三一ページ。

(105)『朝日経済年史』はこの裁定について「両社の利益は略同等に扱はれ、こゝにもまた金融資本の自己防衛が成功している」と述べている（同書、昭和七年版、一二二ページ）。

(106)年末にこの年を回顧して池田は次のように記している。「春初以来逓信省当局者金融同業者三四名と共に電力統制に関する調査を進め傍木村清四郎氏と共に東京電灯会社対大同電力会社間電力料金問題を各務鎌吉氏と共に東邦電力会社対日本電力会社間電力料金問題を裁定し又久しく結んで解けざりし東京電灯会社対日本電力会社競争問題を裁定して電力界安定に貢献する事尠からざるなり」（『池田成彬日記』一九三一年一二月三一日）。

(107)『東洋経済新報』一九三一年八月一日、三七ページ。池田成彬も『財界回顧』の中で「電力の問題はいつでも東電中心でしたね」と述べている（同書、二四四ページ）。

(108)その具体的内容については、『朝日経済年史』昭和八年版、一二四―一二六ページ、及び『東洋経済新報』一九三二年五月二八日、二七―三〇ページ、参照。『池田成彬日記』によれば、一月二一日、二月四日、二月一七日、三月八日、四月八日に電力統制問題の協議が行なわれている。

(109)『池田成彬日記』一九三二年四月一九日。

(110)『財界回顧』二三〇ページ。

(111)『東洋経済新報』一九三二年五月二八日、二七ページ。

(112)橘川武郎は「電力連盟は、逓信省の後押しを受けつつ、電力資本の自主的統制組織として成立した」と主張しているが（橘川、前掲書、一八八ページ）、この評価は池田成彬などの財閥銀行家の役割を過小評価していると言わざるを得ない。『東洋経済新報』は、財閥銀行のイニシアチブを次のように強調している。すなわち、「金融資本側の諸提案が悉く不成立となり、且つ権力者（逓信省を指している――引用者）の発案が一蹴された点だけを見ると、内藤案成立は、業者の力を示した観が無いではない」が「これは皮相な観察であつて」、「相当強烈にこの連盟案に反対的立場をとらねばならぬ筈の小売会社、例へば宇治川、東邦の如きが、調印したことは、何と云つても、金融資本の威力に屈したものと云はざるを得ぬ。」（『東洋経済新報』一九三二年五月二八日、二六ページ）。

(113)電力連盟成立直後、松永安左エ門は電力連盟の本質とそれがはらむ矛盾を次のように鋭く指摘している。「卸売会社の立場、殊に卸売会社に投資している立場から言へば、六百円で出来て居る発電所が新たな三百円の発電所に比較されて、それに依つて全然更改されると云ふことは非常な苦痛である。そこで、何とか妥協し、協定し、或はそれが出来ない場合には、仲裁人を頼んでも相当な譲合を受けて自分の方を維持しやうと云ふのは是亦当然なことである。と同時に、其事が過ぎる結果としては、一般公益事業としての立場から新しい市場、又新しく発電して進んで行けると云ふ其立場との間の矛盾撞着困難を発生すると云ふことは、免かれない状態である」（『東洋経済新報』一九三二年五月二八日、三三ページ)。松永は、電力連盟結成は、卸売電力と財閥銀行の利害を反映していることを認めているのである。さらに、松永は、電力連盟の成立による「現状維持」と独占の強化が、その「公益的立場」と矛盾する可能性をも指摘している。

(114) 以下、『池田成彬日記』による。

(115) 『朝日経済年史』昭和十年版、一二四ページ。

(116) 渡哲郎は両社を比較して次のように述べている。「大同が創立以来の純粋な卸売電力独占体という性格を変えなかったのに対して、日電は卸売電力独占体としての性格を基本的に保持しながらも、小売兼営卸売電力独占体への転身を示しつつあったのである」(渡哲郎『戦前期のわが国電力独占体』晃洋書房、一九九六年、一四八ページ)。

(117) 『財界回顧』一三二ページ。

(118) 東京銀行集会所『銀行通信録』第六二四号、一九三八年一月二〇日。

第九章　一九三〇年代前半におけるわが国電力業の展開

――重化学工業化との関連で――

はじめに

戦前日本の電力業は、第一次大戦以降急速に発展し、一九二〇年代末には五大電力（東京電灯、東邦電力、宇治川電気、大同電力、日本電力）がほぼ支配的地位を確立した[1]。電力業は、その規模と役割によって、わが国の産業構造の中で極めて重要な位置を占めるに至った。一九三〇年代に入ると、三一年の電気事業法改正、三二年の電力連盟の成立により、電力会社の競争は制限され、国家的統制が強化された。そして、一九三八年の電力国家管理法の成立により、国家が基礎エネルギー資源である電力を直接掌握しうる条件が整えられたのであった。

電力国家管理の実現過程については、すでにいくつかの研究がある[2]。電力国家管理は、戦時経済という特殊な条件のもとで実現されたにもかかわらず、日本電力業に固有の矛盾の一つの解決形態としてとらえられるし、またとらえねばならない。この点からみれば、電力国家管理、もっと一般的に言えば、電力の再編成は、単に電力業の外部からの要求の実現とだけみるのではなく、電力業内部にはらまれた諸矛盾の一定の条件の下での「克服」という意味をもあわせもっていると考える必要があるだろう。

本章は、以上の点をふまえて、一九三〇年代前半の電力業における固有の諸矛盾が、日本経済の急速な重化学工業化を契機、条件として、どのような形態で発現し展開せざるを得なかったかを考察しようと試みたものである。その際、その矛盾の具体的な展開を電力需給の面から、矛盾の政策決定過程への反映を「電気委員会議事録」により分析しようとした。

第一節　重化学工業化の進行と電力業

1　重化学工業化と電力需要の増大

一九三〇年代における重化学工業化の進展とともに、電力需要も急速に増大した。表9-1は部門別電力需要の変化をあらわしている。それによれば、一九三一年から一九三七年までに、総電力需要は一・八倍となったが、重化学工業部門は二・六倍と大幅な伸びを示していた。こうして、総電力需要にしめる重化学工業部門の割合は、一九三一年の三一・八%から三七年の四五・九%へと高まった。重化学工業のなかでは、化学工業が大きな比重をしめていた。一九三七年には、化学工業は総電力需要の三一%を占めていた。しかし、伸び率からみると、金属、機械器具工業が化学工業を上回っていた。とくに金属工業の場合、電気冶金、電気製鋼、合金鉄製造などに莫大な電力を使用し、一九三一―三七年の間にその消費量は四・二倍となった。

表9－1　電力需要の増大

(単位：100万 kwH)

	1931年	1934年	1936年	1937年	31年に対する37年の倍率
鉱業	1,112	1,935	2,346	2,450	2.2
金属工業	615	1,428	2,175	2,508	4.1
機械器具工業	391	776	835	989	2.5
化学工業	3,036	4,342	6,029	7,252	2.4
重化学工業小計(A)	4,042	6,546	9,039	10,749	2.6
窯業	498	723	990	1,048	2.1
紡織工業	1,578	2,156	2,344	2,530	1.6
製材木製品工業	91	103	128	151	1.7
食料品工業	328	319	382	420	1.3
印刷及び製本工業	38	45	45	46	1.2
その他工業	174	284	407	378	2.2
製造工業小計	6,749	10,176	13,335	15,322	2.3
公共事業用	730	830	900	930	1.3
電気鉄道	1,073	1,204	1,384	1,438	1.3
電灯	2,815	2,680	2,830	2,950	1.04
電熱及び小口	252	260	300	310	1.2
小計	4,870	4,974	5,414	5,628	1.2
合計(B)	12,731	17,085	21,095	23,400	1.8
A／B　%	31.8	38.3	42.8	45.9	—

(注) 1. 栗原東洋編『現代日本産業発達史3　電力』交詢社出版局，1964年，269ページ。
2. 自家発電を含む。

　最大の電力需要部門である化学工業について少し詳しくみよう。化学工業では日窒などの「新興財閥」が一九二〇年代に主として電気化学を中心に発展したが、その生産には豊富低廉な電力の確保が決定的な重要性をもっていた。日窒の場合、一九二〇年代中頃には五大電力がすでに主要な電源地帯をおさえていたこともあって、電力資源を求めて朝鮮へ進出した。[3] 一九二〇年代後半になると、不況

表 9－2 1931～35年における余剰電力

(単位：100万 kWH)

年	可能発電量		発生実績		余剰電力	
	実数	指数(%)	実数	指数(%)	実数	指数(%)
1931	13,231	100.0	9,462	71.5	3,769	28.5
1932	13,277	100.0	10,232	77.1	3,044	22.9
1933	12,940	100.0	10,882	84.1	2,058	15.9
1934	13,472	100.0	11,526	85.5	1,946	14.5
1935	14,471	100.0	13,065	90.3	1,407	9.7

(注) 『電気事業再編成史』電気事業再編成史刊行会，1952年，56ページ。

や電力資本間の競争の激化によって過剰電力が発生し、これを利用する電気化学企業が勃興した。たとえば昭和肥料は、一九二八年に過剰電力の消化を目的として、東京電灯と東信電気により設立された会社であった(4)。しかし、一九三二年の電力連盟の成立によって電力資本の独占が強化されると共に、電力確保の面から電気化学工業の展開は困難となるに至った(5)。すなわち、過剰電力は一九三二年を境に急速に減少しはじめた（表9－2参照）。同じ頃から石炭化学工業が勃興、発展した。合成硫安の市場が一九三一年以降安定し、石炭価格が低落するという背景のもとで、三井・三菱・住友などの石炭資源を持つ旧財閥が石炭化学に進出し、三〇年代中頃に化学工業において旧財閥が新興財閥に対し優位にたつに至った(6)。このように、一九三〇年代前半の電力業における独占の強化は、新興財閥系電気化学工業には相対的に不利に、旧財閥系石炭化学工業には有利に作用した。その意味では、「豊富・低廉」をスローガンにした電力国家管理に、新興財閥が積極的に賛成したのも当然といえよう。

以上のように、重化学工業を主要な蓄積基盤とするようになっていた財閥にとり、一九三〇年代中頃においては、電力を安定的に確保することが極めて重大な課題となっていた。とくに、電気化学中心の新興財閥にとって、安価で豊富な電力を得られるかどうかは死活的な問題であった。

表9－3　発電力の増加

（単位：1,000kw）

年	合計	指数	水力	火力	水火力の比率	
					水力	火力
1931	4,127	100	2,901	1,226	70	30
1932	4,306	104	2,984	1,322	69	31
1933	4,520	110	3,089	1,431	68	32
1934	4,739	115	3,171	1,568	64	36
1935	5,137	124	3,309	1,828	64	36
1936	5,794	140	3,652	2,142	63	37
1937	6,183	150	3,852	2,331	62	38
1938	6,620	160	4,166	2,454	63	37
1939	7,249	176	4,555	2,964	63	37
1940	7,881	191	4,997	2,884	63	37

（注）　南亮進『鉄道と電力』（長期経済統計12）東洋経済新報社，1965年，206ページより作成。

2　電力の逼迫と自家発電建設

ところが、一九三〇年代中頃に電力の不足が顕在化して大きな問題となるに至った。表9-3は一九三〇年代の発電力の増加を示している。一九三一年から三九年までの総発電力の増加は一・八倍であるが、水力は一・六倍、火力は二・二倍となっている。同時期における電力需要は一二七億三〇〇〇万キロワット時から二八億六〇〇〇万キロワット時へ二・二倍の増加であった（表9-1）。このことは、明らかに発電力の増加のテンポが電力需要のそれに立ち遅れていたことを示している。

日中戦争勃発（一九三七年）の頃には「電力飢饉」の危惧さえ抱かれていた。それは基本的には水力開発の遅れが原因だった。水力開発が抑制された基本的要因は電力資本の側の、消極的な需給見通しと火力重視主義であった。それはいわば、最大限の利潤を獲得しようとする資本の運動法則の電力業におけるあらわれなのであるが、この資本の私的・個別的立場は、絶えず電力生産の社会的性格と衝突せざるを得ないのである。

一九三〇年代においてもこの衝突は生じたのであるが、それは電力の逼迫と自家発電の激増というかたちで顕在化した。

一九三〇年代の初頭の電力資本は、ひき続く不況と過剰電力の圧迫により、きわめて消極的な経営政策しかとりえなかった。たとえば、一九三二年に東京電灯の小林一三は、「我社は今三〇万キロの過剰電力を持つておるから、一年の需要増加が一〇万キロとすれば、今から三年間は何もしなくてよろしい」(7)と述べていた。しかし、「満州事変」以降の景気の回復により、一九三三年頃から電力需要が増加し、電力料金も一九三四年に騰貴する傾向をみせたのである。これに対応して新たな電源確保が要請されるに至った。

逓信省は、一九三三年八月、共同火力の構想をうちだした。そこでは、今後電力需要が毎年一割ずつ増加しても、ここ一〇年間は既存の水力発電設備で十分、したがって水力発電所の新たな建設を必要としないだろう、という結論を下していた。(8)この案は共同火力を「電力統制の全般を収約すべき鍵」(9)と位置づけていた。電力需給のこの見通しはあまりに楽観的であったことがすぐ後に証明されるが、逓信省のこの案は、九州共同火力(一九三五年)、西部共同火力(一九三六年)、中部共同火力(一九三六年)という形で実現する。これは「新たな電力技術の発展段階における全国的規模の発送電計画につながる過渡的形態」(10)という側面をたしかにもっていたが、ここで強調する必要があるのは、これはあくまでその当時の電力業がもっていた矛盾の部分的解決策にすぎないことである。根本的な問題は、計画的な電源開発をいかに効果的に実施するか、というところにあった。

逓信省は、一九三四年一月、「発送電予定計画」を決定した。同年八月、民間団体である電気協会は独自に「発電所送電線建設予定計画」を作成した。両者の電力需給見通しはかなりの隔たりがあった。一九三四―三八年の計画電力についてみると、逓信省約七一万キロワット、電気協会約六〇万キロワットであった(11)。電力会社は、電力過剰が再び生じるのをおそれて、電源開発には消極的であった。逓信省の計画に対しては、「事業会社よりみる時は実際に即せざるか、又は民間会社の利害に抵触する(12)」との批判が存在したのであった。このことは、いくら国家の統制力が強化されても、民有民営の企業形態を前提とした上は、「電気事業者ノ事業企画ノ実行力ヲ基礎ト致シマシテ、其ノ上ニ計画ヲ樹ツルモノデアリマスル関係上、開発ノ地点、順位ノ如キヲ凡テ今日直ニ明定シ難イノデアリマス(13)」というように、私的資本の利害に左右されざるを得ないことを意味していた。ここに改正電気事業法体制の根本的矛盾があったのである。

この矛盾は、自家発電（とくに石炭火力）の増大というかたちをとって顕在化した。一九三〇―三五年の間に、金属工業、窯業、機械器具工業、化学工業で自家発電が増大している。また、一九三五―四〇年の間では、化学工業のみ自家発電が若干増大した。その他の部門は圧倒的な比率で買電に頼っていた(14)。

一九三〇年代前半になぜ自家発電が増大したのであろうか。第一の理由は、電力需給の逼迫と料金問題であり、たとえば化学工業においては一九三〇年代中頃に多くの自家発電所がつくられた(15)。第二は、工場から発生する熱を効率的に利用するための自家発電所の建設である。これは、一九二八―二九年頃から、肥料、人造繊維などの工場で盛んになったといわれる(16)。

以上のことを、電力料金の面からみてみよう。表9-4によれば、電力料金は、一九二〇年代後半から三〇年代初めにかけて、傾向的に低落しているが、三二年（電力連盟結成）頃から停滞的であり、三〇年代中頃に若干騰貴しているることがわかる。電力業における独占の強化と景気回復による過剰電力の減少は、需要者の立場を不利なものとした(17)。

表9－4　電気料金の変化

（単位：1,000kwH 当り円）

年	平均料金			料金指数	電灯／電力
	電灯・電力	電灯	電力	(1934＝100)	(倍)
1925	68.7	88.9	55.6	162.2	1.6
1926	64.7	87.5	51.9	152.0	1.7
1927	61.4	92.8	46.3	137.7	2.0
1928	57.0	95.3	41.2	124.6	2.3
1929	56.3	95.6	41.6	125.4	2.3
1930	53.6	98.8	38.0	116.2	2.6
1931	52.6	97.4	37.1	113.6	2.6
1932	47.2	98.4	33.3	103.4	3.0
1933	46.6	106.1	32.6	102.6	3.3
1934	44.8	104.9	31.7	100.0	3.3
1935	41.7	105.9	29.4	94.0	3.6
1936	43.1	107.6	31.3	99.3	3.4
1937	42.9	106.9	31.6	100.0	3.4
1938	39.5	106.6	29.3	93.7	3.6

（注）1．南亮進，前掲書，222ページより作成。
2．電灯・電力平均料金（または総合単価）は，電灯・電力収入を電灯・電力消費量で除したもの。
3．電気料金指数は，電灯平均料金と電力平均料金を1934年の消費量のウェイトで加重平均したもの。

要するに、一九三〇年代中頃の電力需給の逼迫した時期において、化学、金属などの電力多消費部門の企業は、自家発電によりコストの低下と電力の安定的確保を図ったのであった。この自家発電の増加という問題は、明らかに当時の電力業が内包していた矛盾の反映であり、それはまた逓信省の目ざす一元的な電力統制への障害であった。しかし、大口需要者や商工省が自家発電の認可基準の緩和を要求したとき、逓信省はそれを認めざるを得なかった。このように逓信省の電力政策は、一九三〇年代中頃に大きな困難と矛盾に直面せざるを得なかったのである。このような逓信省の動揺的態度が多くの非難を浴びたのは当然のことであったといえよう(18)。

第二節　一九三〇年代前半における電力政策

1　改正電気事業法と電力連盟

改正電気事業法は、一九三二年一二月から、電力国家管理が実施された一九三九年四月まで六年余の間、日本の電気事業を統制した法律である。一九一一年以来、旧電気事業法に基づいて、電気事業の保護助長政策が展開されたが、一九二〇年代中頃の五大電力を中心とした「電力戦」の激化は電力会社の設備重複、資産の悪化、業績の低下をもたらし、ここに統制の強化が必要とされるに至った。官民合同の臨時電気事業調査会の答申を基礎に、電気事業法改正案が作成され、この法案は、一九三一年三月に第五九帝国議会で成立したのであった。

改正電気事業法は、供給区域独占、料金認可制、発送電予定計画を三つの柱としていた。これは企業形態としては、あくまで民営を基礎としたものであった。それは、「今迄、助長培養され来りたる電気事業者の私企業精神に代ふるに、直ちに官民合同会社の設立を提唱し、又は国営の方途を云々するが如きは、事業進展の過程としては、一つの飛躍として、排斥すべき事」という逓信当局者の言明でわかるように、民有民営形態を維持したまま事業合理化を徐々に進めていくという方針に沿ったものであった。しかし当局は、事業合理化の実現にとって「寧ろ却つて国営に依ること勝れりとすべき時機が近づかう」と、将来に国営が必然となるとの見通しを持っていた。[19] このような逓信省の方針に対し、軍部が「単に時間的に於て見ても民間の事業を漸進的に統制して行つたのでは或程度の目的を達しても其れでは急速に所期の目的を達し得られない」[20] という認識を抱いたときにはじめて「電力国営」が具体的な問題として提起され得たのである。

五大電力のカルテルである電力連盟は、一九三二年四月に成立した。電力連盟は財閥系銀行のイニシアチブによってつくられ、池田成彬（三井）、各務鎌吉（三菱）、八代則彦（住友）、結城豊太郎（日本興業銀行）が顧問としてその支配力を行使していた。財閥は当初「根本的統制」として「五大電力大合同案」を考えていたが、それは外国の「大きな電力の社債」を前提としたものであって、[21] 外資導入の困難化や、[22] アメリカのハリス・フォーブスその他の金融業者の反対、[23] 各社の資産、営業状態の相違などにより挫折せざるをえなかった。それにかわって登場したのが、この電力連盟であった。このように当時財閥は、あくまで電力統制として民営形態を基礎とした「資本的統制」を考えていた。しかし財閥は、国家統制の強化を拒んだわけではなく、むしろ国家権力によって自主カルテルである電力連盟を補強して、自らの支配力を強化しようとした。改正電気事業法に基づいて、電力政策の決定機関として「電気委員会」が設置されるが、財閥はここに彼らの代表者を送り出し、電力政策の策定に参加し、その影響力を行使したのである。

以上のように、改正電気事業法と電力連盟はほぼ同時期に成立して相互補完的な性格を持っていた。この体制においては、逓信省と財閥は、民有民営形態を基礎に国家統制を強化することにより電力業の合理化をはかるという点において、当面の一致が得られていた、と言ってよいであろう。しかし、そこには後に一挙に顕在化する諸矛盾が内在し発展しつつあった。これらの諸矛盾は、電気委員会での論議のなかにかなり明瞭に見てとることができる。その分析が以下の課題である。

2　電気委負会における政策決定過程――『電気委員会議事録』を中心に

電気委員会は、改正電気事業法第三二条によって逓信省内に設けられた官民有識者による委員会であり、電気事業に関するあらゆる重要事項の審議決定権を掌握した。電気委員会は逓信大臣の監督に属し、その諮問に応じ以下の事項を調査審議するものとされた。(1)統制上重要なる発電及送電予定計画に関する事項、(2)電気工作物の施設、変更又は共用及電気の流用並工事に関する期間の伸縮に関する事項、(3)特定供給の許可の基準に関する事項、(4)料金決定の標準に関する事項、(5)発電水力と他種権益との間に生ずる権利義務に関する事項、(6)法令の規定に依り逓信大臣の裁定すべき重要事項、(7)その他統制上重要なる事項[24]。

その委員は、逓信大臣、各省次官、三井の池田成彬、三菱の各務鎌吉などから成っていたが、電力会社の代表者が一人も入っていなかった。

これらの審議事項について一九三二年一二月の第一回委員会以降、一九三七年までに一二回にわたって委員会が開かれた。ここでは、第二回の「特定供給許可基準に関する件」と第三、四回の「電気料金認可基準に関する件」の議事録を分析するなかで、電力政策決定過程を明らかにしたい[25]。

(1)　特定供給許可基準

一九三三年一月一九日に開催された電気委員会では、「特定供給許可基準ニ関スル件」が議題とされた。

改正電気事業法は「供給区域独占」を認めたものの、それは「絶対的独占制」ではなく、例外として「特定供給」を認めていた。「特定供給」とは「電気事業者ガ自分ノ許可ヲ受ケテ居ル供給区域外ニ於テ使用セラルル電気ヲ供給スル[26]」ことをさしていた。すなわち、今直ちに「絶対的独占」を採用すると、「需用ト供給トノ間ニ色々ノ齟齬ヲ生ジルデアラウト思ヒマスノデ、其ノ需給上ノ齟齬ヲ調節スル為ニ特定供給ナル方法ヲ認メヤウトスル[27]」というのが逓信省当局の説明であった。当時、電灯・小口電力については逓信省の指導により独占制は確立していたが、大口電力については「重複供給」を認めていた。この「重複供給」許可により、電力資本の競争が激化し、電力料金が一九二〇年代に低下した。電気委員会が「特定供給」を認めたことは、電灯、小口電力の独占的高価格、大口電力の競争的低価格という現状を追認した上で、大口電力をめぐる競争を国家の手により調整し統制することを意味していた。また清水電気局長は、「(重複供給地域を)現状デ直グ整理スルコトハ困難ダラウト思ヒマス[28]」と述べ、競争が電力資本の間の相互協定によって制限されることを望んでいる。

またここでは自家発電の問題が大きくとりあげられた。当時、燃料価格の低落により、石油ディーゼル発電や石炭火力発電を企業が自家用に新設する動きが盛んとなったが、これは電力業者にとっては大きな脅威であった。逓信省当局は、「電気事業ノ発達ト其ノ工業ノ発達ト両方ノ調和ヲ計ツテ行カナケレバナリマセン[29]」と述べつつ「電気事業者カラ然ルベキ料金ヲ以テ買フト云フコトヲ、成ルベク心配シテ貰フ方法ヲ採ツテ戴キ度イ[30]」と、自家発電に厳しい態度をとった。吉野信次商工次官も「電気ノ統制計画ト云フモノヲ全国的ニ亘ツテ為サレ、通常ノ場合ハ自己発電ヨリモ他カラ電力ヲ買ツタ方ガ安イノダト云フ案ガ、先ヅ前提トシテ樹テラレルコトガ急務ダラウト思ヒマス[31]」と逓信省を支持した。また池田成彬も「受電スル義務ガ有ルカ無イカト云フコトガ根本的問題デス。此ノ点ガ行政上ハツキリシテ居ラヌト、非常ニ将来色々ナ問題ガ起ツテ来ルト思ヒマス[32]」と、電力業者の立場にたって当局の態度に同調した。これらの態度は、自家発電の増加によって、電力統制の一元化が困難となることへの危惧と、電力業者支持の立場から生じていた。

自家発電の問題は、電気事業の当時はらんでいた矛盾を反映していた。当時、軍需工業の発展により電力需要は急増しつつあり、そのため「関西においては早くも不足傾向さへ示し来りこれとゝもに小売会社は小売料金の引上げに努力するものも現れ」[33]という状況であった。このような電力料金の低落傾向の鈍化と、企業の自家発電建設の要求の強まりによって、商工省の自家発電に対する態度が変化した。吉野商工次官は「私ノ希望カラ言フト、『ディーゼル』(発電――引用者) ト云フモノモ許シテ、モウ少シソノ点ヲ寛大ニヤツテ戴クコトガ一番宜イト思ヒマス」[34]と述べて、自家発電所建設の規制の緩和を求めた。結局、逓信省は妥協を余儀なくされ、自家発電認可の基準をゆるめるのだが、このことは電力統制の立場からは首尾一貫しないという非難を浴びざるをえなかった。

(2)　料金認可制

一九三三年七月一〇日、一九日の電気委員会は、「料金認可制基準ニ関スル件」を議題として開かれた。料金認可制は「改正電気事業法ノ最モ重大ナル要目」[35](南逓信大臣) であったため、その原則を決定するための議論は非常に活発に行なわれた。ここでの議論は、当時の電気事業がおかれていた状況を鮮明に示していて極めて興味深いものである。

逓信当局は、電気料金に対し当時次のような見解を抱いていた。平澤書記官は「電気料金ハドウヤラ其ノ底ニ届イテ居ルヤウナ気ガ致シマス」との認識を示し、今後の方針として「料金ノ低下ニ対スル望ハ薄ク、寧ロ全力ヲ注イデ既ニ底値ニ届イタヤウナ今日ノ料金デ、出来ルダケ長ク供給責任ヲ果シテ行クヤウニスルコトガ、最モ重要ナコトデハナイカ」と述べて[36]、料金の低廉化よりも供給力の確保に重点をおいて電力政策をすすめるという意向を示していた。「料金認可基準」についての逓信省の原案は「電気供給事業ノ経営ハ会社企業ニ依ルモノ多数ヲ占ムルモ供給ノ独占ヲ強度ニ保障セラレル実情ナルニ鑑ミ、事業ノ収益ヲ妥当ナル限度ニ止メシムルト共ニ、供給責任ヲ果ス為事業資金調達ノ可能ナル限度ニ企業ノ利得ヲ認ムベキモノトス」[37]という理由に基づいて、電気料金の基準として「総括原価計算」[38]を導入しようとした。これは電気事業の利潤を二％に制限しようとする条項とともに、激しい議論の対象となった。

逓信当局の原案に対して、委員会内部には次の二つの反応があった。第一に、原邦造（愛国生命）や黒田大蔵次官らは、「今ノ処急激ナ変化ガ起ルヤウナ感ヲ財界ニ与ヘルト云フコトハ、一ノ問題デナイカト思フ」[39]（原邦造）と危惧を表明した。つまり、原価計算制の導入によって「電灯ノ方ハ値下ゲニナツテ宜イカモ知レマセヌガ、電力料金ハ値上ゲニナツテ」[40]（渋澤元治）、高電灯料金、低電力料金という価格メカニズムが崩壊するのではないか、という恐れであり、配当制限は企業を萎縮させるのではないか、という懸念であった。原邦造はこの条項の削除を主張している。また、このような主張が電力業者と、彼らに融資している金融業者の利害に沿ったものであることは明らかである。すなわち、第一に、電力業者も、電気委員会に対し次のような骨子の陳情書を提出して反対の意思を表明していた。第一に、総括原価計算は現在の料金率並びにその基準に大変動を起こすおそれがあり、第二に、二％程度の利潤と公債又は地方債の利回り程度の利得では資金調達に不適当であり、第三に、個別的原価計算は誤解を招きやすい、というものだった。[41]

これに対し、石黒農林次官、吉野商工次官、持田巽（需要者代表）らは、基本的には原案に同調した。[42]ここで興味深いのは、石黒が農林官僚の立場から電灯料金も含めた電気料金全体の引き下げを要求しているのに対し、吉野、持田という商工官僚、需要者が、電灯料金の据え置きと電力料金の値下げを強調していることである。[43]注目すべきことは、商工省と逓信省は、料金問題や自家発電の問題で一貫して食い違いをみせたことである。商工省は大口電力需要者の立場から工業用電力の大幅な値下げを要求したが、改正電気事業法の下では「一挙にして目的実現という訳にはゆかない」[44]という事情があった。当時の民有民営形態のもとでは、料金の低下は、できる限りの企業合理化や配当制限によってしか可能でなく、電力業者の立場を考慮して漸進的な統制の強化をめざす逓信省にとっては、この方向を追求するより他に道はなかった。大幅な料金値下げを要求する需要者、商工省、農林省がこのような逓信省の態度に不満を抱いたことは当然であろう。農林、商工両省が電力国営をめざして、内閣調査局に働きかけた（一九三五年）という事実は[45]、すでに一九三三年にこのような議論がなされている事を考えれば何ら驚くべきことではないであろう。

さて、このような「対立」を調整する立場に立ったのが財閥（とくに三井の池田成彬）であった。池田は「理想的ニ言ヒマスレバ、独占ノ方ヲ認メラレル以上ハ、電気料金ヲハツキリ下ゲルト仰シヤルノガ本当デハナイカト思ヒマス。……併シナガラ現在ノ事情ハ、サウ直チニ下ゲルト云フコトハ事業経営ノ方カラ申シマシテモ、ドノ点カラ申シマシテモ、中々容易ナコトデナイト思ヒマス」と述べて、大綱だけを決して、しかもそれは二、三年の暫定的なものとするように主張した。彼の一貫した主張は「現状ヲ変ヘヌコトヲ御趣意ト願ヒ度イ」というものであり、利潤、利子の制限についても「二分トカ云フ数字ヲ余リハツキリ言ハレヌ方ガ宜イ、ハツキリサレヌ方ガ宜イ、サウ云フコトヲモウ少シボカシマシテ、サウシテ大綱ダケノコトヲ此ノ際御決メニナツテ、暫定的ノ種類ノモノニオ纏メニナツタ方ガ宜クハナイカ」と電力資本が動揺しないよう配慮した立場に立っていた[46]。一九三三年に池田は、「電力問題について」というメモにおいて「理想としては、電力、電灯供給区域の独占を許し、その代わり、国家において、厳重なる取締、監督を励行して、区域内の顧客に対する便益を図り、また料金を引下げしむるの方針をとらざるべからず」と述べつつ、「電力、電灯会社の配当を制限すること」も考えていた[47]。電気委員会での彼の立場は、この方向に沿ったものであり、逓信省の方針と基本的に一致しており、「現状維持」の名により電力資本を擁護するものであったといえよう。池田成彬の発言によって電気委員会の対立は調整された。このことは電力政策の決定にあたって財閥が逓信省当局と協調しつつその影響力を行使したことを示している。

この料金認可基準に対し、住友銀行支配人の十亀盛次は「大して無理のないもの」[48]と評している。電力業者もこれを受け入れた。たとえば宇治川電気副社長の影山銑三郎は、この基準は「大体諸種の事情が網羅されて居り、これと云つて無理なところは見当らない」、「要するに今度の規準は、需給両者を公平に視て、電気事業者に無駄をさせず、質のよい電気を安く供給させることの出来るやう、そして同時に事業の発達を阻止せぬやう、監督の手心を加へて行く方針に出たものと思ふ」と述べている[49]。

3 まとめ

電気委員会の政策決定過程の分析により以下のことが明らかになった。

第一に、自家発電の問題をめぐって逓信省と商工省のあいだに意見の不一致がみられたことである。逓信省は電力統制の一元化をめざしたのに対し、商工省は重化学工業化の展開に伴って顕在化していた電力需給の逼迫を解決する手段として自家発電の認可基準の緩和を求めたのであった。このことは、改正電気事業法・電力連盟という体制のはらむ矛盾の反映であるとともに、電力国家管理の必然性をすでに暗示していた。

第二に、電力料金をめぐっても逓信省と農林省・商工省の間で意見の対立が存在した。しかし民有民営形態を前提とする限り、料金引き下げは企業合理化・配当制限によって漸進的にしか可能ではなかった。財閥は逓信省の方針を支持し、現状維持・電力資本擁護の立場から電気委員会の政策決定過程でイニシアチブを握ったのであった。

おわりに

ここで今までの分析をまとめておこう。

第一に、重化学工業化の進展と共に、一九三〇年代中頃に電力需給の逼迫が生じ、電力料金も上昇する傾向をみせた。これは過剰電力の減少と電力独占の強化を直接的な契機としていたが、根本的要因は電力資本の電源開発（とくに水力）に対する消極性にあった。これに対し、大口電力使用者は自家発電を建設してこれに対応したのであった。このような一連の動きは、民有民営の企業形態の下での、国家による一元的な電力統制の困難さを示していた。

第二に、一九三〇年代前半に開かれた電気委員会において、上の状況を反映して官僚、財界の間で電気料金・自家発電をめぐって意見の対立がみられた。しかし、こうした対立は、財閥のイニシアチブで、当面は現状維持のかたちで、即ち電力資本の立場を擁護するかたちで調整されたのであった。しかし、電気委員会のこのような議論の中には、後の電力国家管理のときに顕在化し激化する対立がすでにあらわれていたのであった。

（1）橋本寿朗「『五大電力』体制の成立と電力市場の展開(1)(2)(3)」『電気通信大学学報』第二七巻第二号・第二八巻第一号・第二号、一九七七年二・八月・一九七八年二月。

（2）主なものは以下の通りである。
高橋衛「電力国家管理の過程」『政経論叢』（広島大学）第二二巻第二号、一九七二年八月。
松島春海「日本発送電株式会社の形成過程」『社会科学論集』（埼玉大学）第三五号、一九七五年一月。

（3）同右「戦時経済体制の成立過程と産業政策」、安藤良雄編『日本経済政策史論』下、東京大学出版会、一九七六年。
（4）坂本雅子「電力国家管理と官僚統制」『季刊現代史』第五号、一九七四年一二月。
（5）渡辺徳二編『現代日本産業発達史13 化学工業（上）』交詢社出版局、一九六八年、三八五ページ。
（6）『東京電灯株式会社開業五十年史』一九三六年、一九二ページ。
（7）渡辺、前掲書、三六七ページ。
（8）渡辺徳二・林雄二郎編著『日本の化学工業 第四版』岩波書店、一九七四年、九八―一〇〇ページ。
（9）『電気経済時論』第四巻第二号、一九三二年二月、一四ページ。
（10）栗原東洋編『現代日本産業発達史3 電力』交詢社出版局、一九六四年、二二二ページ。
（11）同右、二二二ページ。
（12）同右、二七七ページ。
（13）『電気年報』昭和一〇年版、電気新報社、一九三五年、第一編二四―二六ページ。
（14）同右、第一編二〇六ページ。
（15）『電気委員会（第六回）議事録』一三―一四ページ。
（16）南亮進『動力革命と技術進歩』東洋経済新報社、一九七六年、五四ページ。
（15）たとえば、日本電気工業大町（長野）、昭和人絹錦（福島）・高萩（茨城）、日本電興小国（山形）、鉄興社酒田（山形）、東北振興化学和歌川（岩手）などである（栗原、前掲書、二六三ページ）。
（16）南、前掲書、五八―六〇ページ。山崎広明『日本化繊産業発達史論』東京大学出版会、一九七五年、二八六―二八七ページ。
（17）「其の頃（一九二九―三二年頃――引用者）には余剰電力と申しましても九ケ月間は常時電力と同様に責任を持つて送電するから是非使つて下さいと諸君に頼んで使つていたゞいた事と存じますが、一朝景気到来して余剰電力が減少して来ると電気事業者の態度が忽ち硬化致しまして特殊電力だから無くなるのは当然だと云ふ風に見え、諸君の憤慨するのが目に見えるやうに感じます」（宮川竹馬「電力国家管理と電気化学工業」『電気化学』第九巻第六号、一九四一年、二二三ページ。これは、日本発送電の宮川の電気化学協会総会での講演の一部である）。

(18) たとえば、雑誌『電気経済時論』は無署名で次のように批判した。「最近の自家用発電問題にしても、繊維工業や化学工業方面への認可方針が寛大すぎて却つて電力統制方針と矛盾するのではないかと思ふことさへある」(『電気経済時論』第七巻第六号、一九三五年、二ページ)。これは電力業者の立場を代弁したものと言えよう。
(19) 引用は、田村謙治郎『戦時経済と電力国策』産業経済学会、一九四一年、一八六―一八七ページより。
(20) 陸軍軍務局長磯谷廉介「国防上より見たる電力国営」昭和一一年(石川準吉『国家総動員史　資料編第四』国家総動員史刊行会、一九七六年、二二六ページ)。
(21) 『大阪毎日新聞』一九三二年四月二〇日付の池田成彬の談話による。
(22) 坂本雅子「電力国家管理と官僚体制」『季刊現代史』第五号、一九七四年一二月、一九七ページ。
(23) 『朝日経済年史』昭和七年版、朝日新聞社、一九三二年、一一五ページ。
(24) 栗原東洋編『現代日本産業発達史3　電力』交詢社出版局、一九六四年、二八四ページ。
(25) 分析の対象をこのように限定したのは、「特定供給許可基準」と「電気料金認可基準」の議論を通じて、電力政策の基調がほぼ決定されたと考えるからである。
(26) 『電気委員会(第二回)議事録』一九三三年、九ページ。
(27) 同右、一一ページ。
(28) 同右、二八ページ。
(29) 同右、一八ページ。
(30) 同右、二〇ページ。
(31) 同右、三四ページ。
(32) 同右、三五ページ。
(33) 『朝日経済年史』昭和九年版、一二二ページ。
(34) 『電気委員会(第四回)議事録』一九三三年、四四ページ。
(35) 『電気委員会(第三回)議事録』一九三三年、一七ページ。
(36) 同右、五九―六〇ページ。

(37) 同右、六ページ。
(38) 総括原価とは、減価銷却費、営業費、利得の合計したものをさした（同右、四ページ）。
(39)『電気委員会（第四回）議事録』一六ページ。
(40) 同右、三三ページ。
(41) 同右、一九―二〇ページ。
(42) 石黒農林次官は「余リ利益ヲ営業者ニ与ヘナイト云フコトデ行クベキデアル（『電気委員会（第四回）議事録』三五ページ）とまで言っている。
(43) 逓信当局もこの点では同じ方針であった。「電気料金ヨリモ寧ロ電力料金ノ値下ゲヲ先トシ」（『電気委員会（第一回）議事録』一九三二年、七ページ）。
(44)『電気年報』昭和一一年版、電気新報社、一九三六年、第一編一〇ページ。
(45) 同右。
(46) 以上の引用は、『電気委員会（第四回）議事録』三四ページ。
(47) 今村武雄『池田成彬伝』慶応通信、一九六二年、一六七ページ。
(48) 十亀盛次「電気料金認可規準に就て」『電気経済時論』第五巻第八号、一九三三年八月、八ページ。
(49) 影山銑三郎「要は運用の如何」『電気経済時論』第五巻第八号、一九三三年八月、一〇―一一ページ。

第一〇章　「改正電気事業法体制」と電力国家管理

一九三一年三月に電気事業法が改正され、国家の電気事業に対する統制力が強化された。さらに、一九三二年四月には、五大電力のカルテルである電力連盟が成立した。ここでは、一九三二年から一九三九年（電力国家管理実施）までの「改正電気事業法体制」の時期における電力業の展開過程について分析したい。

第一節　電力需給の状況

はじめに、電力国家管理の直前の一九三〇年代中頃の電力需給の状況を検討する。

松島春海は、一九三一年以降「発電設備の増加率はほとんど常に需要増加率を下回っている」と述べている。[1] しかもこの時期の発電出力の増加の中心は共同火力を含む火力発電であったとし、「三四〜三九年にかけて進行した電力生産の拡充は、極めて対症療法的で当座的な色彩が濃く、長期安定的なエネルギー供給体制の確立を目指す根本的な生産拡充にはほど遠かったといわざるを得ないものであった」[2] と結論づけている。

これに対し、橘川武郎は、「この時期の電力資本は、むしろ電源開発に積極的な姿勢をとった」[3] とし、電力資本が火力に重点をおいて電源開発を行なったのは事実であるが、水力についても発電所建設予定計画がほぼ達成されたと主張する。そして、一九三六年における全国の電力供給余力は需要電力の五・九％で、清水電気局長が電気委員会において五—六％の供給余力を妥当であるとしたことを根拠に「三六年の時点で電力業の全国的な需給バランスは、ほぼ理想的な状態にあったと言うことができよう」(4)と述べている。

また、中瀬哲史は、電力需給の状況については橘川の見解を支持し、「一方で余剰電力を減らすという無駄の排除と、他方での安定した電力供給を両立させようとしていたのである」と述べつつも、橘川説は「水火併用給電方法を視野に入れた水火力の電源開発の関連に触れていない点で不十分」だと批判している。(5)

本書では第九章で、「重化学工業化の進展とともに、一九三〇年代中頃に電力需給の逼迫が生じ、電力料金も上昇する傾向をみせた。これは過剰電力の減少と電力独占の強化を直接的な契機としていたが、根本的要因は電力資本の電源開発（とくに水力）に対する消極性にあった。これに対し、大口電力使用者は自家発電を建設してこれに対応したのであった」と述べた。(6)これは「電力需給の逼迫」という点で基本的に松島説を受けいれ、さらに自家発電の増加傾向に注目してこの時期の矛盾をみようとしたものである。「電力国家管理」との関係でも、この時期の電力需給の状態をどう見るかが重要な論点となると思われるので、この問題について若干の検討を加えたい。

表10-1は、一九二六—三六年の電力需給の状況を表したものである。この資料は、一九三八年一月に電力国家管理の説明のために議会に提出されたものである。この表の特徴は、各年を豊水時と渇水時に分けて供給力と供給余力および供給予備率を明示している点である。一九三〇、三一年において供給予備率は、豊水時にはそれぞれ二九・三％、二四・七％、渇水時には一二・八％、一〇・九％であったが、三二年以降減少し、豊水時では三四、三五、三六年の供給予備率は六・六％、四・九％、一〇・一％であり、渇水時では三四年から供給予備率はマイナスの数字を示

表10-1　電力需給の状況

（単位：kw，％）

	豊水時供給力	渇水時供給力	各年最大需要電力	供給余力		供給予備率	
				豊水時	渇水時	豊水時	渇水時
1926	2,217,000	1,966,000	1,832,000	385,000	134,000	21.0	7.3
1927	2,507,000	2,307,000	2,090,000	417,000	217,000	20.0	10.4
1928	2,736,000	2,512,000	2,344,000	392,000	168,000	16.7	7.2
1929	2,989,000	2,698,000	2,513,000	476,000	185,000	18.9	7.4
1930	3,311,000	2,888,000	2,561,000	750,000	327,000	29.3	12.8
1931	3,411,000	3,032,000	2,735,000	676,000	297,000	24.7	10.9
1932	3,529,000	3,167,000	3,073,000	456,000	94,000	14.8	3.1
1933	3,716,000	3,331,000	3,324,000	392,000	7,000	11.8	0.2
1934	3,891,000	3,456,000	3,649,000	242,000	−193,000	6.6	−5.3
1935	4,155,000	3,715,000	3,960,000	195,000	−245,000	4.9	−6.2
1936	4,720,000	4,177,000	4,287,000	433,000	−110,000	10.1	−2.6

（注）1．逓信省電気局『電力国策に関する議会説明資料』1938年1月。

2．石川準吉『国家総動員史』資料編第4，国家総動員史刊行会，1976年，432ページ。

3．供給予備率は，$\frac{\text{供給余力}}{\text{最大需要電力}}$×100で計算した。

している。これについての逓信省の説明は、「渇水時に於ては一見供給力不足する様に認められるが（一九三六年の――引用者）右需用電力の中には水力の渇水程度に随ひ、供給を制限し得られる特殊電力の供給三十余万キロワットを含んで居るので、之を除いた常時電力の需用に対する渇水時供給力の余裕は約二十余万キロワットで、供給上支障なきを得たが、余力充分なりとは謂ひ得ざる状態であった[7]」というものであった。つまり、需給上の現実の混乱は生じなかったのものの、供給余力は充分とは言えない、というのが逓信省の見解であった。また、三四、三五年の渇水時の供給余力がマイナスになっている点についても、逓信省は「需用電力中に特殊電力の供給を含むに因るもので、之は水力の渇水程度が尠かつたから事実は供給し得たものである[8]」と述べているが、このことは逆に言えば、渇水の程度によりかなり深刻な供給

大電力会社最大電力供給過不足の概況
(1931年12月の負荷に対するもの)

(単位：kw)

購入電力			火力	総合可能発電力	負荷電力	差引余剰電力
常時出力	特殊出力	最大出力				
—	—	415,000	125,000	1,006,000	769,000	237,000
161,000	66,000	202,000	100,000	379,000	358,000	21,000
35,000	83,000	118,000	210,000	282,000	265,000	17,000
149,000	26,000	173,000	124,000	322,000	272,000	50,000
152,000	3,000	155,000	100,000	306,000	274,000	42,000

41ページ。

不足が生じる可能性があったことを示している。このように逓信省は一九三八年時点において、三〇年代中頃における「電力需給の逼迫」を事実上認めていたのである。

円滑な電力供給を達成するために供給余力がどの程度必要なのであろうか。一九二〇年代末の臨時電気事業調査会において「電力需給」の認識をめぐって意見の対立が存在した(9)。この調査会で当時の村井電気局長は、「逓信省の調査に依ると昨年も一昨年も渇水時に於きましては発生電力は需要に対し約一割の剰余」にすぎず、「全体に於て電気が余つて困るという事態とはいえない。それにおよそ電力の需要には、日および季節の変動があり、また渇水量も年によつて変動があるなど、その供給能力にはある程度、すくなくとも一割くらいの余裕」をもつ必要があると述べている(10)。すなわち、村井電気局長は、供給能力に一〇%位の余裕があっても過剰とはいえない、と主張したのである。これに対し、電力業者は「電力過剰」を強く主張し、発電所建設の抑制を当局に要請している。栗原東洋氏は、この当時の電力政策・電力統制について「電力業者がつよく要望しているようなたんなる電力過剰対策ではなく、日本経済の伸びに対立する電力供給の長期的安定をねらっていたものであることがわかる(11)」と述べている。この方向に沿って、改正電気事業法の下に

表10-2　五

	自社水力		
	常時出力	特殊出力	最大出力
東京電灯	—	—	466,000
大同電力	118,000	58,000	176,000
日本電力	37,000	102,000	139,000
東邦電力	49,000	42,000	82,000
宇治川電気	54,000	37,000	89,000

（注）『東洋経済新報』1932年5月28日，

設置された電気委員会において、長期にわたる需要の推定とこれに見合う供給計画が策定されることになるのである。

次に、電気委員会での電力供給計画について検討してみよう。一九三四年一月二二日に第六回電気委員会が開かれ、一九三四年から三八年までの発電及送電予定計画案が審議された。この案は、一九二一年から三二年までの需用電力の実績と電力業者の予想を合計したものを基礎とし、さらに五—六%の供給余力を加味して策定された。清水順治電気局長は、「凡ソ五『パーセント』又ハ六『パーセント』位ノ供給余力ヲ有スルコトヲ、適当トスルヤウデゴザイマス」(12)と述べている。この供給余力の五—六%という数字は先の臨時電気事業調査会での逓信省の見解（約一〇%の供給余力を妥当とする）と比べるとかなり控えめなものであり、「過剰電力」を危惧する電力業者の立場を配慮したものであったといえよう。電気委員会での討論の中で、渋澤元治委員はこの計画案の特徴について次のように述べた(13)。すなわち、電力需用の想定には、「前ノ割合ヲ基トシテ、何『パーセント』宛増シタカラ将来ドウナルカト云フヤリ方ト、毎年何『キロ』宛増シテイクカト云フヤリ方」の二つがあり、前者は産業が盛んなとき、後者は産業が沈滞しているときに採用されると述べたうえで、この計画案について「二三年前ノアノ甚シイ不況ノ後ヲ承ケテ、今日ハチヨツト勃興ハシテ来テ居リマスケレドモ、其ノ辺ヲ逓信省ノ諸君ガ随分オ考ヘニナツテ、遂ニ年々同ジヤウニ増シテ行クト云フヤリ方ヲ御採リニナツタノデスガ」と、不況を前提とした控えめな需用想定であると指摘している。電気委員会における逓信省の立場は、臨時電気事業調査会の時の、将来の需要増を見越して積極的に供給余力を確保するという立場から後退し、電力会社の立場を配慮した妥協的なものに変化したことがうかがえる。当時、逓信省に在職して発送電予定計画を担当していた深尾栄四郎は、「当時の発送電予定計画は主として、二重設備の抑制と、過剰投資の防止と、不当な自由競争の制止ということで事業の合理化を図る趣旨で政府が事業を監督する基準となつたのであります[14]」と述べ、競争制限的性格を強調している。深尾の回想によれば、供給余力を十分にとりたいという逓信省の従来からの方針と、「電力過剰」を惧れる電気事業者の主張との間の調整に苦心したようであり[15]、その妥協の結果が五―六％の供給余力という数字になったものと思われる[16]。

一九三二年以降の電力需要（とりわけ産業用電力）の急増にたいし、逓信省は発送電計画の改定を余儀なくされた[17]。一九三五年一月・一二月に電気委員会は上方修正した発送電計画を決定した。また、一九三七年七月の電気委員会でも、従来の一ヶ年の需要増加三〇万キロワットを三五万―三六万キロワットに上方修正して発送電計画が更新決定された[18]。

当時の雑誌記事も三〇年代中頃の「電力不足」について採り上げている[19]。また、電力過剰の時期に主に化学工業などが利用していた「特殊電力」が、三二年頃から余剰電力が減少するとともに電力会社の一方的な通告で打ち切られる例も少なからずみられた[20]。

さらに、電力需給の問題を考える際には、地域的不均衡を検討することが必要である。表10-2は、一九三一年末の五大電力の過剰電力を示したものである。この中では、東京電灯の過剰電力が最大であるが、東邦電力・宇治川電気はそれより少なく、卸売の大同電力、日本電力はやや窮屈ともいえる状況であった。事実、大同電力は三一年冬には電力不足のため東邦電力の火力を利用していたという[21]。地域的に見れば、一九三二年末頃から関西地方において過剰電力の減少とともに「電力の不足」が問題となってきた[22]。一九三六年には、「東電の電力を関西側へ暫時融通しやうとの案が樹てられるほど関西地方に於ける総出力は今年末を契機として頗る逼迫の状態にあり勢ひ各社水火力発電設備の早急実現に拍車をかけ様としてゐる傾向にあるが」[23]と述べられるほど、関西地方において電力需給は逼迫していた。

以上のように、三〇年代中頃の電力需給は必ずしも「理想的な状態」ではなかった。逆に、地域によっては電力需給の逼迫が生じていたのであり、全国的に見ても必ずしも十分な供給余力をもっているとはいえなかった。電気事業者自身もこのことを認めている。たとえば、大同電力の増田次郎は一九三六年初頭に、「多少窮屈をさへ感じはせぬかと思はるゝ程度の増設に止めて居る」[24]と述べて、三〇年代前半の電源開発の「抑制的性格」を告白している。「過剰電力」の減少とともに、電気化学工業のように「特殊電力」を利用できなくなった企業では、電力不足を解決するために自家発電の建設に乗り出すのである[25]。

第二節　電気料金

次に、一九三〇年代中頃の電気料金について検討する。

本書第九章では、「電力料金は、一九二〇年代後半から三〇年代初めにかけて、傾向的に低落しているが、三二年(電力連盟結成)頃から停滞的であり、三〇年代中頃に若干騰貴していることがわかる。電力業における独占の強化と景気回復による過剰電力の減少は、需要者の立場を不利なものとした」[26]と述べた。これに対し、橘川武郎は、「必ずしも指摘されてきたように『需要者の立場を不利なものとした』わけではなかった」と反論し、その根拠として、

図10-1　電気料金の変化

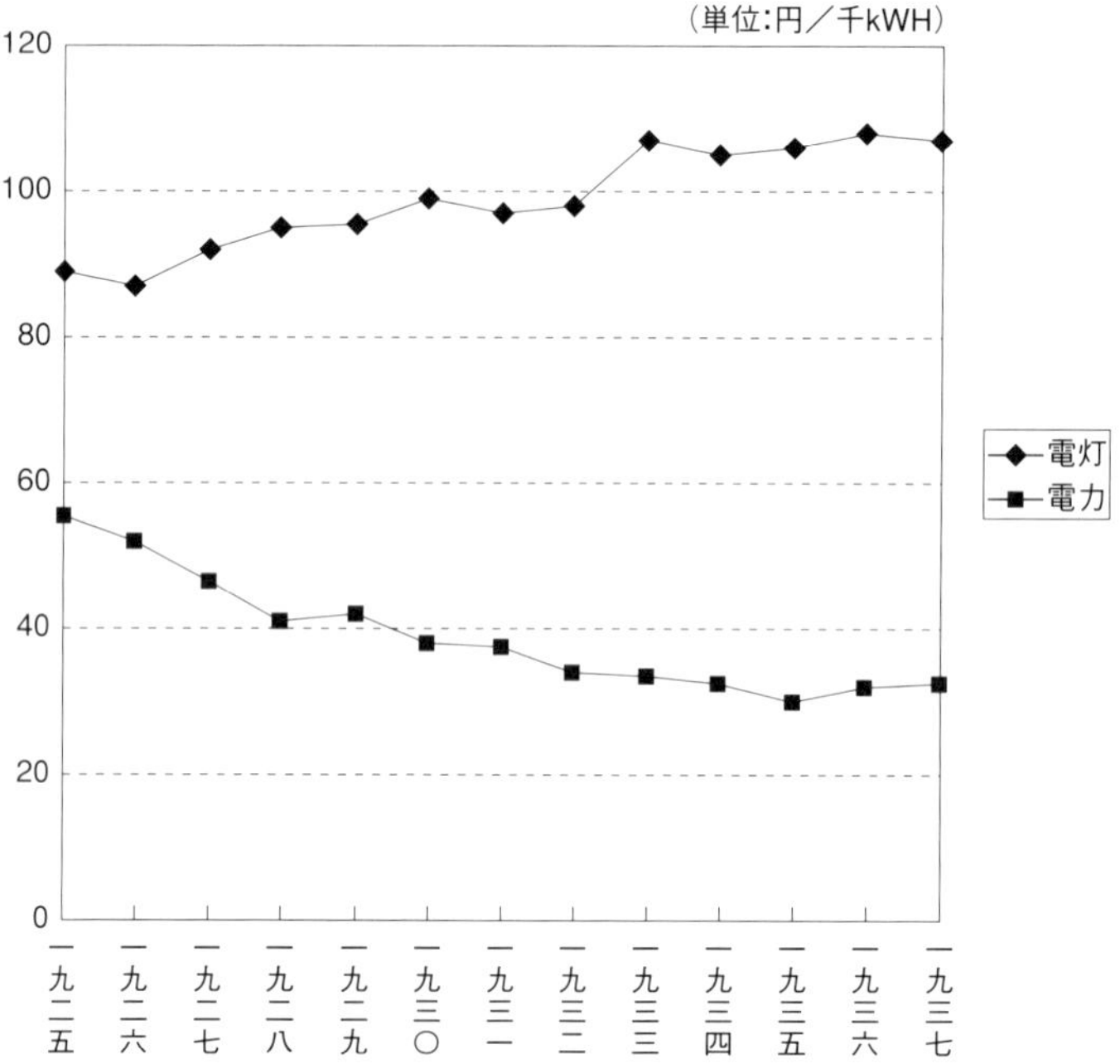

（注）　南亮進『鉄道と電力』（長期経済統計12）東洋経済新報社，1965年，222ページより作成。

「この時期には、物価が騰勢に転じた中で電力・電灯料金は安定的に推移したため、電力料金・投資財物価比率および電灯料金・消費者物価比率はともに低落した。また、電力・石炭相対価格も、全国的に低下傾向にあった」と述べた[27]。

図10-1は、電気料金の変化を、電力・電灯に分けて示したものである。これによれば、電灯料金は一九三三年に上昇し、以後横ばい状態を続けている。一方、電力料金は一九三五年に下げ止まり、三六、三七年とやや上昇している。三二年以降、電灯・電力の料金格差は以前よりも一層増大していることが分かる（電灯料金の電力料金に対する比率は、一九三一年の二・六倍から三七年には三・四倍になった）。前掲の拙稿で問題にしたのは、化学・金属などの電力多消費部門の企業が、過剰電力の減

図10－2　消費電力量の構成別変化

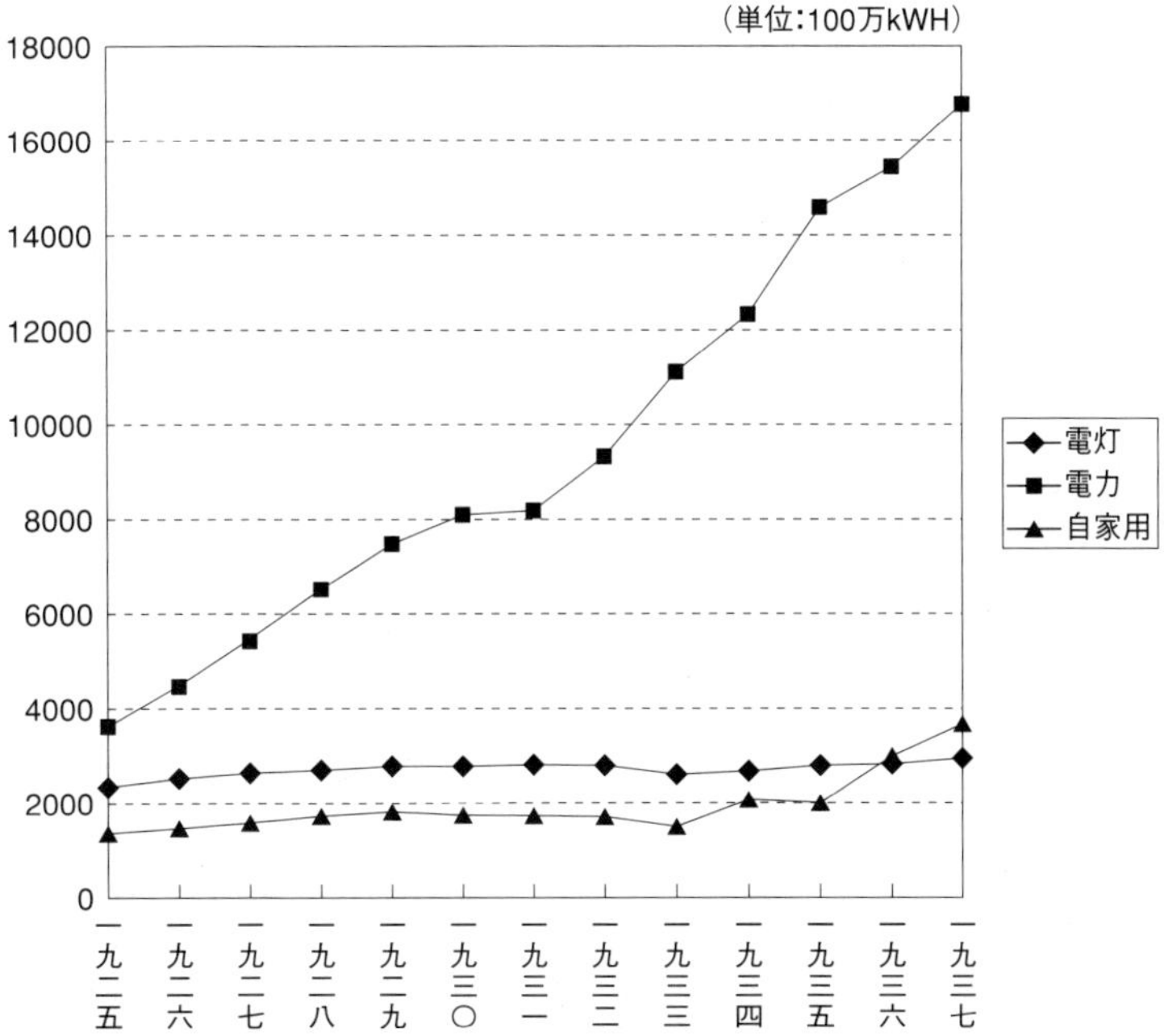

（注）南亮進，前掲書，198-199ページより作成。

少とともに以前よりも不利な立場に立たされた、ということであった。この背景には、重化学工業化の進展に伴う電力需要の急増にもかかわらず、電力連盟の結成による電力独占の強化により、発電所建設が抑制され、電気料金の低下が抑えられた（むしろ過剰電力の減少を背景に大口需要者に値上げを迫った）という事情があった。[28] この結果、自家発電の新設・増設が急増した。[29] 図10－2は、消費電力量の変化を、電気事業・電灯、電気事業・電力、自家用に分けて示したものである。電気事業・電力の消費電力量は一九三二年から急増している。また、三四年頃から自家用の消費電力量は増加し、特に三六年以降は急増している。当時の雑誌によれば、一キロワット時当たりの価格は、自家発電が九厘内外（抽気式タービンの発電原価）、電力会社の電力料金で一銭八厘から最高三銭九厘となっており、このような格差が自家発電の増加を促進した(30)。

以上のような状況の中で、大口電力使用者の中から電力供給体制、すなわち「改正電気事業法体制」に対する批判が生まれてきた。森矗昶は一九三四年に次のように述べて電気事業者を批判している。すなわち、最近の電気需要の急増により「一部には早くも電力飢饉の声さへ聞く実情となつてゐる」が、この需要急増の原因は主として電気化学工業の勃興によるものである。しかし、「一般電気事業者は電気の需要増加の傾向に対して、在来の電気観を一歩も出づることなしに、単純に料金の値上げを策するのである」とし、「原料用としての電気料金を一般電灯、動力用のものと区別して可及的低廉ならしめ、仍て以て電気の原料化を助長するより途がない」と述べて「速かに電気国策惹いては日本の産業国策を確立せられん事」を望んでいる。さらに、電力連盟の電源開発計画が急増する需要に対して不十分であると批判し、「寧ろ之が開発を怠ることにより、電力料金の急騰を来し、電気化学工業を枯死に導き、新興工業の発達を阻止するに至ることこそは最も惧れなければならぬ処である」と述べて「水力の開発促進と分布統制」を主張している(31)。また、大河内正敏は一九三六年に「改正電気事業法体制」を次のように批判している。「今日は電気事業法が制定されているが、これは電気事業苦難の際に出来たゝめであらう。この法は電気事業者の保護の方が先きになつて、生産工業に対して頗る不利なものである」。さらに、電気事業法は配電独占を認めていて、「その区域内では一切他人の発電することを許されない。僅かに取り除けの場合が認められてゐるが相当の理由があつても成るべく許可しない方針であるから、生産工業者がその生産費を低下させるために、自家発電をするには非常の不便がある。僅かに余熱利用の場合が漸く認められてゐるに過ぎない」と自家発電の建設の規制について不満をもらしている。さらに、電気料金について「配電区域の独占が認められてゐるために、日本の産業が如何に高価な電気を使用しなければならぬかは、仔細に吟味してみると驚くべきものがある」と高料金を批判している(32)。

さらに、小口電力および電灯使用者も「改正電気事業法体制」に不満を抱いていた。拙稿では、一九三三年一月の第二回電気委員会において「特定供給」を認めたことは「電灯、小口電力の独占的高価格、大口電力の競争的低価格という現状を追認したうえで、大口電力をめぐる競争を国家の手により調整し統制することを意味していた」と指摘した。[33] 先にも触れたように（図10-1参照）、一九二〇年代後半以降、電灯・電力の料金格差は増大した。この動向は三〇年代に入っても変わらず、むしろ改正電気事業法による料金認可制の採用、および電力連盟の成立による電力独占の強化により、この格差は拡大した。[34] また、当時は電力会社が分立しており、電気料金の地域的格差は大きかった。一般に大都市に比べて、中小都市、農村は割高であったが、隣接する地域でも供給する電力会社が違うと料金格差がある場合もしばしばあり、これが料金紛争の原因となった例も多かった。一九二〇年代後半から「電灯争議」と呼ばれる電気料金引き下げ運動が頻発した。そのきっかけとなったのは一九二七―二八年に富山県滑川町で起こった電灯争議である。[35] 一九二八年一二月末において、電灯争議の結果料金引き下げを行なった電力会社は一二一社に及んだ。[36] 料金認可制を含んだ改正電気事業法は一九三二年一二月から施行されるが、電気料金引き下げ運動はその後も続いた。たとえば、一九三三年中頃において逓信省に提出された料金の引き下げ陳情は三十数件に達したといわれる。[37] また、同三三年においては、京都小売商連盟の京都電灯に対する街灯値下げ運動、熊本町村長会の対熊本電気二割値下げ運動、高松実業連合会の四国水力電気に対する電灯料金値下げ運動、千葉県民の京成電軌に対する値下げ運動など、多くの電気料金値下げ運動が起こっている。[38] この動きは三〇年代中頃以降も継続した。社会大衆党の麻生久が三七年一〇月に「電灯争議ト云フモノガ兎ニ角一昨々年ニ亘リマシテ、随分盛ニ起ツテ居ル。兎ニ角電力料ノモツト値下ゲヲシテ貰ヒタイト云フ要求ハ、恐ラク全国民ノ要求デアル」[39] と述べていることでも明らかなように、三五、三六年にも電灯争議が多発した。また、全農は三七年一一月に電灯料金値下げ要求、出征家族の電灯料免除要求を出している。[40]

また、このような電気料金引き下げ運動を背景として、地方自治体の電気公営化運動も活発化した。公営化運動は一九三三年から三四年にかけて激化し、全国で十数件の多きに上ったという。名古屋市の東邦電力中京区域買収計画、静岡県の東京電灯静岡県下事業区域買収計画、甲府市の甲府電灯市営計画、函館市の函館水電市営計画、京都市の京都電灯買収計画などである。(41)これに対し、逓信省は一九三四年二月一九日の第七回電気委員会において、電気事業公営について「電気事業ノ府県営ハ事業ノ統制上適当ナラザル場合多キガ故ニ、将来之ガ認否ニ関シテハ最モ慎重ニ考慮セラレムコトヲ望ム」との決議をあげて、今後は原則として認可しないという方針を決定した。(42)それにもかかわらず公営化運動は根強く続き、一九三五年五月に開催された第三五回全国市長会議では電気公営化問題が討議され、「電気事業公営原則確立に関する件」という建議が内務大臣、逓信大臣宛に出された。この建議では公営化が必要な理由として、「電気料金の決定に就ては最近認可制度の制定ありと雖も、結局該料金を支払ふ者は政府にあらずして市民なるを以て、若し市民に於て所謂消灯同盟を以て料金の決定に対抗するときは電気事業者も政府も施す術もなかるべく、斯くて又電気事業者は市民の要求あらば其の事業設備と経営とを挙げて、市民の手に委譲するより他なからむ」(43)と、電気料金値下げを第一にあげている。

このような動きを背景として、改正電気事業法による供給規定料金の第一回更改が一九三七年一二月一日に行なわれた。逓信省は、この更改にあたって基本方針として、(1)料金の値下げを基本とし値上げはみとめないこと、(2)付近事業者料金との均衡を充分留意すること、(3)農村の電気料金を引き下げ、都市との格差を少なくすること、(4)都市の電気料金の値下げは電力料金を先にすること、(5)供給規程を統一すること、(6)付帯料金を実費主義により全国的統一を図ること、の六点を打ち出した。(44)逓信省は当初最低一割程度の値下げを目指していたが、日中戦争の本格化による物価騰貴の影響などもあり、値下げ予定額三〇〇〇万円に対し一八〇〇万円に止まった。(45)その際、方針に沿って電灯よりも電力の引き下げが優先され、また地域的不均衡の是正も充分ではなく都市と農村の料金格差はなお残った。[46]

以上のように、「改正電気事業法体制」の下で需要者は不利な立場に立たされた、という拙稿の主張は妥当なものであると考える。このような状況のなかで、電気化学工業などの大口電力使用者は、電力会社の保護が中心の「改正電気事業法体制」を批判し、電力政策の転換を主張した。小口電力、電灯使用者も電気料金の引き下げを要求し、またこのような動きを背景として公営化運動も活発化した。しかし、一九三七年の逓信省による電気料金引き下げ（電気料金の第一回更改）はきわめて不充分な結果に終わった。このように、一九三〇年代中頃において電気料金をめぐり電力会社と電気需要者の対立が激化していたのである。

第三節　電力国家管理と「生産力拡充計画」

第七三議会に上程された電力管理法他三法案は一九三八年三月に成立し、翌三九年四月、日本発送電株式会社が発足した。この電力国家管理が実施された経過について若干の検討を加えたい。

ここで注目したいのは、電力国家管理と石原莞爾の構想に基づく「生産力拡充計画」の関連である。周知のように、石原莞爾の依頼に応じて、一九三五年秋に宮崎正義が中心となって日満財政経済研究会が設立された。日満財政経済研究会は三六年六月に『電気統制ニ関スル研究（中間報告二）』を出しており、これによって同研究会の電力統制に関する基本的な考え方が窺える。[47] まず、基本的認識として、「吾国モ既ニ戦時ノ過程ニアリ、日満経済ブロック、日満支ブロック経済ヲ鞏固ニシ、進ンデハ大亜細亜政策ヲ遂行スル為、軍需工業ノ基調ヲナス電力ノ国策的確立ガ強ク叫バレルニ至ツタノデアル」と、電力国策を軍需工業の観点から見ようとする。さらにこの研究では「軍需工業ノ主要部分ヲナス電気化学工業」について多くの頁がさかれ、関心の所在を示している。電気化学工業の電力需要の伸びについて「昭和九年ノ電気化学工業使用電力量ヲ昭和八年ニ比較スレバ、軽金属電気冶金ハ約三倍ニ増加シ、アルカリ電解二割、金属工業三割ノ夫々増加ヲシメシテヰル」とその急増に注目し、電気化学工業用使用電力量の国際比較も行ないながらその重要性を強調している。さらに統制の方策として、「本会ニ於テハ電力国営案ヲ採リ、其ノ過程案トシテ発送電国家管理案ヲ採用スル」とし、五大電力から発送電設備を出資させて「日本電力特殊会社」を設立し、その出資と引き換えに株式を交付する。さらに、特殊会社は設立後三年目に五大電力の配電設備も統合する。このような国営化の実施は「金融資本ノ電気事業ヨリノ退却」であり、「ソレヲ敢行スルタメニハ、其処ニ偉大ナル国家的政治支配力ヲ必要トスル」と述べている。すなわち、石原構想においては、電力の国家管理は軍需工業とくに電気化学工業の拡大を保証するために、電力を「金融資本」から国家の手に移すということを意味していた。

日満財政経済研究会は、一九三六年八月に「昭和十二年度以降五年間帝国歳入歳出計画（附緊急実施国策要綱）」を作成した。この計画では電力業は五カ年計画に必要な資金額として、本国で一一億五〇〇〇万円（総計の二五・六%）、満州で五億円（総計の二〇%）、計一六億五〇〇〇万円（総計の二三・六%）が見込まれ、計画のなかの産業部門では最大の資金投下量であった。[48] 電力業は、航空機・自動車・兵器などとともに「国営」の対象としてあげられている。[49] 一九三七年六月に作成された「重要産業五ケ年計画要綱実施ニ関スル政策大綱（案）」においては、[50]「発送電ハ民有国営トシ二重設備ノ廃止其他設備ノ合理化及未開発資源ノ徹底的開発利用ヲ図ル」として特殊法人日本電力設備株式会社の設立を提起している。また、配電についても「価格、設備其他ニ付必要ナル統制ヲ行フ」としている。さらに、所管を商工省とし「産業開発ニ重点」を置き、料金については「特ニ全般的低料金制ヲ実施シ、尚特殊指定産業ニ対スル特定低料金制ヲ行ヒ重要国防産業ノ急速振興ヲ図ル」と述べている。資金計画では[51]、電力は日本で二二億一〇〇〇万円（総計の三六・三％）、満州で二億六七〇〇万円（総計の一〇・九％）、計二四億七七〇〇万円（総計の二九・〇％）であった。この計画においても電力の比重は最大であり、日本国内の所要資金総額の三分の一弱を占めていた。この案は陸軍省に提示されてそのまま「陸軍試案」となり六月一〇日に政府に示されたという[52]。

前記の諸計画に先行し影響を与えたのは、内閣調査局の奥村喜和男による「電力国策」の立案、具体化であった[53]。奥村喜和男の基本的考え方は以下のようなものであった[54]。奥村は「今や電力問題は単なる経済問題ではない。本質的には国家の浮沈に関はる国防問題であり、同時に現象的には重大なる政治問題である」とする。電気は当初電灯として後に動力として利用されてきたが、最近電気化学工業が勃興し、電力は今や「原料」となった。これが「電力が産業発展の基本的要素であり延いて又国防力構成上重要なる意義を有するに至つた所以」であるという。そして「電力国策断行の急務」として「国家内外の情勢特に其対外的要求より来る国防産業の画期的発展の必要性」を強調する。また、「改正電気事業法体制」について「昭和七年十二月より実施の改正電気事業法は多くの新しい統制事項を規定したのにも拘らず、結局事業者本位のものでしかなく、一般世人及び産業界の所期に副ふ行政効果を齎すものではなかった」として批判し、現在の電力問題は「かゝる事業者本位のものに非らずして、寧ろ需要者本位に立脚したものである」と述べる。このような考え方は、前に述べた石原構想と基本的に同一のものであることがわかる[55]。

奥村喜和男の電力国営案は、二・二六事件の後成立した広田内閣により国策として採り上げられた（いわゆる頼母木案）。景気回復により経営状態が好転していた電力資本はこの案に猛烈に反対し、電力国営の是非をめぐって激しい論争が起こった。ここでは、当時の議論の中でこの問題の本質的な点を衝いていると考えられる阿部留太（ダイヤモンド社副社長）と笠信太郎の議論を検討する。

阿部留太は、「電力統制案に反対」という論文[56]で次のように述べている。まず、電力国営案が出て来た要因として次の二点を挙げる。第一に、営業区域の重複、高い電気料金などにみられる電気行政の乱脈である。第二に、ロシアの第二次五ケ年計画など国際情勢の変化による陸軍の危機意識と、その結果としての電力問題への後押しである。阿部は「案そのものゝ裏に軍部の意志が可なり強く動いてゐる」と指摘する。そしてこの案は専ら軍需産業の発展を目指しているという[57]。しかし、この案にたいしては「その最も非能率的な官庁の役人にやらせようといふ処に、この電気問題の最も重大な欠点がある」と述べて反対している。

笠信太郎は、「電力問題と国営問題」という論文[58]で次のように述べた。電力国営論が登場した根拠は、第一に、「現下の国際情勢における日本帝国主義の地位」である。具体的には、「英米を先頭とする資本家国との対抗もさることながら、ヨリ切実には、ソ連邦における社会主義計画経済への対抗の必要と、それに関連して謂ゆる広義国防の言葉に示される国内支配確保の必要」であるという。第二に、「日本における産業構成の特質とその資源の特質」である。笠は、国営案の「真実の意図」は「全資本の利益を擁護しつゝ帝国主義の根幹を強化しようとするところ」にあると推測している。笠は、「良質にして低廉豊富な電力」の確保という逓信省案には「生産力発展の見地」があり、「生産の社会化」が強調されている、という。しかし、「生産力展開」の立場に立つ逓信省案には制約がある。それは「なによりもこの単一電力経済を推し進めつゝあるものが既に述べた軍事目的であるといふ事情である」という。そして、「それが軍事目的を重要槓杆として現はれたかぎりでは『良質にして低廉豊富なる電力』の看板にいつはりはないにしても、逓信原案の原価計算がつねにそのまゝ妥当するものと見ることはできないやうである」と、「軍事目的」と「低廉豊富」が必ずしも一致しない点を指摘している。笠のこの指摘は、電力国家管理がたどった道を鋭く予見しているという点で興味深い。彼は最後に、この問題は「戦時経済の体制のなかで眺めなければならぬ」と結論づけている。

阿部、笠の両者とも、電力国営案の根幹には「軍事目的」があるという点では一致している。また、これがソ連の第二次五ケ年計画の影響を受けていると指摘している点でも共通している。

以上述べてきたように、電力国家管理の問題を考える場合、戦時経済、とくに「生産力拡充計画」の構想との関連で見ることが重要であると考える。(59) 軍部は軍需生産力の基盤としての電力を「国家統制」により自らの手に握ることにより、軍需産業の発展を目指そうとしたのであった。

第四節　電力国家管理への道

最後に、電力国家管理が実施された要因について検討したい。「改正電気事業法体制」は、改正電気事業法と電力連盟をその基礎としていた。改正電気事業法の根本をなしたのは、電気料金認可制・供給区域独占（ただし特定供給を例外とする）・発送電予定計画であった。すなわち、一般消費者の保護と電力の安定供給を保証するという「公益的性格」を持つとともに、電気事業の経営安定化を図る性格も併せ持っていた。また、電力連盟は、競争制限と「現状維持」を目的とする五大電力のカルテル組織であった。この「電気事業法体制」でイニシアチブを握ったのは、池田成彬などの財閥銀行家であった。財閥銀行家は、改正電気事業法に基づいて設置された「電気委員会」に委員として参加し、前章で述べたように、電力政策の基本方向の決定に大きな影響力を発揮した。さらに、電力連盟では、財閥資本代表者は顧問として紛争の裁定に影響力を行使した。電気委員会および電力連盟での財閥銀行家の行動の原則は「現状維持」であった。彼らの第一の関心は「債権保全」であり、競争の激化（特に卸売電力と小売電力の）により電力会社の経営が悪化することを恐れたのであった。逓信省は、民有民営の体制を前提として、電力資本が動揺しない範囲で電力業の公益的性格を発展させようとした。逓信省は財閥資本の代表者と緊密な連絡をとって彼らの協力を得てこの目標を達成しようとした。電力資本も、卸売・小売の内部対立をはらみながらも、財閥資本の圧力の下で基本的にこの方向に同意した。その意味では、「改正電気事業法体制」は、財閥資本・逓信省・電力資本がそれぞれの思惑を持ちながらも、「現状維持」の一点で協調した「妥協の産物」であったといえよう。

しかし、この体制は、不況と電力資本の経営悪化を背景としており、景気回復・電力需要の拡大とともに内部に孕まれた矛盾が顕在化してきた。

第一に、電力需給をめぐる電力需要者と電力資本の間の矛盾である。一九三二年以降、景気の回復、重化学工業化の進展とともに電力需要が急増したが、電源開発は「抑制的」であり[60]、地域によっては電力不足が顕在化した。前述のように、電気事業者もこの時期の電源開発の抑制的性格を認めていた[61]。このため、電力需要者、とくに化学工業などの大口電力使用者は「改正電気事業法体制」に不満を抱くに至った。このような不満は、電気委員会での議論にも反映し、電力需要の急増に危機感をもった商工省は逓信省に自家発電の建設の規制の緩和を求めたのである（一九三三年一月）。第二に、電気料金の問題である。電力連盟の結成による電力独占の強化は電気料金の低下を阻止し、電力需要者の不満が高まった。電気化学工業などの大口電力使用者は電力政策の転換を叫んで「改正電気事業法体制」を批判し、小口電力・電灯使用者も「電灯争議」を起こして電気料金の引き下げを要求した。このような動きを背景として電気事業の公営化運動も活発化した。

このような状況は、ソ連の「五ケ年計画」の成功に危機感をもった軍部の、電力問題に対する関心を呼び起こした。

電力問題は、「生産力拡充計画」の中核に位置づけられたのである。「電力国営」は二・二六事件後、軍部・革新官僚の「革新政策」の目玉となった。しかし、奥村喜和男の電力国営案が提起されたとき、この案が「資本主義の修正」などのイデオロギー的性格を持っていることが問題となり、電力資本のみならず財界全体の反対を受けた。先に紹介した日満財政経済研究会の『中間報告』が述べたように、軍部や革新官僚にとっては「電気事業ヲ国営ニ移スコトハ、少クトモ吾人ノ予定セル国営ノ形態ニ関スル限リハ、金融資本ノ電気事業ヨリノ退却[62]」を意味していたからである。広田内閣の時に、この奥村案を基礎にして頼母木案が議会に上程され、「革新」派と「現状維持」派の対立の一大焦点となったが、内閣が総辞職したため（三七年一月）結局実現しなかった。

林内閣の後、三七年六月に近衛内閣が成立し、永井柳太郎が逓信大臣に就任した。この永井逓相の下で電力国家管理が実現する（三八年三月に電力国家管理法案議会通過）。近衛内閣で電力国家管理が実現した要因は何であろうか。高橋亀吉は、日中戦争勃発（三七年七月）後の戦時統制の強化について、「支那事変勃発直後において俄然実施さるるに至った各種の戦時統制は、事変勃発によってはじめて必要になったというよりも、従来の準戦時財政産業計画の遂行上、すでに必要となっていた統制が、事変勃発によって一層要度を強化し、ここに事変非常対策という滑走路を利用して、戦時経済統制の名において、一挙に飛行するを得た施策と見るべき性格のすくなくないものであった[63]」と述べている。また、中村隆英は「臨時資金調整法」と「輸出入品等臨時措置法」について「日華事変という突発事件は、既定の政策であった統制の強化の時期をはやめたにすぎなかった[64]」と述べたが、電力国家管理の実現も、同様の意味をもっていた。

高橋亀吉は、近衛内閣成立前後において、国際収支の破綻、重要物資の不足激化、公債消化の困難化、物価のインフレ的暴騰情勢、等によって「国家統制の強化は不可避的事態に迫られつつあったのである[65]」と述べたが、電力業においても同様の事態が生じつつあった。一九三七年三月、電気協会は鋼材の供給不足と価格上昇に関して、逓信大臣と商工大臣に陳情を行なっている。[66] それは、鋼材と発電機不足により工事の進捗に支障を生じ、価格騰貴により建設費の激増を来すことにたいする憂慮を表明したものであった。当時の雑誌はこれを「材料供給問題」として懸念を表明し、「けだし電力飢饉招来の危惧は、発電計画の見込み違ひからは来らずして、この方面から来さうである」[67] と述べている。三七年七月に日中戦争が勃発すると物資不足は深刻化した。熊本逓信局長の中村松次郎はこれについて「事変の進展と共に電気諸材料の払底を告げつゝあることは大いに考慮を要することで銅線、ゴム、鉄等不足の為或は発電所の建設が遅れ又は線路の新設が困難となつたり或は不良工作物の改修が出来ぬ様な事態が起つて来ると大変なことになる」と述べて危機感を表明している。[68] 渋澤元治は、三七年一〇月の臨時電力調査会第二回総会で「先達コノ問題ガ御諮問サレルト云フ噂ヲ伺ツタノデ、チヨツト九州関西地方ヲ旅行シテ参リマシタガ、電力ノ逼迫ト云フモノハ非常ナモノデ、……相当近キ将来ニ（日中戦争が――引用者）非常ニ発展スルト見マスト余程電力ヲ準備シナケレバナラヌト思ヒマス」[69]（傍点は引用者）と述べ、「電力不足」を認めるとともに今後の電力需給に懸念を表明している。松永安左ヱ門は一九四一年にこの時期のことを回想して、「水力電気といふものは十二年の末頃から悉く出来なくなつちやた」と述べて、その原因を電力国家管理問題の登場により「金融界の梗塞、企業力の萎靡、それと前途の見通しが付かぬ、政府に取上げられた場合生産の見通しが付かぬ」ということに求めている。[70] しかし、水力発電所建設の停滞の根本要因として、日中戦争の本格化による物資不足があったことは明瞭であろう。

電力国家管理は戦時経済が本格化する前に、軍部と革新官僚の「生産力拡充計画」の重要な一環として構想され、「頼母木案」という形で提起された。この時点では、この構想は、中村隆英が指摘するように「当面の統制のためには現実の緊急性を持たなかったと思われる」[71] ようなイデオロギー性格を濃厚に持っていた。しかし、準戦時経済体制の進行とともに電力国家管理は「現実の要請」[72]へと転化し、日中戦争の勃発・長期化によりその実行が必至となったのである。[73]このことについて当時の雑誌は、「支那事変の勃発は我日本国に一大革新を齎らした。その一つの現はれとして吾人は電力管理法の公布を見る。……たゞに電力問題に限らず統制といふことは事変下戦時体制の要求するところであると共に不退転の時代の潮流である。曰く鉄鋼配給統制、銅配給統制、ガソリン消費統制、船舶統制等々、産業部門の重要物資で統制を受けぬものは一つもない状態である」と述べているが、[74]電力国家管理は戦時統制に不可欠のものとして成立したのであった。[75]

（1）松島春海「電力業における〝生産力の拡充〟」『社会科学論集』（埼玉大学）第三八・三九号、一九七七年一月、一六二ページ。
（2）同右、一七五ページ。
（3）橘川武郎『日本電力業の発展と松永安左ヱ門』名古屋大学出版会、一九九五年、一九三ページ。
（4）同右、一九四ページ。
（5）中瀬哲史「戦前日本の水火併用給電方式と共同火力発電」『大阪市大論集』第七三号、一九九三年一二月、四、六ページ。
（6）本書第九章「おわりに」参照。
（7）逓信省「電力国策に関する議会説明資料」石川準吉『国家総動員史　資料編第四』国家総動員史刊行会、一九七六年、四三一ページ。この特殊電力を除いた一九三六年の渇水時の供給予備率を計算すれば五％弱となる。
（8）同右、四三二ページ。
（9）栗原東洋編『現代日本産業発達史3　電力』交詢社出版局、一九六四年、二一三―二一六ページ。
（10）以上の引用は『臨時電気事業調査会議事録』（一九三〇年一月）より（栗原、前掲書、二一四ページより再引用）。
（11）栗原、前掲書、二一五ページ。

(12)『電気委員会議事録（第六回）議事録』一八ページ。
(13) 同右、三三ページ。
(14) 電気学会編『火力発電之回顧ト展望』通商産業研究社、一九六二年、一二八ページ。また次の回想も参照。「昭和八年に入りますと、産業界が好転してまいり、昭和九年になるといよいよ電力の需用が増加してまいりましたので、再び電気事業者が、水力発電所の新規開発を急ぐことになりました。これら水力発電所はすべて昭和一一年とか一二年に、集中して完成する予定のものでありました。これが需用の増加とマッチしないと、再度たちまち余剰電力を生じて事業の基礎が乱れると言うことが予想されたのであります。ここで、逓信省は改正事業法によつて、電気委員会が審議することの一つでありまます発送電予定計画というものを設定いたしまして、統制に取り掛かつたのでありまする。」（同上書、一二七ページ）。
(15) 同右書、一二九ページ。
(16) 戦前よりも電力連系がすすんだ戦後の九電力体制においても、適正な供給予備率は八―一〇％くらい必要だとされている（たとえば、木村彌藏『電気事業経済』経済往来社、一九七二年、三九四ページ）。また、送電連系のない北海道では一五％程度の供給予備率が必要であるという（『新電気事業講座第八巻　電源設備形成と管理』電力新報社、一九七七年、三七ページ）。電力需要の急増期であったこの時期に供給予備率が五―六％というのはやはり少なすぎるのではないだろうか。
(17) 次の雑誌記事を参照。「昨年中（一九三四年――引用者）の電力界は一般経済界の好転に恵まれ右（電気委員会――引用者）想定電力の容量に狂ひを生じる事物凄く当の逓信省を狼狽せしめてゐる」（『電力界』一九三五年一月号、五九ページ）。
(18)『電気界』一九三五年二月号、一〇五―一〇六ページ、三五年一二月号、七六七ページ、三七年七月号、三九三ページ。
(19) たとえば、次の記述を参照。「昭和六年を底として漸次余剰電力の減少を示したが、昭和九、十年に至りては更に軍需工業を始め各工業部門（人絹、肥料、セメント、紡績、化学工業、機械工業、鉄鋼等）の活躍と相俟つてひきつゞき著しい増加を示し来り過去数年に亙つて電気事業者を苦しめた過剰電力処分難は完全に跡を断つに至つたのみならず、逆に京浜、阪神、中京、北九州等の工業地帯に於ける急激なる需要の増加は電力不足の現象を呈し、これと共に需給契約の新締結、更改等に際し供給者側は機会ある毎に料金の引上げを策すなど、需要増加は電気事業回復を極めて本格的なものならしめた」(『電気年報』昭和一一年版、電気新報社、一九三六年七月、第一編三ページ、傍点は引用者)。

(20)『電気年報』の次の記述を参照。「即ち電気事業者中には従来不定時電力と称して特に低廉なる料金を以て電気化学工業方面に特殊電力として供給せる電力の供給量を、著しく制限せるもの少からず、斯くの如き供給力の逼迫は、当然各事業の発電所新増設を促すこととゝなつた」(同右、三ページ)。また、本書第九章の(注17)の宮川竹馬の「余剰電力」に関する言明を参照。

(21)『東洋経済新報』一九三二年五月二八日、四一ページ。

(22) 次の記事を参照。「関西地方に於ける現在の余剰電力は昨年末に於ける日電、大同、宇治電等の最大負荷電力量及び各社の総出力から見て最早幾何もないことが窺はれる。この現象は既に昨夏あたりから相当電力界の問題とされ、……愈々本年は関西一帯の総供給電力量の補充に積極的方法を講じなければならない時期に逢着している」(『電気界』一九三三年三月号、二四ページ)。また、『朝日経済年史』は一九三三年の電力界の状況について次のように述べている。「一方電力需給の状態は軍需工業を始め各工業部門の活躍と相俟つて著しい増加を示し来り、数年にわたって叫ばれた過剰電力処分難の声は跡を断つに至り、関西においては早くも不足傾向をさへ示し来りこれとゝもに小売会社は小売料金の引上げに努力するものも現れ、軽微ながら引上げに成功するものも散見されるにいたつた」(『朝日経済年史』昭和九年版、一二二ページ)。

(23)『電気界』一九三六年四月号、二二二ページ。そのため、日本電力は黒部第三発電所(猿飛)の工事を予定より早く開始せざるを得なかった(同上、二二二―二二三ページ)。

(24)「然も之等の増設々備は往年の競争濫設時代のそれと異り官民協力の下に統制的に計画されたもので寧ろ多少窮屈をさへ感じはせぬかと思はるゝ程度の増設に止めて居るから産業界が急旋回的な不況にても堕らざる限り過剰電力処分難など云ふ問題は起るまいと思ふ」(増田次郎「十一年度の財界は健実な足取り」『電気界』一九三六年一月号、三ページ。傍点は引用者)。

（25）たとえば、一九三四年に日本電工は姫川水力、磐城水力を買収し、日本曹達は矢代川第四発電所の工事に着手し矢代川第三発電所の工事認可を逓信省に申請した（『電気年報』昭和一〇年版、一九三五年六月、第一編八九ページ）。また、逓信省はこれを認める立場をとった。以下の叙述を参照。「かくの如く、化学工業会社が競つて自家発電に依る電力需給主義を目指して進んだことは尠からず電気事業者に脅威を与へたが逓信省は国策的立場より正当な理由を基礎とする斯種自家発電に対しては出来るだけ認可する方針をとつたのである」（同上、八九ページ）。

（26）本書第九章第一節参照。

（27）橘川、前掲書、一九九ページ。

（28）たとえば、一九三三年の『電気界』は次のように述べている。「電力需要の増加に伴ひ電灯会社は非常に強腰になり各社とも機会ある毎に料金の改更を迫つてゐるばかりでなく契約容量以上に電力を消費する需要家に対しては用捨なく契約容量の増加を要求し新規送電分の料金は旧料金の二、三割高を唱へてゐる」（『電気界』一九三三年三月号、五ページ）。また、一九三四年に東京電灯が東洋紡に対して値上げ要求をしたのに対し（一キロワット時あたり一銭七厘を二銭一厘五毛にするよう要求）、東洋紡は供給先を中部電力に乗り換えようとして東京逓信局が調停に入った（『電気年報』昭和一〇年版、第一編九三ページ）。また、東電は同年、昭和肥料に対し値上げ要求をした。以下の叙述参照。「東京電灯は昭和七年九月以来月々七十万円から八十万円に上る電力売上げ増加のため余剰電力どころか却つて供給電力の不足さへ告げる有様となり、昭和九年末の渇水期に於ても他社よりの買入電力は勿論既設発電設備を総動員して運転しても尚且不足を感ずる位なのでその応急対策として先づ昭和肥料への余剰給電の残量及び値上要求を提起し一般に注目された」（同上、一一二ページ）。「満州事変」以後の京浜工業地帯の電力問題については「然し屢々こゝに電力料金の高率なる事が問題とされ各工場はもとよりこの地帯に大工場招致に躍起の奔走をする、横浜、川崎の両市理事者或は政友会支部も該問題を取り上げ電力料金の引き下げの運動を見、……」と報道されている（『電気界』一九三六年一〇月号、六一七ページ）。

（29）『電気年報』昭和一一年版はこの動きを次のように述べている。「自家用火力発電施設の申請が依然著しく増加し、これは電力費の節約非常時における電源対策等いろいろな理由が含まれてゐるが、しかし逓信省は申請を一々認可することは電気事業者を脅かすばかりでなく二重設備が及ぼす国家的不経済が大きいのでこれを考慮して処理を進めた」(同上、一〇八―一〇九ページ)。このような自家発電の急増に対して、逓信省は慎重に対応していたことがうかがえる。
(30) 『電気界』一九三五年八月号、四七一ページ。
(31) 森矗昶「電気の原料化と電気国策の提唱」(『電気界』一九三四年一一月号、六〇三―六〇五ページ)。
(32) 大河内正敏「電力国営と生産事業」(『電気界』一九三六年一〇月号、五六一―五六二ページ)。
(33) 本書第九章第二節参照。
(34) 料金認可制の採用は電気料金引き下げ運動を抑止する役割を果たした。『逓信事業史』の以下の指摘を参照。「明治四三、四年の電気事業法制定の際政府の原案は料金認可制度を採用せんとしたのであつたが、衆議院に於いて修正せられ、結局届出制度となつたのである。然るに同法実施後直ちに東京市に於いて料金争議を見るに至つたことは前述した所である。其の後此の種の運動は絶えず各地に勃発し今回の如き全国的なものとなつたのである。昭和三年八月電灯争議の各地に波及するに及び東電の郷会長及東邦電力の松永社長等は事業者を代表して久原逓信大臣を訪ひ、認可制の実施を求めたのであった。此の気運は遂に改正電気事業法に採択せられることとなつた」(『逓信事業史』第六巻、一九四四年、四三八ページ)
(35) 詳細は、梅原隆章『一九二八年の電気争議』顕真学会、一九五三年、を参照。
(36) 『朝日経済年史』昭和四年版、一三五ページ。なお『逓信事業史』第六巻、四三八ページにも同じ数字が掲載されているが、昭和七年一二月末現在となっている。各逓信局別の数字も『朝日経済年史』と全く同じなのでこれは昭和三年の誤りであろう。『商工政策史　第二四巻　電気・ガス事業』一一七ページも同じ誤りを犯している。一九二八―三三年の兵庫県における電灯料金値下げ運動については、奥田修三「昭和恐慌期の市民闘争――兵庫県における借家争議・電灯争議を中心として――」(『立命館大学人文科学研究所紀要』第一〇号、一九六一年三月)、一九二八―三〇年における阪神地区の電灯料金値下げ運動については、小野寺逸也「昭和恐慌期における阪神地区の電灯料金値下げ運動」(尼崎市史編修室『地域史研究』第一巻第一号、一九七一年一〇月)、一九三二年の奈良県の電灯料金値下げ運動については、浅野安隆「奈良の農民運動と全虎石(立花貞治―春吉)」(『部落問題研究』第一二〇輯、一九九二年一一月)を参照。

(37)『日本電気交通経済年史　第一輯』一九三三年、七六ページ。

(38)同右、七七―八二ページ。ちなみに、最後の千葉県民の値下げ要求の趣意書は以下のようなものであった。「顧るに本県に於ける電灯料金は他府県のそれに比し著しく高価なることは既に一般の認める処で、本県が水力に乏しいため遠隔地より電力を仰ぐ地方に於いては多少の理由あらんも一葦《ママ》帯水の江戸川を隔てゝ東京市域と著しく懸隔ある電灯料を多年徴収さる其の理由いづれに因るか諒解に苦しむ処なり」（同上、八二ページ）。

(39)『臨時電力調査会議事録（第二回）』五九ページ。

(40)『新版　社会・労働運動大年表』労働旬報社、一九九五年六月、一四〇ページ。

(41)『電気年報』昭和一一年版、第一編一三〇ページ。函館市の買収計画については、『逓信事業史』第六巻、四五六―四六五ページ参照。

(42)『電気委員会（第七回）議事録』五四ページ。

(43)以下の建議の内容は、『電気年報』昭和一一年版、第一編一三一ページ。

(44)『逓信事業史』第六巻、四六七ページ。

(45)『戦時体制下の日本経済』（『朝日経済年史』臨時特輯）一九三八年、三九一―三九二ページ。

(46)栗原東洋編『現代日本産業発達史3　電力』交詢社出版局、一九六四年、二七二―二七六ページ。

(47)以下の引用は、日満財政経済研究会『電気統制ニ関スル研究（中間報告二）』一九三六年六月、二、一〇、一四、一一六、一一九―一二〇ページによる。執筆者は「M委員」となっている。

(48)日本近代史料研究会『日満財政経済研究会資料　第一巻』一九七〇年、四一ページ。

(49)同右、六五ページ。

(50)同右、二五〇ページ。なお、この案では「電力」のすぐ後に「アルミニウム及マグネシウム」の項目があり、そこで「豊富且低廉ナル電力供給ヲ実施セシメ、極力生産費ノ引下ヲ行フ」と述べられている。軍部による電力の「豊富低廉」のねらいがどこにあるかをよく示していると言える。堀真清も軍需産業の一環としての電気化学工業の重要性を指摘している（堀真清「電力国家管理の思想と政策」、早稲田大学社会科学研究所ファシズム研究部会編『日本のファシズム　III』早稲田大学出版部、一九七八年、一三七―一三八ページ）。

(51) 同右、二六一ページ。
(52) 同右、一三一一四ページ。
(53) 石原莞爾および日満財政経済研究会と内閣調査局との間には「有形無形のつながり」があった(御厨貴「国策統合機関設置問題の史的展開」『年報・近代日本研究1　昭和期の軍部』山川出版社、一九七九年、一二九ページ)。
(54) 以下の引用は、奥村喜和男「電力国策について」(一九三六年五月)より(石川準吉『国家総動員史　資料編第四』国家総動員史刊行会、一九七六年、二〇三一二〇八ページ)。
(55) 奥村は電力国営のねらいを明確に次のように述べている。「電力需用は、戦時経済の根幹であつて、有らゆる軍需工場は電気の消費を行ふ。そこで電気の供給を充分にし、料金を低廉にすることは固より、一朝事有れば電気の最も要る所に電気を集中して送るやうな、全国的に脈絡相通ずる一大組織を作らなければならない」(奥村喜和男『変革期日本の政治経済』ささき書房、一九四〇年、三四五ページ)。
(56) 『電気界』一九三六年八月号、四三二一四三五ページ。
(57) 阿部は次のように述べている。「アルミニユウムとか塩素酸加里とかいふ軍事に直接関係する動力に対しては非常に安く売る。次は硫酸アンモニアに対しては幾らか高く売る。その次の機械工業に対してはもう少し高く売る。紡績なんかには今の値段でよろしい皆さんが使つてゐられる電灯などもつと高くてもいゝぢやないかといふ肚なんです」(同右、四三三ページ)。
(58) 『中央公論』一九三六年一〇月号。
(59) 原朗は、アメリカ・イギリス・ドイツ・日本の戦時経済を比較して、日本の重工業の未発達と「生産力拡充」の関係について次のように述べている。「重工業の未発達についていえば、日本は軍備拡張にあたり直接に既存の軍需生産力の構築を図るところから始めねばならず、それも直接的な兵器生産よりもその前提となる基礎的な重工業の生産力の拡充から始めなければならなかったのである」(原朗「日本の戦時経済」、原朗編『日本の戦時経済』東京大学出版会、一九九五年、三六ページ)。石炭・鉄鋼・アルミニウムなどの基礎物資の米英との生産力格差については、同書、一二ページの表を参照。また、疋田康行は一九三〇年代前半の日本の産業構造の弱点について、「満州事変段階の日本では、重化学工業が未確立であり依然として戦時総動員に耐ええない産業貿易構造しかもっていなかったことは明瞭である」と指摘している（疋田康行「戦時経済統制と独占」、中村政則編『体系・日本現代史第四巻　戦争と国家独占資本主義』日本評論社、一九七九年、一八〇ページ）。軍部は二・二六事件の後、このような「日本経済の脆弱性」を認識して「総動員基盤形成の経済政策」を準備する（疋田、同上、一八一ページ）。これが先に述べた「石原構想」である。堀真清は奥村喜和男の「電力国策」について、「重工業化達成を課題とした軍部のめざす合法的革新国策＝戦時統制経済機構樹立の一環に外ならなかったのである」と指摘している（堀、前掲論文、一四四ページ）。

(60)　橘川武郎は三〇年代の電源開発について、「この時期の電力資本は、むしろ電源開発に積極的な姿勢をとった」と述べ、電気委員会の一九三四―三八年、三五―三九年、三六―四〇年の計画はいずれも超過達成されたと主張している（橘川、前掲書、一九二―一九三ページ）。しかし、前に述べたように、電気委員会の計画自体が「抑制的」なものであり、電力需要の急増のため何度も上方修正されたのであった。

(61)　注(24)の増田次郎の発言を参照されたい。発言のなかで、増田がこの時期の電源開発計画が「官民協力の下に統制的に計画されたもの」と述べているのに注意すべきであろう。

(62)　前掲、日満財政経済研究会『電気統制ニ関スル研究（中間報告二）』一一六ページ。

(63)　高橋亀吉『大正昭和財界変動史』下巻、東洋経済新報社、一九五五年、一八四七ページ。

(64)　中村隆英『戦前期日本経済成長の分析』岩波書店、一九七一年、二四四ページ。

(65)　高橋、前掲書、一八四六ページ。

(66)　『電気界』によればその概要は以下のようなものであった。「鋼材の需給円滑を欠き、発電所、変電所その他の建設工事にあたり工事の進捗に支障を生じ、或は価格の騰貴により建設費の激増を来し、延いては、工事請負人の契約不履行または契約破棄等の続出を見るに到らざることなきやを憂ふる次第なり、関係当局においては右実情を御賢察の上速かに根本方針を樹立せられたい」（『電気界』一九三七年五月号、二三三ページ）。

(67)　同右、二三三ページ。また、次のようにも述べている。「即ち発電所建設に必要欠くべからざる鋼材は払底して需給の円滑を欠き、発電機械の生産力は飽和点に到達せんとして、その納入に支障を来さんとしてゐる。このため、電力需要増加に対応すべき電源開発は計画上には十分の用意があつても、現実上、工事進行が遅れないとも限らない」

（同右、二三三ページ）。
(68)　『電気界』一九三八年一月号、三四ページ。
(69)　『臨時電力調査会総会議事録（第二回）』七三―七四ページ。
(70)　松永安左ヱ門『電気問題と我が邦統制の性格』東洋経済新報社、一九四一年、二〇ページ。
(71)　中村隆英「『準戦時』から『戦時』統制経済への移行」『年報・近代日本研究9　戦時経済』山川出版社、一九八七年、三ページ。
(72)　同右、二ページ。
(73)　一九三一年に成立した重要産業統制法も電気事業法と同じ運命をたどった。宮島英昭は「重産法とそれに基づく助成と規制の二面的な介入を通じて独占組織を指導した一九三一―三七年の体制は、輸出入品等臨時措置法、国家総動員法の制定を画期として、政府が独占組織に全面的に介入し、かつ直接に統制する体制に転換したのである」と述べている（宮島英昭「一九三〇年代日本の独占組織と政府」『土地制度史学』第一一〇号、一九八六年一月、二三ページ）。「改正電気事業法体制」から電力国家管理への移行も基本的に同じ流れの中で行なわれたのである。
(74)　『電気界』一九三八年五月号、二三〇ページ。
(75)　橘川武郎は、電力国家管理が実行に移された要因について、「電力国家管理をもたらしたのは、国家主義的、全体主義的イデオロギーの台頭という、経済外的要因であった」と主張している（橘川、前掲書、三八八ページ）。しかし、この問題は、以上述べてきたように、一九三〇年代の日本資本主義の展開過程、とりわけ戦時経済への移行との関連で具体的に分析する必要があると思われる。

補論　臨時電力調査会と電力国家管理

補論として、一九三七年一〇月一八日から一一月一九日まで開催された臨時電力調査会での討論内容を、その議事録をもとにして紹介したい。周知のように、この調査会は、電力国家管理実現のための準備機関として重要な意義が与えられていた。(1)ここでは、逐一議論を追うのではなく、筆者が重要と考える論点を中心に紹介したい。(2)

第一節　第一回—第三回総会における討論

臨時電力調査会第一回総会は一九三七年一〇月一八日、第二回総会は一〇月二二日、第三回総会は一〇月二五日に開催された。ここでは、便宜上三回の総会を一括してその討論内容を概観する。

第一回総会の冒頭において、永井柳太郎逓信大臣は挨拶の中で現下の電力問題を以下のように述べている。

「申上グルマデモナク我国ハ現下非常ノ国難ニ直面シテイルノデアリマスガ、此際何ヨリモ急務トスルハ愈々国民ノ精神力ヲ旺盛ニシ、国力ノ充実ヲ期スルトトモニ、如何ナル長期ノ戦争ニモ堪ヱ得ルヤウ国防ノ大本ヲ強化スルコトデアルト存ジマス。

コレガ為ニハ、国民生活ノ必需デアリ同時ニ平戦両時ニ亙ル産業計画ノ基礎ヲ成ス所ノ電力ノ供給ヲ豊富低廉ナラシメ、其ノ利用ヲ容易ニスルト共ニ之ヲ普及セシメルコトガ急務デアルト信ジマス。特ニ生産力拡充ノ見地カラハ、広キ範囲ニ亙ル電力動員ヲ速カニ可能ナラシムル措置ヲ講ズルコトガ最モ差迫リタル要求デアルト考ヘマス」(3)

すなわち、ここでは、戦時体制確立のため生産力拡充の見地からの電力動員の緊急性が強調されている。この調査会に提出された諮問案は以下の通りであった。

「電力ノ国家管理ヲ為シ国力ノ充実、国民生活ノ安定ヲ図リ戦時体制ニ順応シテ、生産力ノ拡充ニ備ヘ、国防ノ充足、動力ノ動員ヲ整ヘ、産業計画遂行ノ円滑ヲ期スルハ刻下喫緊ノ要務ナリ、依テ之ガ急速実施ニ関スル具体的方策ヲ諮フ」(4)

大和田電気局長は、諮問に関し次のような補足説明をしている。第一に、国家管理の範囲については、「先ヅ発送電ノ程度ニ止メ然ルベシト思料スル」(5)と述べ、第二に、国家管理の方法については、「特殊ノ株式会社ヲシテ国家管理ニ属スベキ電力設備ヲ建設維持セシムルノ方法」(6)を効果的なものとしている。第三に、配電統制の強化に対しては、現状について「……現在ノ如ク大小優劣、各様ノ事業ノ乱立セル状態ニ於テハ、各事業者間ニ於ケル需用ノ状況、其ノ他経営条件ノ偏倚セルコト等ノ事情ニ因リ到底不徹底ナルヲ免レザルノミカ、反テ高キ料金ニ引付ケラルル傾向サヘ根絶シ難キ状況ニ在ルノデアリマス」との認識を示し、「配電区域ノ整理統合」「電力ノ託送」「消費管制」など、統制強化の必要を述べている。[7] 第四に、電気事業の資金については、「今迄ノ如キ消極的態度ヨリ一歩前進シテ資金ヲ得ル為一層適切ナル積極的助長策ヲ講ズルノ要アル所デアリマス」[8]と積極的姿勢をみせている。

このように、大和田電気局長の説明は、電力国家管理の内容として、発送電部門を対象とした特殊会社の設立、配電統制の強化、電気事業の資金調達の積極的助長をあげている。これに対し、五大電力の代表は、当初から国家管理の必要自体を問題にする態度をとって、逓信省と真っ向から対立した。

ここでまず、電力需給の問題を中心とした現状認識に関する討論をみてみよう。宇治川電気の林安繁は次のように述べている。

「……直接軍需工業ニ関スル限リ今日不自由ヲサレテ居ルトハ考ヘヌノデアリマス。又其ノ他民間ノ重工業、直接間接ニ軍需ニ関係致シテ居リマス工業ノ事業者ヘ供給シテ居リマスモノモ、相当ノ低率ノ料金ヲ以テ相当ニ停電ノ少イ良質ノ電気ヲ要求ノ通リニ供給シテ致シテ居ルノガ現状デアリマス。……随ツテ此ノ直接間接ニ軍需工業ニ関係スルモノ並ニ一般産業ノ拡充ニ関スルモノ何レモ左程ノ不自由ヲ今日与ヘテ居ラヌト私ハ考ヘルノデアリマス」[9]

このように林は、軍需産業・一般産業ともに電力供給は円滑に行なわれていると主張している。これに対し、永井逓相は正反対の認識を示している。

「サウ云フ戦線ノ要求カラ考ヘマシテモ、銃後ノ要求カラ考ヘマシテモ、電力ノ供給ヲ現在ノ程度デ十分デアルト云フヤウナ考ヘハドウシテモ持テナイ。現ニ林君ノ御関係ノ大阪ノ政治経済研究所ノ最近ノ決議デアツタト思ヒマスガ、電力ハ今飢饉ノ状態ニアルカラ其ノ供給ヲ豊富ニスル方法ヲ講ジテ貰ヒタイト云フヤウナコトヲ決議シテ送ツテ来ラレタヤウニ思ヒマス」(10)

すなわち、電力供給は現状でも不十分であり、「況ンヤ此事変ノ継続ノ時期、事変ノ拡大セラルル範囲ニ付テハ予言シ得ナイノデアリマスカラ、電力ノ問題ニ付テハ如何ナル事態ニ当面シテモ毫モ惑フコトノナイヤウニ、政府トシテハ其ノ根本政策ヲ確立シテ置ク必要ガアルヤウニ考ヘルノデアリマス」(11)と戦時経済に対応した電力政策の確立を説いている。

この電力需給の問題については、第二回総会でも討論になった。長年電力行政に携わってきた渋澤元治は次のように述べている。

「先達コノ問題ガ御諮問サレルト云フ噂ヲ伺ツタノデ、チヨツト九州関西地方ヲ旅行シテ参リマシタガ、電力ノ逼迫ト云フモノハ非常ナモノデ、是ハ唯今ノ事変ニ対応スル、勿論事変ノ発展ガドウナルカ私モヨク存ジマセヌガ、ソノ発展ニモ依リマスガ相当近キ将来ニ非常ニ発展スルト見マスト余程電力ヲ準備シナケレバナラヌト思ヒマス」(12)

(傍点は引用者)。

すなわち、渋澤は九州・関西における電力の逼迫を指摘し、将来を見越した電力準備の必要を説いている。また、社会大衆党の麻生久は次のように述べて電力統制の強化を主張した。

「経営一般ノ問題カラ見マシテモ、電灯争議ト云フモノガ兎ニ角一昨々年ニ亘リマシテ、随分盛ニ起ツテ居ル。兎ニ角電力料ノモツト値下ゲヲシテ貰ヒタイト云フ要求ハ、恐ラク全国民ノ要求デアル(13)」

麻生の発言は、当時の国民の電力に対する要求をある程度反映したものであると思われる。

以上のように、電力業者と当局の間には、当時における電力需給の認識をめぐってかなり大きな対立があった。電力業者は今のところ不自由はないという立場であり、当局はこれに対し、現在でも電力供給は十分とは言えず、まして将来はもっと危機的になるという立場であった。しかし、電力業者にしても、新たな電源開発の必要性は認めざるを得なかった。林安繁は以下のように述べている。

「ソレヨリハ実際ニ必要ナノハ関東、中京、関西此方面ニ対スル電気ノ開発ヲ取急グト云フコトガ今日最モ急務デアルト考ヘマス。ソレニハ新タニ此処ニ特殊ノ会社ヲ拵ヘルトカ、或ハ発送電ノ管理ヲスルト云フヤウナ暢気ナコトヲシテ居ツテ、二年三年ノ歳月ヲ之ニ空費スルト云フコトハ甚ダ不利益デアルト考ヘマスカラ、サウ云フコトヲシナイデ、現状ノ侭デ凡テドシドシ水力発電ノ開発ヲ政府ノ方デ御奨励ニナリ、又資金ノ調達ニ関シマシテモ、先程御話ノ通リ出来ルダケノ御援助ヲ願フト云フコトガ、今日ニ於テハ最モ必要デアルト私ハ考ヘルノデアリマス(14)」

林の見解は、発送電統制などという二年も三年もかかる「暢気」なことを考えるよりも、現在の体制のままで政府が奨励すれば電源開発は効果的に出来るというものであった。そして林は、国家管理を決めるのは「マダマダ早計デハナイカ(15)」と述べている。東邦電力の松永安左エ門も、根本的な電力統制は「平時」に行なうもので、現在の「非常時」においては、軍需工業動員法などの非常時的な法律を発動すべきであると主張した(16)。すなわち、電力業者の論理では、電力国家管理というものは「平時」の方策であり、このような「ドチラカト云フト平時ノ根本的経営方法ヲ、今日ノ非常時ニ審議ナサルト云フ事ハ聊カ緩慢ト申シテ宜シイカ、或ハ軽重ノ順序ガ違ヒハシナイダラウカ(17)」というふうに反対論を展開したのであった。

これらの反対論は第二回総会に提出された五大電力会社連名の「電力統制に関する意見書」並びに「電力統制要綱」に体系的に展開されている(18)。

「電力統制に関する意見書」は、二項目からなり、まず、「一、国家非常時ニハ企業形態ノ変更論ヲ為ス必要ナク寧ロ軍国動員ノ主要資源トシテ電力ノ拡充ト動員調整ヲ為スベシ」として、電力国家管理は電気事業の混乱を招くと批判している。そして次に、「二、日鮮満支ノ水火動力ノ総合的開発ト調整トガ日本ノ新ナル電力統制ノ大方針タラザルベカラズ」と、朝鮮・中国での電源開発の積極的促進を提案している。そして、その根拠を以下のように述べている。

「政府ハ国内ニ於ケル未開発水利ノ合理的開発ヲ為スニハ国営ノ外ナキモノヽ如ク謂ハルルモ、之ガ当否ハ暫ク措キ、目下我国ノ生産国防上最モ必要トスル重工業ノ動力トシテ之等未開発ノ電力ガ果シテ克ク其ノ使命ヲ担当シ得ル丈ケ豊富ナルヤ否ヤハ極メテ疑問トスルトコロナリ、然ルニ鮮満支ニ於テハ原料豊富ニシテ且其ノ原料地付近ニ於テ燃料及水力発電地点多ク、之ヲ開発スルコトニ依リ極メテ低廉且豊富ナル電力ヲ発生シ得ベシ」（傍点は引用者）。

このように、電力業者は重工業の動力としての国内の未開発水力に対しては悲観的であり、これを対外進出により解決しようという意図をもっていた。同時にこれは、国内における電力統制をできるだけ軽微なものにするための牽制であると考えることができる。電力業者の統制案は、同時に提出された「電力統制要綱（案）」によってみることができる。これは、業者側が「プール（案）」と呼んでいることでもわかるように、現在の民有民営形態はそのままにして、全国を九つのブロックに分け、その地方ブロック間の連係を強化しようとした。その調整のため、地方統制委員会、中央統制委員会を設置し、国も電気庁を設置して統制力の強化を図るというものであった。

電気事業者による統制案の提出が、総会における議論の大きな転換点になった。第三回総会おいて、以前に逓信次官であった今井田清徳は、業者案について次のように述べている。

「……所謂民有国営案ガ現レマシテ、之ハ事業者ノ全体トハ申シマセヌガ多数ノ事業者ガ之ニ対シテ極度ニ反対サレタノデアリマス、事業者ノ会合デアル所ノ電気協会ノ如キハ電気事業ノ現在ハ何等不都合ハナイ、日本ノ電気事業ハ世界ノ各国ニ比較シテモ劣ツテ居ナイ、又料金モ高クナイ、又料金ヲ下ゲラレル必要ガアルナラバ現状ノ侭デ料金ガ下ゲラレルト云ツテ、電気事業ノ改善ト云フコトニ付テハ積極的ノ意見ハ余リ聴クコトガ出来ナカツタノデアリマス。然ルニ今日ハ此ノ五大電力ノ社長デ在ラレル、又此ノ委員デ在ラレル権威アル方々カラ積極的ナ具体的意見ヲ参考トシテ提案サレタノデアリマスガ、之ハ此ノ問題ヲ解決スルニ於キマシテ非常ニ重大ナル意義ガアル。私共委員ノ一人トシマシテ、之ヲ見マシテ殆ド此ノ問題ハ半分位解決サレタ様ナ感ヲ懐イタノデアリマス」(19)（傍点は引用者）。

すなわち、今井田は、逓信省と電力業者は形式や方法は異なっているが、目標は一致していると述べ、電力統制の必要、すなわち現状を変革する必要を業者も認めざるを得なくなったと指摘している。さらに今井田は業者案の難点を次のように指摘している。

「サウ云フ自治的統制ヲ主ニシテ考ヘマシタ時ニ今日迄政府ガ統制強化ノ方針ヲ以テ、度々法律モ改正シ、行政ノ方針ヲ明カニシテ来ラレタニ拘ラズ、茲ニ並ベタ五ツノ項目ノ事項ニ付テハ充分ニ目的ヲ達スルコトガ出来ナカツタ事ガ、今日自治統制機関ガ働イタナラバ直チニ其ノ目的ガ達セラレルト云フ風ニハ、如何ニシテモ考ヘラレナイノデアリマス[20]」

このように、今井田は、業者の自治的統制では十分に目的が達成できないと述べて、業者案を批判した。これに対する業者の反論はあまり説得的なものとは言い難かった。たとえば、日本電力の池尾芳蔵は、業者案について次のように説明した。

「アノ案ノ骨子ハ現状ノ事業形態ヲ変ヘルコトナシニ、サウシテ此ノ逓信省ガ従来カラ持ツテ居ラレタ発送電ノ計画ト云フモノハ充分樹テテ貰ツテ、夫ヲ何処迄モ民間ノ会社ヲシテ行ハシメル様ニ努メテ貰フ。サウシテ我々ハ自治的ニ配電『デイスパツチング』ノ方法ヲ、之ヲ一元化スル様ニ主トシテ之ニ依ツテ電気ノ少シデモ無駄ニナルモノハ利用ノ道ニ嚮ハセテ行ク、斯様ナ立場カラ『デイスパツチング』ノ方ハ一元化ヲ図リ、夫ヲ地方々々ニ計ツテ行クト云フコトガ、今回出シマシタ案ノ主要目的トナツテ居ルノデアリマス[21]」

しかし、池尾は、現存の体制を基礎にして可能であると主張するだけで、現在のように電気事業者が分立している状況のもとで、どの程度まで実現の見込みがあるのかについては何ら説得力のある説明をしていない。このように、業者案の提出により、論点はやや明確になり、議論は小委員会へ移されることになった。

第二節　小委員会における討論

臨時電力調査会小委員会は、一九三七年一一月一日から一二日まで八回にわたって開催された。ここでは主要な論点を中心に概観してみたい。

第一回小委員会においては、まず電力需給の状態が問題となった。森秀逓信技師は一九三八－四二年の発送電予定計画について説明を行ない、その中で電力需給の問題について次のように述べている。

「併シ之ハ現在トシテハソレ程マデニ差迫ツタ状態ニナツテ居ナイノデアリマスガ、将来ニ於テハ特ニ急ヲ要シナイ所ノ照明用ノ電気ト云フヤウナモノヲ或ハ管制スルト云フヤウナ手段モ講ジナケレバナラヌノデハナイカト思ヒマスガ、現在ノ所デハ只今申上ゲマシタヤウニ、幸ニシテ各地方トモ相当ニ送電線ノ連絡モ出来テ居リマスカラ、其間事業者ヲ相当ニ督励シテヤリマシタナラバ、何トカ当座ノ場ハ凌イデイケルノデハナイカト思ヒマス。尚将来ノ問題ト致シマシテハ、現在予定サレタ発電計画ニ必要ナル材料ガ軍事関係ニ於キマシテ、予定ヲ延バサレマシテ、其為ニ品物ガ出来ナクテ電気ニ不足ヲ来シハシナイカト云フコトヲ心配シテ居リマス(22)」

森技師の見解では、現在の電力需給の点についてはあまり問題はないということであろう。これは先の総会における永井逓相の見解とは異なっており注目される。永井逓相は、将来の電力不足の危惧からだけでなく、現在における電力供給の不十分さからも、電力国家管理の必要性を強調していたのである。この問題について、大和田電気局長は次のように補足している。

「……未ダ戦争モ始リマシテ左程経ツテ居ラナイ訳デアリマスカラ、直接電気ノ動員ヲヤラナケレバナラヌト云フ所へ来テ居ルトハ見ナイノデアリマスガ、工場ノ事ハ余リ言ハレナイコトデアリマスガ、非常ニ需要ノ形態ガ片寄ツテ居テ、或ル会社ハ殖エ或ル平和産業ノ会社ハ減退シテ居ルト云フ状況ヲ呈シテ居リマス。……要スルニ片寄ツテ居ルト云フコトガ全国的統制ノ必要ニナル例証ノ一ツダト思ヒマスガ、現状ニ於テハ左様ニ緊迫シテ居ルトハ思ヒマセヌ(23)」

すなわち、大和田局長は、国家管理の必要な理由を電力需給の逼迫のおそれからではなく、電力需給の不均等に求めている。これに対し、松永安左エ門は次のように鋭く矛盾をついている。

「先日ノ森課長ノオ話デハ電力ハ十七年マデハ大丈夫ダト云フ。私ハサウデハナカラウト思ヒマスガ、今政府ハ大丈夫ダト見テ居リマスガ、ソコデ政府ガ意識シテ足リナイト云フナラバ、十七年マデ大丈夫ダ大丈夫ダト言ツテ、小委員会ニ来テモ民間ハ呑気ナ顔ヲシテ居ル。……別ニ政府ノ政策、ヤリ方ヲ非難スル訳デハアリマセヌガ、未開発ハ国ガヤラナケレバ君等デハヤレヌノダト云フナラバ筋ハ分ツテ居ルケレドモ、民間ノ計画デ十七年マデハ宜イト云フコトニナルト企業形態ノ為ニ未開発ノ水力ハ政府ガ取上ゲル、ソレヲスル以上ハ送電線モ火力モ取ルノダト云フコトニナルト余程暢気ナ次第デ、非常時事態ノ気分ガ全ク無イデハナイカト云フコトニナツテ来ル[24]」

つまり松永は、当局によれば、発送電計画では一九四二年までの電力需給は何ら問題がないと言うのに、なぜ発送電統制をやらねばならないのか、と矛盾を指摘したのであった。松永自身の見解は以下のようなものであった。

「又国内ニ於テモ、是ハ小委員会デモ度々質問致シマシタガ、先ヅ十七年頃迄ハ其心配ハナイト云フ御答弁ヲ得テ居リマスガ、私ハサウデナイト云フコトヲ申シタノデアリマスガ、兎ニ角私ノ信ズル所ニ依レバ十四年、十五年、十六年ト云フ此ノ三、四年ノ間ニハ最モ電力飢饉ノ状態ニ陥ルト云フコトヲ断定スルモノデアリマス[25]」

電力国家管理実現直後の一九三九年に、渇水と石炭不足を契機に深刻な「電力危機」が生じた事実を考えれば、松永のこの指摘は興味深いものがある。

第二回の小委員会では、政府の管理案が提出された。その内容は以下の通りである[26]。

一、管理ノ範囲

(イ) 国家的統制ニ必要ナル左ノ設備ニ依ル発電及送電ハ国家ニ於テ直接之ヲ管理ス

一、主要新規水力発電設備

発電水力資源ノ合理的利用上避クベカラザル既設水力発電設備ヲ含ム

一、主要送電設備

一、主要火力発電設備
(ロ)前項ノ範囲ニ属スル設備ハ新ニ設立スル設備会社ニ於テ施設又ハ入手ノ上之ヲ政府ノ用ニ供ス
設備会社ニハ資金調達、其ノ他業務遂行上必要ナル特権ヲ付与ス
二、管理ノ方法
(イ)政府ハ電気庁ヲ設ケ国家管理業務ノ一切ヲ司掌セシム
(ロ)政府ハ官民ノ衆智ヲ蒐メタル電力審議会ヲ設ケ電力管理業務ニ参与セシム
三、配電事業
発送電ノ国家管理ニ照応シ配電事業ニ対シテハ更ニ之ガ統制ノ拡充強化ヲ図ルモノトス
四、其ノ他
電力ノ動員、農山漁村、家庭ノ電化ヲ迅速、容易ナラシムル様常時特殊ノ配意ヲ為スモノトス

これに対して各委員から様々な質問があったが、これに総括的に答えるものとして、当局は第四回小委員会に以下のようなメモを提出した(27)。

電力国家管理ノ必要
一、我国最貴重ノ天然資源タル水力ノ徹底的、合理的開発利用ヲ為スコト
二、大規模ノ発電並ニ送電聯絡ヲ完成シ、電力配給ノ合理化並ニ設備ノ経済的運用ヲ徹底スルコト
三、電気料金ニ国家意志ヲ反映セシメ且其ノ衡平、低廉化ヲ促進スルコト
四、電力ノ各方面ニ於ケル普及利用ノ全キヲ期シ、各種動力及熱源ノ電化ヲ促進シテ燃料資源ノ愛惜保蔵ヲ図ルコト

五、軍需工業ヲ確立シ、電力動員ヲ敏速確実ナラシムル等国防上ノ安固ヲ期スルコト
以上ノ目的ヲ徹底遂行スル為ニハ電気事業ノ経営ヲ現状ノ如キ個々分立ノ状態ヨリ改メ、設備ノ新設拡張ニ付テハ勿論経営ノ実質ニ付テモ之ヲ国家意志ニ基ク「ワンマン・コントロール」ニ統括スルコト極メテ緊要ナリ。而モ電気事業ガ本来自然独占ノ本質ヲ有シ且生活ノ必需、産業ノ基本タリ、巨額ノ資本ヲ固定セシムル典型的公共事業タル特質ニ鑑ミル時之ヲ国家管理ニ移スベキ理由一層明白ナリ。

小委員会での討論は、政府案と業者案の是非をめぐって行なわれた。逓信省側の大橋八郎委員は次のように述べて業者案を批判した。

「併シ私共ガ考ヘルト、ソレゾレ立場ガ違ヒ、利害関係ヲ異ニシテ居ラレル数百ノ電気事業者ガ対立シテ居ラレル現状カラ考ヘマシテ、此自治統制ノ効果ガ巧ク行クカドウカト云フ事ニ付テハ甚ダ疑問デハナイカト思ツテ居リマス。端的ニ申上ゲルト、是ハ出来ナイ相談デハナイカト云フヤウナ気ガ致スノデアリマス」(28)

すなわち大橋は、業者側の自治統制案について、業者が分立している現状からうまくいくかどうかは疑問であると指摘している。これに対して、松永安左ェ門は次のように述べて業者案を擁護している。

「……大体ニ於テ電力ノ融通ニ付テハ『プール』ノ組織ガ事実上成立ツテ居ル。……事実ハ『プール』ト同ジニ出来テ居ルケレドモソレヲ逓信局ノ中ニ置イテ指図ヲスル所ヲ強化シテ貫ヘバ、更ニ完全ニナルノデハナイカト云フコトデ書イテ居ルダケデ、事実ハ巧ク行ツテ居ルト云フコトダケハ申上ゲテ宜イト思ヒマス」(29)

すなわち、現在すでに電力連系は事実上成立しているのであるから、当局が指導を強化しさえすればもっと完全なものになる、というのが松永の主張であった。松永はさらに、現在の民営形態はそのままにして、足らぬ所は政府の統制を強化すればよいと、次のようにも述べている。

「ドウモ話ノ違ヒハ程度論デナク、何ダカ官営的ニ天下リデシナクテモ、現在ノ民営形態、即チ電気事業法ノ改善サレタ精神ニ我々ガ拠ツテ、足ラザル所ヲモ少シ強化統制シテ、政府ノ一元的計画並ニ監督ヲ受ケルニハ、今ノ組織デモ行ケルノデハナイカ(30)」

第七回小委員会で政府は「電力国家管理要綱」を提出した(31)。第八回小委員会で池尾芳蔵は次のように反対意見を述べた。

「私ハ全般的ニ今日此ノ案ノ内、電力動員、配電事業等ニ御書キニナツテ居ルコトニハ反対致シマセヌ、結構ダト思ヒマスガ、此ノ（一）、（二）、（三）、ノ範囲、方法ニ関シマシテ私ハ反対ヲ致シマス。反対ノ理由ハ、一、本案ハ平時的統制形態ヲ企図スルニ急ナル為メ却テ現下ノ非常時局ニ際シ生産力拡充ノ国策ト背馳スル結果ヲ招来スヘシ、一、本案ニ依レバ既存企業ノ一部ヲ強制的ニ割取スルコトトナリ法的ニ不合理ニシテ一般財界ニ非常ナル不安ヲ与フル虞アリ(32)」

小委員会においては、賛成多数で政府の「電力国家管理要綱」が採択され、委員会に答申することが決まった。

おわりに

以上、第一回―第三回総会と小委員会での討論の内容を筆者なりにまとめてみた。その後、一一月一七日に第四回総会、一一月一九日に第五回総会が開かれるが、多くは前の論点の繰り返しである。しかし、第五回総会では電力外債問題について重要な議論がなされているので紹介したい。宝来日本興業銀行総裁は次のように述べている。

「従ツテ外国債権者ニ対シテハ実害ヲ被ラスコトガナイヤウニ、又無理ヲ避ケルヤウニ、外国債権者ニ対シテ充分ニ納得セシムルヤウニシテ戴キタイ。此辺ニ付テ充分ノ御配意ヲシテ戴キマセヌト、外資ノ今後益々輸入ヲ必要トスル際ニ、相当困難ヲ来シハセヌカト考ヘラレマス」(33)

津島日本銀行副総裁も次のように述べている。

「……此ノ前回ノ法案トシテ議会ニ提案サレマシタ法案ヲ見マシテ、相当用意周到ニ債権者ノ利益ヲ保護スルヤウニ出来テ居ルヤウニ私ハ拝見シテ居リマス。併シナガラ政府ガ一方的ニ法律ヲ出シテ如何ニ親切ニ考ヘテ出シテモ、相手方ニ其ノ意思ガ通ジナケレバ、法律問題デナク事実上ノ問題トシテ、相手方ノ上ニ将来ニ相当ノ禍ヲ残スコトト思ヒマス」(34)

このように、外債問題が絡むことによって電力国家管理問題は国際的な影響をもつものであったことがわかる。

最後に、臨時電力調査会における議論の中心は何であったのかを述べて結びとしたい。それは一口に言えば、一九三二年から実施された改正電気事業法に基づく電力生産体系を存続させるのか、それとも変革するのか、の対立であった。電力国家管理を提起した奥村喜和男は、このことについて次のように述べている。

「昭和七年十二月より実施の改正電気事業法は多くの新しい統制事項を規定したにも拘らず、結局事業者本位のものでしかなく、一般世人及び産業界の所期に副ふ行政効果を齎すものではなかった。

然るに目下論議せられつゝある電力問題の解決は、かゝる事業者本位のものに非らずして寧ろ需要者本位に立脚したものである。固より従来の電気行政と雖も、窮極の目的に於ては電気利用者の利益を図るを念としたことは疑ふべくもないが、第一義的には何処までも事業者の利益を確保し、然る後に第二義的に電力料金の低廉化を促進せんとする間接的のものであった。併しながら、今や時勢の進運と我国生産力の発展及び国民生活の重圧並に国際的重圧より来る国防産業の飛躍的発展の必然的要求とは、直接的且つ第一義的に、電力の低廉と豊富とを要求して止まないのである[35]」

すなわち、重化学工業化の急速な進展と軍事的要請は、現存する電力生産体系を桎梏と感じたのである。日本経済の軍事化のため電力を利用すること、これが電力国家管理の目的であったのである。

臨時電力調査会第五回総会では、永井逓相は、賛成多数として不採決のまま閉会を宣した。この調査会の答申を骨子にして電力管理案（いわゆる永井案）が作成されたのであった。

(1) 一九三七年一〇月一三日に官制が公布されて調査会が発足した。三五名の委員が選ばれたが、この中には小林一三(東京電灯)、増田次郎(大同電力)、池尾芳蔵(日本電力)、林安繁(宇治川電気)、松永安左ェ門(東邦電力)の五大電力の代表者も入っていた。
(2) 調査会の議論全体の概要は、電気庁『電力国家管理の顚末』一九四二年、一一六—二一六ページ、吉田啓『電力管理案の側面史』交通経済社出版部、一九三八年、二三二—二八〇ページを参照されたい。
(3) 『臨時電力調査会総会議事録』五ページ。
(4) 同右、八ページ。
(5) 同右、一〇ページ。
(6) 同右。
(7) 同右、一一ページ。
(8) 同右、一二ページ。
(9) 同右、二四—二五ページ。
(10) 同右、二九ページ。
(11) 同右、二九—三〇ページ。
(12) 同右、七四ページ。
(13) 同右、五九ページ。
(14) 同右、二七—二八ページ。
(15) 同右、二八ページ。
(16) 同右、一六—一七ページ。
(17) 同右、一七ページ。
(18) 以下の引用は、電気庁『電力国家管理の顚末』一九四二年、一二五—一三〇ページによる。
(19) 『臨時電力調査会総会議事録』九五—九六ページ。
(20) 同右、一〇〇ページ。

(21) 同右、一三二ページ。
(22) 『臨時電力調査会小委員会議事録』七ページ。
(23) 同右、一〇—一一ページ。
(24) 同右、一二八—一二九ページ。
(25) 『臨時電力調査会総会議事録』一七八ページ。
(26) 『臨時電力調査会小委員会議事録』五一—五二ページ。
(27) 同右、一九八ページ。
(28) 同右、一三一—一三二ページ。
(29) 同右、一三八ページ。
(30) 同右、一七二ページ。
(31) 同右、二四一—二四五ページ。
(32) 同右、二三五ページ。
(33) 『臨時電力調査会総会議事録』二五七ページ。
(34) 同右、二六六—二六七ページ。
(35) 奥村喜和男『変革期日本の政治経済』ささき書房、一九四〇年、九—一〇ページ。

あとがき

筆者が電力業を研究する直接のきっかけとなったのは、大阪市立大学大学院在学中に大阪市立大学付属図書館の「関一文庫」で『電気委員会議事録』を発見したことであった。これを基にして書いた論文が、筆者が活字にした最初のものである（本書第九章）。この論文では、電気委員会において池田成彬が果たした役割に注目して、一九三〇年代の電力政策を理解しようとした。今回、本書の執筆中に『池田成彬日記』を閲覧することができ、第八章第二節として書き下ろすことができた。『池田成彬日記』の存在を知ったのは、松浦正孝氏の著書（『日中戦争期における経済と政治』東京大学出版会、一九九五年）を通じてであるが、幸いにも山形県立図書館でマイクロフィルムを閲覧することができた。山形での数日間は、筆者にとって至福ともいえる時間であった。この『池田成彬日記』を『ラモント文書』と突き合わせてみたとき、一九二〇年代後半から三〇年代中頃にかけての日本電力業の展開の過程が明瞭に浮かび上がってくるように思えた。なかでも、バーネット・ウォーカーのトーマス・ラモント宛の手紙により、「東電問題」を「日本の金融システム全体の危機」として捉える視点の示唆を受けたことは、筆者にとり「啓示」とも言える意味をもった。この視点から、「改正電気事業法体制」の成立を理解することが、本書第II部の骨子となっている。池田成彬との出会いの不思議な縁を感じざるをえない。

極めて貧しい内容の本書ではあるが、完成までには多くの方々の恩恵を受けている。

筆者が経済学の研究者を志したのは、京都大学経済学部三回生の時である。当時、池上惇先生のゼミナールに所属しており、先生からは経済学の基本の手ほどきを受けるとともに、大学院の受験について様々なアドバイスと援助をいただいた。また、尾﨑芳治先生にトーニーを原書で教えていただいたことは、いまだに忘れ難い思い出である。

佐々木建先生には、大学院入学以来現在に至るまで、公私ともにお世話になっている。佐々木ゼミナールでは、驚くほど自由な雰囲気で活発な議論が行なわれ、ゼミの後の居酒屋での討論は経済・政治・社会・文化・芸術のあらゆる範囲にわたる刺激的なものであった。修士論文のテーマを「猪俣津南雄の日本資本主義論」としたのも、先生のアドバイスがきっかけであった。猪俣津南雄を取り上げたことがきっかけとなって、戦前の日本資本主義分析を志すようになったが、電力などのエネルギー問題に関心を抱くようになったのは、そのときちょうどオイル・ショック直後の時期であったということとともに、先生が書かれた西ドイツの石炭危機に関する論文に感銘を受けたからでもあった。先生は常々、経済学の分析における「資本主義論」の重要性を強調しておられたが、筆者が本書を『戦前日本資本主義と電力』と命名したのもその影響の一つの現われと言えるかもしれない。本書の出版も、先生の強いお勧めにより実現したものである。先生の考えておられる「資本主義論」の内容に沿っているかどうかは心もとないが、改めてここで学恩に感謝申し上げる次第である。

大阪市立大学では、宮本憲一、儀我壮一郎、加藤邦興、一ノ瀬秀文、山崎隆三の各先生の演習に参加を許され、多くのことを学ぶことができた。また、佐々木ゼミナールの豊島勉、松葉正文、伊藤裕人の諸氏をはじめ、大学院での先輩、同僚、後輩の諸氏からは様々な研究上、生活上の啓発をいただいた。いちいちお名前をあげることはできないが、厚く御礼申し上げたい。

さらに、日本史研究会近現代史部会の諸氏にも大変お世話になった。一九八三年の日本史研究会大会で報告した際、準備の過程で小路田泰直、岡田知弘、掛谷宰平、広川禎秀、原田敬一、長島修、堀和生、高橋秀直その他の諸氏から貴重な助言をいただいた。このときの報告が本書の第三章として収められた「日本資本主義と電力」である。大会後の懇親会で諸氏からいろいろな励ましを受けたことは、今でも忘れ難い思い出である。

故中村静治先生には、阪南大学御在職中に先生を囲んでもたれた研究会で技術論その他を教えていただいた。この研究会を通じて、日本のマルクス経済学の脈々とした伝統を感じ取ることができたのは、筆者にとって得難い知的財産となっている。

鈴木良先生には、大学生の頃から公私ともにお世話になっている。本書をまとめる際にも二度ほど討論していただき、貴重な助言を頂戴した。今後ともご指導いただけることを、ここにお願い申し上げる次第である。

前任校の岩手県立宮古短期大学（現在、岩手県立大学宮古短期大学部）では、平井東幸先生（現在、岐阜経済大学）、および高木隆造、芝田耕太郎の両氏に大変お世話になった。折に触れて研究室や喫茶店で歓談したことは、今でもなつかしく思い出される。

本書を執筆する際に、以下の機関および方々に史料の閲覧等でお世話になった。記して感謝の意を表したい。大阪市立大学付属図書館、京都大学付属図書館、大阪大学付属図書館、神戸大学付属図書館、大阪府立中之島図書館、大阪府立夕陽ヶ丘図書館、大阪府立中央図書館、大阪商工会議所図書館、大阪市交通局、大蔵省昭和財政史資料室、電気協会、電力中央研究所、東京大学付属図書館、一橋大学付属図書館、国立国会図書館、国立公文書館、通産省図書館、九州電力、九州大学付属図書館、東北大学付属図書館、東北電力、東北開発研究センター、山形県立図書館、岩手県立宮古短期大学付属図書館、ベイカー・ライブラリー、川北昭夫氏、および桃山学院大学付属図書館。ベイカー・ライブラリーの『ラモント文書』の閲覧に際しては、岸本裕一、志保田務、青木利行の諸氏およびベイカー・ライブラリーのB・M・スウェルドルフ（Mr. Brent. M. Sverdloff）、L・リナード（Ms. Laura Linard）の両氏にお世話になった。特に、岸本裕一氏には、ベイカー・ライブラリー訪問にあたって多大の配慮とお世話をいただいた。厚くお礼申し上げたい。又、原稿作成の際、義姉中本美鈴の助力を得た。記して感謝したい。

現在、筆者は桃山学院大学経済学部に勤務しているが、自由で闊達な雰囲気のもとで研究・教育の機会を与えていただいていることに感謝の意を表したい。特に、鈴木健氏には赴任以来いろいろとお世話になっており、本書の執筆にあたっても貴重な助言をいただいたことを感謝したい。また、本書は一九九九年度の桃山学院大学学術出版助成を受けて刊行されたものである。本書の出版に際し、八朔社の片倉和夫氏に一方ならぬお世話になった。ここに記して感謝したい。

最後に、私事にわたるが、本書を筆者の家族に捧げたい。両親は一人っ子の筆者が大学院に進むことを認めてくれ、現在まで暖かく見守ってくれた。妻裕美は長いオーバー・ドクター生活をふくめて、筆者の研究生活を支えてくれている。娘二人にも目に見えないところでいろいろな苦労をかけたことと思う。両親が健在なうちに本書を出版できることに、なによりも喜びを感じる。

一九九九年一二月

大和葛城山麓の自宅にて　　梅本　哲世

人名索引

ア行

カ行

サ行

タ行

ナ行

ハ行

マ行

ヤ・ラ・ワ行

事項索引

ア行

カ行

サ行

タ行

ナ行

ハ行

マ行

ヤ・ラ・ワ行

[著者略歴]

梅《うめ》本《もと》 哲《てつ》世《よ》

1948年(昭23)　奈良県に生まれる
1974年(昭49)　京都大学経済学部卒業
1982年(昭57)　大阪市立大学大学院経営学研究科
後期博士課程単位取得退学
1993年(平５)　岩手県立宮古短期大学助教授
1995年(平７)　桃山学院大学経済学部助教授，現在に至る。

戦前日本資本主義と電力

2000年２月15日　第１刷発行

著　者　　梅　本　哲　世
発行者　　片　倉　和　夫

発行所　株式会社　八《はっ》　朔《さく》　社《しゃ》
東京都新宿区神楽坂２-19　銀鈴会館内
振替口座・東京 00120-0-111135 番
Tel. 03(3235)1553　Fax. 03(3235)5910

印刷・平文社，製本・みさと製本

ISBN 4-938571-82-X